人生哲理枕边书

桑楚　主编

北京工艺美术出版社

图书在版编目（CIP）数据

人生哲理枕边书/桑楚主编. — 北京：北京工艺美术出版社，2017.12（2021.3重印）

（第一阅读系列）

ISBN 978-7-5140-1061-9

Ⅰ.①人… Ⅱ.①桑… Ⅲ.①人生哲学-通俗读物 Ⅳ.①B821-49

中国版本图书馆CIP数据核字（2017）第051542号

出 版 人：陈高潮　　装帧设计：青蓝工作室

责任编辑：赵震环　　责任印制：高　岩

法律顾问：北京恒理律师事务所　丁　玲　肖灵利

人生哲理枕边书

桑　楚　主编

出　　版	北京工艺美术出版社
发　　行	北京美联京工图书有限公司
地　　址	北京市朝阳区焦化路甲18号 中国北京出版创意产业基地先导区
邮　　编	100124
电　　话	(010) 84255105（总编室） (010) 64283627（编辑室） (010) 64280045（发　行）
传　　真	(010) 64280045/84255105
网　　址	www.gmcbs.cn
经　　销	全国新华书店
印　　刷	金世嘉元（唐山）印务有限公司
开　　本	720毫米×1020毫米　1/16
印　　张	20
版　　次	2017年12第1版
印　　次	2021年3月第2次印刷
印　　数	5001～15000
书　　号	ISBN 978-7-5140-1061-9
定　　价	59.00元

前言 *Preface*

米兰·昆德拉说：“生活是一张永远无法完成的草图，是一次永远无法正式上演的彩排，人们在面对抉择时完全没有判断的依据。我们既不能把它们与我们以前的生活相比，也无法使其完美之后再来度过。”人生是从生到死的过程，对人生多一些思考，生活才会少一些盲目。

你对自己的人生做过何种思考？要知道，读懂人生，才能成就一生。哲理之于人生，就像照亮黑夜的明星、引领航行的罗盘，没有它的指引，人们将永远在盲目与混乱中摸索、挣扎，举步维艰，找不到正确的方向。苏格拉底曾说：“人生就是一次无法重复的选择。”每个人都会面临来自生活、工作和社会的各种各样的压力与问题。当难题迎面而来的时候，充分汲取、掌握并运用睿智的哲理来指明人生的方向，领悟人生的意义，就能加速我们成功的进程。凝聚前人智慧和经验的哲理是我们一辈子都可以受益的经典，只要你悟透其中的道理，娴熟地掌握其中的方法、策略和技巧，一定能深刻地理解和把握人生，明智而从容地面对人生道路上的各种问题，少走一些弯路，少受一些挫折，顺利、快速地走向成功和幸福。

《人生哲理枕边书》高度浓缩不同时代、不同民族、不同领域人们的智慧精华，从中提炼出隽永而实用的人生哲理，按不同的类别共分为四部分：“小故事大道理”、“小寓言大道理”、“小幽默大道理”和“小文章大道理”，涵盖人生的方方面面，是一部囊括人类千年智慧的哲理圣经，一本铸就成功与完美的人生指南。不论你处在人生的哪个阶段，也不论你从事何种事情，你都能从书中找到相应的哲理来指导自己。每天读一句哲理，生活将峰回路转，多了一份通达；每天学一点智慧，人生将处处得失自如，多了一份坦荡；每天一个领悟，心灵将多了一份淡定从容。

一滴水珠就可折射出太阳的光辉，一朵小花即能蕴涵天堂的美好。生活中一些平凡的小事物里往往包含着最深刻的人生道理，它们比起抽象的理论，能以更简单、更直接、更迅捷的方式把这些道理揭示出来，拨动我们的心灵，让我们于瞬间豁然开朗。这本《人生哲理枕边书》所选内容短小精炼，包含了无穷的人生智慧和生活哲理，希望能够为读者打开通往大千世界的明窗，使人能够见微知著，从一滴水看见整个大海，由一缕阳光洞见整个宇宙。

目录

Contents

第一篇　小故事　大道理

第二篇　小寓言　大道理

第三篇　小幽默　大道理

第四篇　小文章　大道理

第一篇

小故事 大道理

给他半壶水喝

17 世纪，丹麦和瑞典发生了战争。一场激烈的战役下来，丹麦打了胜仗。

一个丹麦士兵坐下来，正准备喝壶中的水解渴。突然听到哀哼的声音，原来不远处躺着一个受了重伤的瑞典人，两眼正盯着他的水壶。

“你比我更需要。”丹麦士兵走过去，将壶嘴送到伤者的口中。但是，瑞典人竟然伸出长矛刺向他，幸好刺偏了一点，只伤到了他的手臂。

“嘿！你竟然如此回报我。”丹麦士兵说，“我本来要把整壶水给你，现在只能给你一半了。”

后来，这件事被丹麦国王知道了。他专门召见了这个士兵，问他为什么不把那个忘恩负义的家伙杀掉。他轻松地回答：“我不想杀受伤的人。”

大道理

在经历他人忘恩负义的背叛后，还能保有一颗饶恕的心，这是一种更伟大的情操。

聪明的囚犯

某个犯人被单独监禁。有关当局已经拿走了他的鞋带和腰带，他们不想让他伤害自己（他们要留着他，以后有用）。这个不幸的人用左手提着裤子，在单人牢房里无精打采地走来走去。他提着裤子，不仅是因为他失去了腰带，还因为他失去了 15 磅的体重。从铁门下面塞进来的食物是些残羹剩饭，他拒绝吃。但是现在，当他用手摸着自己的肋骨的时候，他嗅到了一股万宝路香烟的香味。他喜欢万宝路这个牌子。

通过门上一个很小的窗口，他看到门廊里那个孤独的卫兵深深地吸了一口烟，然后美滋滋地吐出来。这个囚犯很想要一支香烟，所以，他用他的右手指关节客气地敲了敲门。

卫兵慢慢地走过来，傲慢地问道：“想要什么？”

囚犯回答说：“对不起，请给我一支烟……就是你抽的那种——万宝路。”

卫兵认为囚犯是没有权利的，所以，他嘲弄地哼了一声，就转身走开了。

这个囚犯却不这么看待自己的处境。他认为自己有选择权，他愿意冒险检验一下他的判断，所以他又用右手指关节敲了敲门。这一次，他的态度是威严的。

那个卫兵吐出一口烟雾，恼怒地扭过头，问道：“你又想要什么？”

囚犯回答道：“对不起，请你在 30 秒之内把你的烟给我一支。否则，我就用头撞这混凝土墙，直到弄得自己血肉模糊、失去知觉为止。如果监狱当局把我从地板上弄起来，让我醒过来，我就发誓说这是你干的。当然，他们绝不会相信我。但是，想一想你必须出席每一次听证会，你必须向每一个听证委员证明你自己是无辜的；想一想你必须填写一式三份的报告；想一想你将卷入的事件吧——所有这些都只是因为你拒绝给我一支劣质的万宝路！就一支烟，我保证不再给你添麻烦了。”

卫兵会从小窗里塞给他一支烟吗？当然给了。他替囚犯点烟了吗？当然点上了。为什么呢？因为这个卫兵马上明白了事情的得失利弊。

这个囚犯看穿了卫兵的立场和禁忌或者叫弱点，因此满足了自己的要求——获得一支香烟。

大道理

站在对方的立场考虑问题，你会发现，你变成了对方肚子里的蛔虫，他所思所想、所喜所忌，都进入你视线中。你既可以从容伸出理解的援手，也可以及时地防范对方的恶招。

从设定目标开始

比赛尔是西撒哈拉沙漠中的一颗明珠，每年都有数以万计的旅游者来到这儿。可是在肯·莱文发现它之前，这里还是一个封闭而落后的地方。据说这儿的人没有一个走出过大漠，据说不是他们不愿离开这块贫瘠的土地，而是尝试过很多次都没能走出去。

肯·莱文当然不相信这种说法。他用手语向这儿的人问原因，结果每个人的回答都一样：“从这儿无论向哪个方向走，最后都还是转回出发的地方。”为了证实这种说法，他做了一次试验，从比塞尔村向北走，结果三天半就走了出来。

比塞尔人为什么走不出来呢？肯·莱文非常纳闷，最后他只得雇一个比塞尔人，让他带路，看看到底是为什么。他们带了半个月的水，牵了两峰骆驼，肯·莱文收起指南针等现代设备，只拄一根木棍跟在后面。

10 天过去了，他们走了大约 800 英里（1 英里＝ 1609.344 米）的路程，第 11 天的早晨，他们果然又回到了比塞尔。这一次肯·莱文终于明白了，比塞尔人之所以走不出大漠，是他们根本就不认识北斗星。

大道理

在一望无际的沙漠，如果仅凭着感觉，想走出沙漠是不可能的。人生旅途又何尝不是如此，如果不为自己设定目标，再努力也只是绕圈子而已。

没有上锁的门

乡下小村庄的偏僻小屋里住着一对母女，母亲生怕遭窃，总是一到晚上便在门把上连锁三道锁。女儿则厌恶了像风景画般枯燥而一成不变的乡村生活，她向往都市，想去看看自己透过收音机所想象的那个华丽世界。某天清晨，女儿为了追求那虚幻的梦，趁母亲还在熟睡时偷偷离家出走了，心里说："妈，你就当作没我这个女儿吧。"

可惜这世界不如她想象的美丽动人，她在不知不觉中，走向堕落之途，深陷无法自拔的泥泞中，这时她才领悟到自己的过错。

"妈！"经过10年后，已经长大成人的女儿拖着受伤的心与狼狈的身躯，回到了故乡。

她回到家时已是深夜，微弱的灯光透过门缝渗透出来。她轻轻敲了敲门，却突然有种不祥的预感。女儿扭开门时吓了一跳："好奇怪，母亲之前从来不曾忘记把门锁上的。"母亲瘦弱的身躯蜷曲在冰冷的地板上，以令人心疼的模样睡着了。

"妈……妈……"听到女儿的哭泣声，母亲睁开了眼睛，一语不发地搂住女儿疲惫的肩膀。在母亲怀里哭了很久之后，女儿突然好奇地问道："妈，今天你怎么没有锁门，有人闯进来怎么办？"

母亲回答说："不只是今天，我怕你晚上突然回来进不了家门，所以10年来门从没锁过。"

母亲10年如一日，等待着女儿回来，女儿房间里的摆设一如当年。这天晚上，母女又恢复到10年前的样子，紧紧锁上房门睡觉了。

大道理

对于流浪在外的人来说，家是一扇永远也不会上锁的门。对于遍尝人间炎凉的游子，母亲会给你永远的温暖。

小孩拼地图

一个星期六的早晨，一位牧师正在准备他第二天讲道的稿子。他的小儿子在一旁吵闹不休，使他无法静心思考。这位牧师在烦躁中拾起一本旧杂志，一页一页地翻阅，直到翻到一幅色彩鲜艳的大图画——一幅世界地图。他就从那本杂志上撕下这一页，再把它撕成了碎片，丢在起居间的地上，说道：

“小约翰，如果你能拼拢这些碎片，我就给你 2 角 5 分钱。”

牧师以为这件事会使小约翰花费上午的大部分时间。但是没有 10 分钟，就有人敲他的房门。这是他的儿子。牧师惊愕地看到约翰如此之快地拼好了一幅世界地图。

“孩子，你怎样把这件事做得这样快？”牧师问道。

小约翰说：“这很容易。在地图的背面有一个人的照片。我就把这个人的照片拼到一起，然后把它翻过来。我想如果这个人是正确的，那么，这幅世界地图就是正确的。”

牧师笑着给了儿子 2 角 5 分钱。“你也替我准备好了明天的讲道。”他说，“如果一个人是正确的，他的世界也就会是正确的。”

大道理

当你抱着积极的心态解决问题时，你的世界里的一些问题自然就会迎刃而解。

20 美元

这是一场精彩的演讲，它的精彩就在于演讲者那别具一格的开场白：演讲者手里高举着一张 20 美元的钞票，面对会议室里的 200 个人，问道："谁要这 20 美元？"一只只手举了起来。他接着说："我打算把这 20 美元送给你们中的一位，但在这之前，请准许我做一件事。"他说着将钞票揉成一团，然后问："谁还要？"仍有人举起手来。他又说："那么，假如我这样做又会怎么样呢？"他把钞票扔到地上，又踏上一只脚，并且用脚碾它。尔后他拾起钞票，钞票已变得又脏又皱。"现在谁还要？"还是有人举起手来。

大道理

如果我们把自己看成那 20 美元，道理就很好理解了：不管我们经受多少逆境、欺凌，但是只要我们始终认定自己的价值，我们就仍然是无价之宝。

背女人

从前，有一老一小两个和尚出门化缘，走到一条河边时，看见一个妙龄女子被水围困着不能过河，于是老和尚毫不犹豫地将她背起过了河。小和尚大为不解，晚上便忍不住问道："师兄，出家人六根清净，你背了那女人，不是犯了戒吗？"

老和尚答道："我背那女子一过河就放下了，可师弟你，为什么到现在还背着她放不下来？"

大道理

生活中，很多时候我们陷入僵局或困境当中，都是因为我们拿不起放不下。我们如果始终被某个观念束缚，就会积思成疾，乃至影响正常的生活。

一个半朋友

从前有一个仗义的广交天下豪杰的武夫。他临终前对儿子说："别看我自小在江湖闯荡，结交的人如过江之鲫，其实我这一生就交了一个半朋友。"

儿子纳闷不已。他的父亲就贴近他的耳朵交代一番："你按我说的去见见我的这一个半朋友，朋友的要义你自然就会懂得。"

儿子先去了他父亲认定的"一个朋友"那里，对他说："我是某某的儿子，现在正被朝廷追杀，情急之下投身你处，希望予以搭救！"这人一听，容不得思索，赶忙叫来自己的儿子，喝令儿子速速将衣服换下，穿在了眼前这个并不相识的"朝廷要犯"身上，而自己儿子却穿上了"朝廷要犯"的衣服。

儿子明白了：在你生死攸关的时刻，那个能与你肝胆相照，甚至不惜割舍自己亲生骨肉来搭救你的人，可以称作你的"一个朋友"。

儿子又去了他父亲说的"半个朋友"那里，抱拳相求，把同样的话说了一遍。这"半个朋友"听了，对眼前这个求救的"朝廷要犯"说："孩子，这等大事我可救不了你，我这里给你足够的盘缠，你远走高飞快快逃命，我保证不会告发你。"

儿子明白了：在你患难的时刻，那个能够明哲保身、不落井下石加害你的人，可称作你的"半个朋友"。

大道理

你可以广交朋友，也不妨对朋友以诚相待，但绝不可以苛求朋友给你同样回报。如果苛求回报，快乐就会大打折扣，同时失望也就隐伏其中了。

用爱赌博

10 岁的玛莎和母亲相依为命。明天就是圣诞节了，虽然家里很穷，但母亲还是掏出了仅有的 5 美元递给玛莎，让她上街给自己买点礼物。

玛莎拿着钱找到了奥克多医生，她把 5 美元递给医生，小声请求道："奥克多医生，您帮我母亲做一次腰椎按摩好吗？"奥克多无奈地摇了摇头："最少也得 50 美元……"玛莎失望地走出诊所。

走出诊所，玛莎看到大街的一角围了许多人，她挤进去一看，是一个街头的轮盘赌。

轮盘上依次刻着26个阿拉伯数字，每个数字对应一个英文字母。不管你押多少，也不管你押什么数字，只要轮盘转两圈后，指针能停在你的选择上，那么你都将获得10倍的回报。围观的许多人都跃跃欲试，但又怕自己连本钱输进去。

轮盘赌的主人拉莫斯看到小玛莎，挥挥手让她走开。玛莎没有动，犹豫了一会儿，把手中的5美元放在了第12格上。轮盘转两圈后，停在了第12格，玛莎的5美元变成了50美元。玛莎把50美元放在了第15格，轮盘继续转动，玛莎又赢了，50美元变成了500美元。人们开始注意玛莎。拉莫斯问："孩子，你还玩吗？"玛莎把500美元放到了第22格，结果，她拥有了5000美元。拉莫斯的声音颤抖了："孩子，你还继续吗？"玛莎镇定地把5000美元押在了第5格。所有的人都屏住了呼吸，片刻之后，有人惊呼："上帝啊，她又赢了！"拉莫斯都快哭了："孩子，你……"玛莎回答："我不玩了，我要请奥克多医生为我妈妈按摩——我爱我的妈妈！"

玛莎走后，拉莫斯像呆了似的凝视着自己的轮盘，突然，他痛苦地向人们说："我知道玛莎赢在哪里了，这个孩子是用'爱'在跟我赌博啊！"人们这才注意到，玛莎投注的"12、15、22、5"四个数字，对应的英文字母正是"L、O、V、E"！

大道理

只有爱才是世界的钥匙。"爱"是永恒不败的，只要拥有爱，看似困难的事都会变得相当容易。

两只老虎

一只笼养老虎和一只野生老虎相遇了，攀谈之后，两只老虎都了解了对方的生活情况。

听笼养老虎说它从来不用自己捕食，主人总能给它提供新鲜的肉类时，野生老虎羡慕极了：

“老兄，你真是太安逸了，用不着挨饿，也用不着打斗。你看看我这一身伤，在森林里生活真是不容易啊，什么时候我才能过上你那样的生活啊。”

听到这里，笼养老虎立刻摇了摇头：

“你羡慕我？我还羡慕你呢，你是多么自由自在啊。我虽然衣食无忧，却不能像你那样想去哪里就去哪里。唉，什么时候我才能过上你那样的生活啊。”

野生老虎一听，心想正合我意，所以随口说道：

“既然我们都向往对方的生活，不如换一换活法，我进你的笼子，你去我的大森林，怎么样？”

笼养老虎听到这个建议，顿时喜出望外，于是一拍即合，笼养老虎一路欢腾地跑进了大森林，而野生老虎则得意地钻进了笼子。

但是没过多久，两只老虎都死了，一只是因为饥饿，一只是因为忧郁。笼养老虎虽然获得了自由，却苦于没有捕食的本领；野生老虎过上了梦想中的安逸日子，却失去了享受大自然的机会。

大道理

倘若在羡慕他人的幸福中迷失方向，你就会对自己所拥有的幸福熟视无睹。别人的天堂也许并不适合你，甚至有可能是你的地狱。

淘气的里根

美国第 39 任总统罗纳德·里根小时候很淘气，11 岁那年，他与伙伴们踢足球时，不小心打碎了邻居家的玻璃。邻居向他索赔 12.5 美元。在当时 12.5 美元可是笔不小的数目，足足可以买 125 只生蛋的母鸡！

闯了大祸的里根向父亲承认了错误，但父亲让他对自己的过失负责。里根为难地说："我哪有那么多的钱赔人家？"

父亲拿出 12.5 美元，交给里根说："这钱可以借给你，但一年后必须要还给我。"

此后，11 岁的里根开始了艰辛的打工生活，经过半年的努力，终于挣够了 12.5 美元，并还给了父亲。

里根在回忆这件事时说："通过自己的劳动来承担过失，使我明白了什么叫责任！"

大道理

自己的责任不要指望别人来替你负担，如果你连自己的责任都承担不起，那你将失去了在这个世界上生存的意义。记住，责任和机会是相伴而来的，放弃责任也就等于放弃机会。

张三打树

张三人缘极好，从没跟别人生过气。李四感到很好奇，就问他："你怎么从来不生气啊，你是怎么修炼的啊？"

张三说："我也是正常的人，怎么可能不生气呢？只不过我不表现出来罢了。"

李四说："那还不把人憋死？"

张三说："我住的地方后面有一片树林，当我心情不好或是受了委屈、遇到挫折，想要发脾气时，我就会跑到树林里，狠狠地用手掌打树干，等手打疼了，我的不快、怨气也就没了！"

大道理

一味地压抑，不但不能解决问题，还会造成自己身心不健康。但是，在现今社会中，人与人的关系这么微妙，又怎么能随便发泄。所以，只好自己想办法舒解自己的精神压力了。

麻烦与机遇

1993 年 1 月，是世界著名的戴尔公司总裁迈克尔·戴尔和日本索尼公司人员会晤的时间。连续讨论了几天最新研发的显示屏、光盘以及 CD—ROM 等多媒体技术之后，戴尔已经疲惫不堪了。

在又一个让人焦头烂额的讨论会结束之后，就快撑不下去的戴尔拖着沉重的身体准备回酒店好好休息一下。这时，一位年轻的日本男子忽然挡住了戴尔的去路：“戴尔先生，请稍等一下，我是能源系统部门的人，我想跟你谈一谈。请您晚走一会儿好吗？”

“能源系统？”戴尔重复着这几个字，想起了以前某人向他出售发电厂的事情。因为极度疲倦而有些恼怒的他险些一口回绝对方，但当看到日本男子恳切的眼神时，他又微微地点了点头。

对方欣喜地拿出很厚的一沓图纸和表格，一张一张地翻开给他看，上面密密麻麻地写着一种刚研发成功的“锂电池”的功能。日本男子解释了好大一会儿，大脑已经处于混沌状态的戴尔才明白了他的目的——原来他是想推销这种“锂电池”给戴尔公司，供笔记本电脑使用。

戴尔以前曾经听人说起过，使用笔记本电脑的人，最大的期望就是拥有电力寿命比较长的电池，而根据索尼工程师的功能测试表，锂电池有超过 4 个小时的供电潜力。顿时，他感觉到，这是一次良好的机会，于是他非常认真地与对方交谈起来。

后来，锂电池果然成了一种具有突破性的科技产品，而装有锂电池的戴尔笔记本电脑，也因为满足了市场要求而销量大增。相关数字显示：1995 年的第一季度，笔记本销售额占戴尔公司总收入的 2%，而到了第四季度，比例已经上涨至 14%。

大道理

良好的机遇从来不会以一种诱人的姿态出现，而是总带着凡人的面具出场。如果你拒绝麻烦，那成功很可能会被你一起拒绝掉。

大道理

世上无难事，只怕有心人。自我充实，尽自己最大的努力，会把许多不可能的事情转化为可能。

事在人为

李嘉诚的人生格言很简单，只有四个字："事在人为。"

1955 年，李嘉诚首次开始扩张业务，成立了一家中型工厂，接了几个月的订单，买了新机器，当时一家处于倒闭边缘的厂子正在招租，李嘉诚便租了下来。原厂的一位老职工劝李嘉诚说："李先生，我很少看见一个年轻人像你这么努力，但我想提醒你的是，这里的风水不好，在这里经商的，没有一个是赚到钱离开的，每一家都失败了。我的老板来的时候也是雄心勃勃的，现在却差不多要倒闭了。隔壁那两家也好不到哪儿去。我看你年纪轻轻，损失点定金算了，去找一个好地段吧。"

李嘉诚非常感激老工人的真诚，他礼貌地说："当年有位前辈曾给我说过，'铁能变成金，金也能变成铁，关键看你怎么去做。'风水和气象也是人做出来的，而且订单我已经接下了，机器也已经订好了，如果现在不安装设备生产的话，我就会失信于人，我绝对不愿意这样做。"

接手这家工厂后，李嘉诚小心经营，结果生意很好，开工一个月就已赚到了全年的经营费用。不到一年，隔壁那两家厂子果然如老工人所料都倒闭了，于是，李嘉诚把这两家厂也租了下来。到李嘉诚找到新的厂房后要搬离这里时，好多人都出高价抢着要租那儿的厂房。

电影的雏形

1872年的某天，在美国加利福尼亚的一间酒店里，斯坦福与科恩围绕“马奔跑时蹄子是否着地”发生了争执。斯坦福认为，马奔跑得那么快，在跃起的瞬间四蹄应是腾空的，而科恩认为，马要是四蹄腾空，岂不成了青蛙？应该是始终有一蹄着地。两人各执一词，争得面红耳赤，谁也说服不了谁。于是两人就请英国摄影师麦布里奇作裁判。麦布里奇就想了一个点子，他在一条跑道的一端等距离放上24个照相机，镜头对准跑道；在跑道另一端的对应点上钉好24个木桩，木桩上系着细线，细线横穿跑道，接上相机快门。

一切准备就绪，麦布里奇让一匹马从跑道的一头飞奔到另一头，马一边跑，一边依次绊断24根细线。相片显示：马奔跑时始终有一蹄着地。科恩赢了。

事后，有人无意识地快速拉动那一长串相片，“奇迹”出现了：各相片中静止的马互相重叠成一匹运动的马。这就是电影的“雏形”。

大道理

其实，有时争执是美丽的。因为有争执，才会有探究，才会有重大发现。同时，也要注意留心生活中的每一个瞬间。

晏子的比喻

晏子正陪齐景公坐着休息时，梁丘据驾车来觐见景公。景公就对晏子说：“只有梁丘据跟寡人最合得来。”

晏子回答说：“是吗？我觉得梁丘据不过是善于逢迎您，这不叫合得来，这只是‘同’。”

景公问道：“你解释一下。”

晏子回答说：“我用做汤给大王作比方吧。做汤的时候，用水、火、醋、酱、盐等来烹调鱼肉的时候，首先用火煮，煮好了之后厨师来调和，以后再加各种调料补充味道的不足，避免味道过重过轻，如此才能做出一锅好汤，人们吃了才舒服。如果只用水来调味的话，谁肯把这种淡而无味的东西当作汤呢？汤就是“合”，而用水调味的话就是‘同’。”

景公回答说：“大夫说得很有道理。”

大道理

随波逐流，就等于失去了自我的主宰，就是把自己的命运完全交给了别人去安排，其结果可想而知。

母亲的教训

杰克·韦尔奇在塞勒姆高中读最后一年，学校举行了冰球赛中。韦尔奇所在班的球队击败了3个球队，赢得了3场比赛，但在随后的6场比赛中，这支球队却连续败北，而且5场都是一球之差，所以，在第七场比赛中，韦尔奇极度渴望获胜。当时韦尔奇是他所在队的副队长，在这最后一场比赛中，韦尔奇自己打进了两球，队员们顿时精神大振。双方在打成2比2后进入了加时赛，对方球队很快就进了一球，第七场比赛又输了。

韦尔奇沮丧极了，头也不回地冲进了休息室。大家正在那里换球衣的时候，门突然开了，韦尔奇的母亲大步走了进来，一把揪住了他的衣领，冲着他大吼道："如果你不知道失败是什么，你就永远都不会知道怎样才能获得成功！如果你真的不知道，你就最好不要来参加比赛！"在那么多球员面前，韦尔奇遭到了羞辱，但母亲的那些话他一辈子都没有再忘记过。后来他回忆说，正是母亲的热情、活力、失望和爱才使得她闯进了休息室。母亲一直是对他一生影响最大的人，她教会了他竞争的价值，教会了他如何面对胜利的喜悦和前进中必要的失败。

大道理

失败乃成功之母。不要畏惧失败，失败的背后所藏匿的往往就是成功，再坚持坚持，再向前走一步，成功就会展露在你眼前了。

男作家和玛格丽特·米切尔

在某年的世界文学座谈会上，一位相貌平平的女士端坐在一个角落，她的隔壁坐着一位匈牙利男作家。这位男作家一副高傲的神色，看了一眼坐在隔壁的那位女士，问道："你也是一位作家吗？"

"应该算是吧。"那位女士亲切地回答。

男作家继续问道："那你都写过什么作品呢？"

"哦，我没有写过其他东西，只写过小说而已。"那位女士谦虚地回答。

"原来是这样，我也是写小说的，到目前为止已经写过三十几本了，多数人都觉得不错，曾获得了许多好评。"男作家骄傲地说道。

说完以后，男作家又问："你写过几本小说呢？"

女士微笑着回答："我只写了一本而已，没有你写的那么多。"

"才一本啊？书名是什么呢？我看看我看过没有。"男作家的得意之情越来越溢于言表。

"我那本小说叫《飘》，不知道你有没有听说过。"

男作家顿时惊愕得无法搭腔，原来她就是大名鼎鼎的玛格丽特·米切尔。

大道理 有的人一辈子做了许多事，可都没有什么质量，而有些人一辈子认认真真地只做好了一件事。质量的重要性胜于数量。

驼背老人捕蝉

孔子游历到楚国，经过一片树林的时候，看见一个人捕蝉，就好像在地上拾取一样，从来不会失手。孔子走上前去，问道："请问先生是怎么把技术练得如此娴熟的？"

那人回答说："我刚开始捕蝉的时候，也像别人一样，常常失手。后来，我在竹竿顶上放两个丸子，用手举着，身子不动。这样训练几个月后，丸子在竹竿上可以不掉下来，这时去捕蝉，失败的概率就很低了。后来，我在竹竿上放三个丸子，如果不掉下来，这时去捕蝉，失败的情况就更少了。到后来，我放五个丸子在竹竿上，训练得不掉下来后，这时去捕蝉，就好像在地上拾取一样，从不失手。"

那人见孔子听得津津有味，又继续说："我捕蝉的时候，身体像木头一样静止不动；我把持着自己的手臂，就好像把持着一棵枯木一样。天地虽大，万物虽多，除了蝉的翅膀，一切我都看不见。我不回头不侧身，不因为万物转换对蝉翅膀的注意力，这样还有什么得不到的呢？"

大道理 排除了一切外在干扰，用心专一，精神高度集中，就可以达到神奇的境界。捕蝉如此，做任何事都是一样。

克雷蒂安的胜出

1993 年 10 月，加拿大举行总理竞选。当时让·克雷蒂安的对手利用电视广告夸张地攻击他的脸部缺陷，但是，克雷蒂安的对手没有想到的是，他自以为高明的招数却招致了大多数选民的反感，尤其是大家知道了克雷蒂安的传奇经历后，更是坚定地把自己手中的选票投给了克雷蒂安。

克雷蒂安的相貌丑陋，而且生下来就有残疾，他的左脸部麻痹，说话时口吃，嘴巴会歪向一边，一只耳朵失聪。但是，克雷蒂安并没有因此而自暴自弃，他的母亲总用一句话鼓励他："每一只漂亮的蝴蝶，都是历尽艰辛冲破束缚它的难看的茧壳，才拥有漂亮的未来。"克雷蒂安小的时候曾经把小石子放在嘴里练习说话，后来，他不但能流利地讲话，而且凭借着自己的努力和勤奋，以优异的成绩完成了自己的学业。

在那次大选中，克雷蒂安的口号是："我要带领国家和人民成为一只美丽的蝴蝶！"最后，他在这次选举中获胜。在任内，他以辛勤的工作获得了人民的广泛支持和尊重，并在 1997 年的选举中再次胜出。

大道理

无论自己怎样地卑微，你都只能做你自己；如果你想受人尊敬，那首要的一点就是，你得尊敬你自己。只有自我尊敬，才能赢得别人的尊敬。冲破卑微的束缚，便可获得高贵的新生。

孔子教子

一天，孔子对他的儿子孔鲤说："君子是不可以不学习的，与人会面不可以不修饰，不修饰仪容就会显得不整洁，仪容不整洁就显得对人不尊敬，对人不尊敬就等于失礼，失礼就不能自立于世。那些站在远处就显得光彩照人的，是修饰得有整洁仪容的人。与人接近而让人心中洞明的，是胸中有渊博学问的人。就像地势低洼的地方，雨水聚集在那里，就会长出水草，从高处看，谁会知道这不是从地下喷涌出来的泉水呢。"

孔鲤听了孔子的话，问道："那么父亲的意思是说君子一定要善于修饰自己了。可是您不是经常教导我说，君子只要保持本质就可以了，不需要讲究文采吗？"

孔子说："鲤啊，你还没有理解我的意思。文采如同本质一样重要，文质彬彬才能成为一个君子。如果一个人过于质朴，缺少文采的话，他就会显得粗野，流于粗俗。但

是也不能太讲究文采，如果一个人太过于富于文采，文采多于质朴的话，他就会流于虚伪、浮夸。花言巧语，伪装和善，这种人是很少有什么仁德的。只有质朴和文采配合恰当，这才是个君子啊。”

大道理

文质彬彬，是普通人行为的标准和榜样。然而，在追求这样的理想的人格模式和人格典范的时候，切记不能“过而不及”。太过于修饰和太质朴都不算是君子，只有文与质恰当的调和，才能达到君子的境界。

说我是啥就是啥

士成绮从很远的地方赶来求见老子。他对老子说：“我听说夫子是圣人。因此我从老远的地方赶来见你，旅途超过一百天，脚后跟磨出厚厚的茧都不敢停下来休息。现在我看先生并不是圣人。老鼠生活的地方都有剩菜，而妹妹却被抛弃不养，这是不仁；生的熟的食物堆积在面前，和山一样高，这是贪财。”老子听了，十分冷静，不作回答。

第二天，士成绮再去见老子说：“昨天我讽刺了你，今天我已经有所觉悟，但我不能明白说出我所觉悟到的道理，这是为什么呢？”

老子说：“我现在早已不是巧智神圣之人。先前你说我是牛，我就是牛；你说我是马，我也就是马。假如确有其实，别人给你名称却不接受，只会再次遭殃。我的所作所为一向如此，并不是为了故意要给人看才去做很多事情。”

大道理

别人怎样评价自己都无所谓，都不必放在心上，因为那只是外在的东西，根本改变不了你什么。记住：只有心如止水，才会荣辱皆忘，才会摒弃一切喜怒哀乐情绪的干扰。

服装设计师安妮特

安妮特家境贫寒，刚成年，小安妮特在纽约的第五大街的一家女服裁缝店里找到了一份工作，当打杂女工。正式上班后，她经常看到女士们乘着豪华轿车来到店里，在店里的镀着金边的大试衣镜前试穿她们的漂亮衣服。店里的女老板也和她们一样，穿着讲究，举止得体，端庄大方，高贵典雅。一股强烈的欲望在她的心中燃起：我也要当老板，成为她们中的一员。

这以后，她每天开始工作之前，也都要对着那面试衣镜，很开心、很温柔、很自信地微笑。当时的她虽然经济拮据，只能穿粗布衣服，但她假装自己已经是身穿漂亮衣服的夫人，待人接物也和那些贵夫人一样落落大方，彬彬有礼。她的这种行为得到了老板和顾客的喜爱。她虽然地位卑微，只是一名打杂工，但她假装自己已经变成了老板，工作积极投入，仿佛那间裁缝店就是她开的一样。

不久，老板觉得安妮特是店里员工中最有头脑、最有气质的，而且表现也是最杰出的，于是，她把裁缝店交给了安妮特管理。渐渐地，凭着安妮特的勤奋好学，她很快成了著名的服装设计师。

大道理

出身不能决定一个人的命运，能力却能决定一个人的地位。我们谈论起一个人时，不会问他是什么阶级，而是问他有什么能力。

比尔·盖茨做图书管理员

1965 年，卡菲瑞在西雅图景岭学校图书馆担任管理员。一天，一位同事推荐了一名四年级学生来图书馆帮忙，卡菲瑞答应下来。

不久，一个瘦小的男孩来到图书馆，卡菲瑞先给他讲了图书分类法，然后让他把已归还图书馆却放错了位的图书放回原处。

小男孩高兴地问：“就像是当侦探吗？”

卡菲瑞微笑着回答：“那当然。”

接着，男孩在书架的迷宫中穿来插去，不大一会儿，他已找出了三本放错地方的图书。

第二天他来得更早，而且干得更认真。干完一天的活后，他正式请求卡菲瑞让他担任图书管理员。卡菲瑞对他的工作也非常满意，答应了他的请求。

又过了两个星期，小男孩邀请卡菲瑞去他家做客。吃晚餐时，孩子母亲告诉卡菲瑞他们一家要搬到附近的一个住宅区，而这个孩子则担心他走后谁来整理那些站错队的书。

此后，卡菲瑞一直记挂着那个男孩。但没过多久，男孩又出现在卡菲瑞面前，并欣喜地告诉卡菲瑞，那边学校的图书馆不让学生担任管理员，他的妈妈把他又转回这边来上学，由他爸爸用车接送。“如果爸爸不带我，我就走路来。”男孩笑着说。

卡菲瑞想，这个男孩子决心如此坚定，对他来说简直就是天下无不可为之事。

这个男孩就是信息时代的天才、微软公司老板、美国首富——比尔·盖茨。

大道理

人生最高的奖赏和最大的幸运产生于某种执著的追求，人们在追求中找到自己的工作与幸福。即使是还没有确定目标的追求也比没有追求好得多。如果坚定了你所追求的信心，那么你会发觉你离成功越来越近。

爱和我

一位年轻的男人在一片草地上遇见了一位年轻的女人。

他们一见钟情，于是相拥而去。

之后的某一天，那位年轻女人，独自在那片草地上寻找着，双眸流露出惶惑和不安。

哲学家梭罗走了过来：“孩子，你究竟丢失了什么东西呢？”

“我在寻找我自己。自从那天在这里与他相遇，我就发现我丢失了自己。我的欢笑因他而产生，我的眼泪因他而流淌；我似乎是因他而生，我更会因他而死。然而，我呢？我到哪里去了？”

梭罗笑道：“孩子，不必寻找了。当爱产生时，‘我’就消失了。你们相爱时，已经彼此消失了，融为一个整体，你的自我只能在他那里寻找，而他的自我只能在你这里寻找。遗憾的是，他和你都不见了，因而你们不必寻找，你们已经变成了一个新的整体。”

大道理

当爱情发生时，相爱的人便获得了一个新的自我。如果相爱的双方还是独立的个体，那么就不能称之为爱情。

原一平和老和尚

日本保险业泰斗原一平在 27 岁时进入日本明治保险公司开始推销生涯。当时，他穷得连中餐都吃不起，并露宿公园。

有一天，他向一位老和尚推销保险，等他详细地说明之后，老和尚平静地说："听完你的介绍之后，丝毫引不起我投保的意愿。"

老和尚注视原一平良久，接着又说："人与人之间，像这样相对而坐的时候，一定要具备一种强烈吸引对方的魅力，如果你做不到这一点，将来就没什么前途可言了。"

原一平哑口无言，冷汗直流。

老和尚又说："年轻人，先努力改造自己吧！"

"改造自己？"

"是的，要改造自己首先必须认识自己，你知不知道自己是一个什么样的人呢？"

老和尚又说："你在替别人考虑保险之前，必须先考虑自己，认识自己。"

大道理

"考虑自己，认识自己"，是的，只有赤裸裸地注视自己，毫无保留地彻底反省，然后才能认识自己，改造自己，然后才能修成正果。

妙高禅师

妙高禅师在妙高山悬崖边打坐，只要他一打瞌睡，就会掉下山底。他就提醒自己“不能昏沉”，不可打瞌睡，从修行当中体会“道”。

有一次，他打坐的时候昏沉瞌睡，就从妙高山掉了下来。半空中，护法韦陀显现，把他救回。妙高禅师就很骄傲，他说：“你看，我掉下去，护法韦陀菩萨都会捧我回来，他随时在旁边护持我，你看我多伟大！”这时傲慢心一起，韦陀就显现：“从现在开始，一直到几百劫以后，我都不护持你！”韦陀菩萨说完这句话，就走了。

这时候，妙高禅师才知道自己太骄傲。他很后悔，明白学佛的人应该要谦虚，所以他跟护法忏悔。有一回打坐忏悔，结果又昏沉打瞌睡，再次掉崖。他以为这次死定了，因为韦陀护法不再护持，但最终韦陀再次出现，又救回他。他就问护法，护法说：“就是因为你谦虚忏悔，谦虚已经洗掉了几百世傲慢的心。”

大道理

“满招损，谦受益。”傲慢乃是人与人之间交流沟通的大敌。傲慢的人以自我为中心，看不到自己的缺点，也看不到别人的优点，受不了别人的责难。傲慢的人难以被环境认同，自身也难以进步。谦虚谨慎，厚积而薄发，才是制胜之道。

机智的赫鲁晓夫

赫鲁晓夫上台后，在一次党代会上，又一次批判斯大林的错误。这时，从听众席上递来一张条子。赫鲁晓夫打开一看，上面写着："那时候你在哪里？"这是一个非常尖锐的问题，赫鲁晓夫的脸上很难堪，他很难做出回答。但他又无法隐瞒这个条子，台下成千双眼睛已盯着他手里的那张纸，等着他念出来。

赫鲁晓夫沉思了片刻，拿起条子，大声念了一遍条子的内容。然后望着台下，大声喊道："谁写的这张条子，请你马上站起来，走上台。"

没有人站起来，所有的人心怦怦地跳，不知赫鲁晓夫要干什么，等待写条子人的会是什么惩罚。

赫鲁晓夫又重复了一遍他的话。全场仍死一般的沉寂，大家都等着赫鲁晓夫的爆发。

几分钟过去了。赫鲁晓夫平静地说："好吧，我告诉你，我当时就坐在你现在的那个地方。"

赫鲁晓夫就这样用他机智的圆场术为自己解了围，同时也让人理解了他当时的处境。

大道理

巧妙地圆场，是化解危机的有效手段。多加练习，窘境也许就是你展示机智和幽默的舞台。

勇敢的母亲

一个年轻的母亲下楼去买菜，把5岁的孩子独自留在家里。当她买菜回来，路过自家楼下时，看见一个小小的身影正从楼上坠落。那件鲜亮的黄色小上衣让她触目惊心。母亲一下子明白，那是她的孩子！母亲飞一般地冲向那个迅速下落的小小身影，这时，奇迹发生了，目击者谁也不敢相信自己的眼睛：她扑倒在地上，稳稳地接住了孩子！孩子得救了。

为此事，日本研究者曾做过数次试验，请几名短跑运动员再现当时的情况，但无一人能够成功接住落体。

大道理

一位平凡的母亲，却创造了即使是专业的运动员也不能创造的奇迹。这个真实的故事说明人的潜能是无穷的。

林肯的故事

这是林肯在一封给朋友的信中讲述的自己幼年的一个经历："我父亲在西雅图有一处农场，地里有许多石头。正因为如此，父亲才以较低的价格买下了它。母亲建议把石头搬走。父亲说，如果可以搬走的话，主人就不会把农场卖给我们了。它们是一座座小山，都与大山连着。有一天，父亲去城里买马，母亲带我在农场劳动。母亲说，我们把这些碍事的东西搬走好吗？于是我们开始挖那一块块石头。不长时间，就把它们搬走了，因为它们并不是父亲想象的山头，而是一块块孤零零的石块，只要往下挖一英尺（1 英尺＝0.3048 米），就可以将它们晃动。"

林肯在信的末尾说，有些事情人们之所以不去做，只是他们认为不可能。而许多不可能，只存在于人的想象之中。

大道理

成功 5% 靠决策，95% 靠行动。

当今世界上最成功的潜能开发专家安东尼·罗宾说："因为我恐惧，所以我必须立刻行动——朝着想要的方向奔跑！"可见，事情并不像你认为的那样不可能，只要行动就有可能，只要行动便能得到。

利特的习惯

利特在年轻的时候，有一回曾把车停在佛蒙特州南部的森林里，一位附近的农夫倒车时不小心将利特的汽车撞瘪了一块，而利特并不在场。当利特前往取车时，发现车窗上贴着一张纸条，上面工工整整地写着一行字："我们等着你。"下面是一个电话号码。

当利特就农夫主动承担责任的精神表示感谢时，农夫和妻子平淡地回答说："这是我们做事的习惯。"

许多年过去了，利特决定再次拜访那对夫妇的农舍。

但利特已经不记得具体的地址了，于是他停下车，向路人描绘着记忆中的农场。路人笑着对他说："我们这个州有 1/3 的地方类似这样，先生，除非你能说出具体名称。"

"许多人都会这样干的，这是我们做事的习惯。"一个老妇人听利特复述往事后这样说。

正当利特不知所措时，一对陌生夫妇走了过来："对不起，先生，打搅你一下。"原来他正为自己的车钥匙被锁进了汽车而苦恼。

利特请他们上了自己的车去城里把一个锁匠从城里带回了野餐营地。这对夫妇感激地对利特说："你真好。"

利特笑着回答："这是我们做事的习惯。"接着就把当年的故事告诉了他们，并倾诉了寻找无着的懊恼。

此刻，那位夫人甜甜地插上一句："寻找？您已经寻找到了这里的'习惯'。"

大道理

帮助他人就是帮助自己，世间的一切都是相辅相成的。付出就会有回报，即便暂时没有回报，也不要放在心上，否则就是小肚鸡肠，还会自寻烦恼。

梦窗的开悟

少年人总是容易固执和自大，不愿意接受别人的见解。梦窗国师在少年时就是这样。他千里迢迢来到京都拜一山禅师为师，参学禅法真谛。

没过多久，他就觉得自己学的差不多了，只是没有把握真正深湛的禅法，就去问一山禅师："弟子这么长时间一事未明，请师父为我指出。"话还没说完，一山禅师就严肃地答道："我宗根本不立文字，亦无一法传人。"梦窗当然不这样想，就再三恳求道："请师父慈悲方便。"一山禅师不客气地说："我无方便，亦无慈悲。"

这样进行了几次，一山禅师总是那样说。梦窗心中气恼，认为这禅师恐怕也没什么修行，就辞别一山禅师下山去了。

不久，他来到了佛国禅师处。当他问佛国禅师同样的问题时，遭到的是更加无情的斥责。他心灰意冷了，决心不到自己悟得大道之时，终生不见禅师。

他回到家乡，住在山脚下的一个茅庵中。他希望能在与自然的交流中得到禅的真谛。一天晚上，他坐在柏树下，因为心中了无牵挂，一时竟与境合一，不知不觉到了深夜。

清风吹来，颇有凉意，就回屋睡觉了。在床上，他误以为无墙之处是墙壁，靠过去时一下子从床上摔了下来。在摔下来的瞬间，梦窗不觉失笑道：

多年掘地觅青天，添得重重障碍物。

一夜暗中扬碌转，等闲击碎虚空骨。

他终于顿悟了。

大道理

禅有时并不在刻意的追求中，而只是在若无用心处，等闲正是禅的一大特色。而刻意求得的、向外求得的都不是真正的悟。这难道不是人生的大道理吗？

庭前柏树子

寺院中种柏树，目的是让和尚们感觉有一种威严之象，可以在其中参悟到生命或者世间的大道永恒。一到秋天时，柏树子落的时候，住持的禅师就要在佛堂的前面看着这生命的结果和高高的柏树，参禅解悟。

一天，一个学僧想知道师父这么多天参悟到了什么，就问："请问师父，什么是佛法中的大义？"

"庭前柏树子。"禅师指了指柏树的方向。几粒柏树子正在下落。

但是学僧对禅师的回答很不满意。他又说："请师父不要用物体来比喻，我不懂的。"

"我并没有用物体来比喻呀。"然后，师徒二人就各自默默地坐在蒲团上参悟着自己心中的想法。

微微的风声传到他们的耳中，柏树子仍然在无声地下落。在这个静寂的世界中，一切都在生长，但却是无声的。

良久，学僧又问："师父，什么是佛法中的大义？"禅师不慌不忙地答道："庭前柏树子。"学僧恍然大悟。

大道理

宇宙是美妙的，生命的气象是微妙的。一粒小小的柏树子在禅师的参悟中，就具有了宇宙的真理，就涵盖了生命的气象。

白人女士的遭遇

在一架由纽约起飞的班机上，一个中年白人女士被安排坐在一个黑人旁边。她对身边的黑人怒目而视，黑人则用微笑回应了她的不友善。

空服员过来时，白人女士要求给她调换位置。

空服员问道："请问有什么问题吗？"

白人女士瞪着旁边的黑人埋怨道："你们把我安排坐在这里，我受不了坐在这种令人倒霉的人旁边，请再给我找个位置！"

几分钟后，空服员回来了："女士，很抱歉，经济舱已经满了，不过头等舱还有一个空位。"

不等白人女士说话，空服员接着说："在这种情况下将乘客提升到头等舱，的确是我们从未遇到的情况，但是我已经获得机长的特别许可。"空服员继续说道，"机长考虑到这个特殊的情况，他认为要一名乘客和这么令人讨厌的人同座，真是太不合情理了。"

白人女士脸上露出了高兴的神色，没等她说话，空服员转向那名黑人："因此，如果您不介意的话，我们已经准备好头等舱的位子了，请您移驾过去。"

周围的乘客鼓起掌来，那名黑人在一片掌声中挥着手走向了头等舱。

大道理

尊敬别人，才能让人尊敬。不管与什么人相处，都要善待别人，不要以自己的利益为中心，要时刻想着自己的行为是否对他人构成了不好的影响。

云水随缘

法眼文益在庆辉禅师处参禅，始终不能悟道，甚至连入门之道都找不到，于是，他就拜别师父去四处云游。

云游途中，忽然下起了雨。他就在附近的一个小寺院中避雨。这个寺院的方丈出行去了，只剩下几个僧人和一个知客僧。知客僧问法眼文益："法师往何处去呀？"

法眼文益答道："我也不知道，只是四处走走而已。"

知客僧就说："你这么四处云游，有什么收获吗？"

"云水随缘。"

知客僧羡慕地说："云水随缘。你真的是逍遥自在啊！"法眼文益一下子也豁然开朗，原来自己一直急急忙忙地求道，寻找成佛的解脱还不如自己现在逍遥自在。

大道理

随缘，正是人生适意的表现，是人生解脱烦恼痛苦的方法。在山山水水间不停地体悟求索，其实就是陷入了一种执著，这样反而丢失了真正的自我。

肯原谅人的乔治·罗拉

乔治·罗拉在"二战"期间逃到瑞典，当时他很需要找份工作，他能说能写好几国语言，所以他希望能够找一家进出口公司谋一份秘书工作。但由于战乱，绝大多数公司都回信告诉他，不需要这一类人才，不过他们会把他的名字存在档案里。唯有一家公司给乔治·罗拉的回信中写道："你对我生意的了解完全错误，你既蠢又笨，我根本不需要任何替我写信的秘书。即使我需要，也不会请你，因为你甚至连瑞典文也写不好，信里全是错误。"

当乔治·罗拉看到这封信时，气得也写了一封回信，目的是想使那个人大发脾气，但当他要把信装入信封里时他就停下来对自己说："我怎么知道人家说的不对呢？我虽

然学习过瑞典文，可并不精通，也许我确实犯了很多我并不知道的错误。如果是这样的话，那么我想得到一份工作，必须再努力学习。这个人可能帮了我一个大忙，虽然他本意并非如此。他用这种难听的话来表达他的意见，也并不是他的错啊，所以我倒应该写封信给他，在信里感谢他一番。”

想到这儿，乔治·罗拉撕掉了他已经写好的那封骂人的信，另外写了一封表示感谢的信。

大道理

只有勇敢的人才懂得如何宽容，懦夫绝不会宽容，这不是他的本性。一时的冲动可能会造成令你后悔终生的结果，用超然大度的心去原谅别人的过错，得到的会是幸福与快乐。

过了几天，乔治·罗拉又收到了那个人的回信，他邀请罗拉去他们那里看看。罗拉去了，而且得到了一份向往以久的工作。

乔治·罗拉由此发现，原谅伤害自己的人也会避免自己受到更深的伤害，或许还能得到别人的帮助，助你走上成功。

百丈怀海

百丈在继承了师父的道统后，制定了“百丈清规”，强调禅师一定要劳作，自己养活自己。他还说：“一日不作，一日不食！”并且他也一直按照自己说的那样去做，甚至在 94 岁高龄时，仍然坚持劳作。

弟子们都不忍心，却不敢劝老师，因为以前有弟子劝他时都被他狠狠地斥责和痛打了一顿，他们只好将老师的工具藏起来。

第二天，他们若无其事地干活的时候，发现老师果然没有来，很是高兴。可是，要吃饭的时候，百丈怀海突然说：“我没有什么德行，又怎么敢让别人养着我呢？”说着竟离开了，饭也没有吃。

已经两天了，弟子劝说也没用，他还是不吃饭。弟子们没办法就将他的工具恭恭敬敬地送到他的面前。百丈能干活了，就不再绝食。从此，他“一日不作，一日不食”的清规就成了禅的原则。

大道理

“一日不作，一日不食”，“不劳动者不得食”，这是天经地义的事，因为劳作是生命应有之义务，生命也会因为劳动而变得更有意义。

龙潭崇信的饼

龙潭崇信出家前以卖饼为生。有一年，他来到了一个小镇，想找一个地方安身，就耐心地各处求告，但没人愿意提供。

道悟知道了这事后，就把寺庙旁的小屋借给他住。他为了表示感激，就每天给道悟送十个饼。但奇怪的是，道悟每次收下他的饼之后，都要剩下一个还给龙潭崇信。

时间久了，龙潭崇信忍不住就想问一下。这天，他拿着道悟留下来的饼，站在道悟的面前，准备问清楚。道悟说道：“这个饼是我送给你的，希望你子孙昌盛。”说话的时候脸上带着真诚的微笑。

龙潭崇信更加不解地问：“这饼明明是我送给您的，为什么您又送还给我呢？”

“是你送来的，又还给你。这有什么不对的吗？”龙潭崇信一震，觉得多年来心中隐隐约约要寻找的东西，今天好像摸到了一点边。原来，这本来就是自己的东西，就在自己的心中呀。

大道理

禅能让人在一瞬间就领悟多年纠缠在心中的东西，它能让人找到自己的心灵。在纷繁复杂，物欲横流的现代社会，我们更需要守着自己的本心，不要让自己的心迷失了。

人生三味

云门文偃要在佛殿上说法，四下里一片静悄悄。云门文偃说：“我应该说吗？我什么都不应该说。我要告诉你们的是，你们不要陷入其中，不要刻意地去印证自己心中所想。

“人生本来无事，所谓的世间纷杂，所谓的众生皆苦只是一些人的庸人自扰，只是在逃避人生。我们只要敢于承担，自觉地活着，勇敢地面对世界，我们就会没有烦恼，就可以明白人生的真谛。”

他继续说：“千万不要刻意地寻言追句，陷入文字的迷障。文字怎么会有人生的真谛？诸祖诸法皆无言语，否则何必要以心印心呢？”

黄昏渐渐来临了，大家依然在师父那安详的语调中安静地体味着世界和人生。突然，云门禅师问道：“祖师说：‘秘藏就在自己心中。’他只带一只灯笼进了佛殿，如何把三个庙门都放上？”

大家都不说话。最后云门禅师说：“三乘就是一乘，万法只是一法，不要执著，不

要钻牛角尖。”又过了良久，有一个弟子忽然问道：“请问师父，如何是人生三昧？”

云门文偃和蔼地说：“人生的真谛就是当下活着的滋味。钵里饭、桶中水是人生三昧；笑中泪、哀中乐同样是人生三昧。”

大道理

人生就是当下活着的滋味，不要千般思量，万般谋划。不要执著于别人的说教，不要执著于自己所谓的烦恼和痛苦——这样心中自会一片空明，就会有真实的人生，洒脱的人生。

生死在身

云门文偃剃度受戒十数载了，仍然不见佛法大道，还经常会被“人生是什么”的问题问倒。“生命何来？”“死后向何处去？”这些问题一直都重重地压在他的心中，折磨着他。他看见世界的万物生灭，却怎么也参不透自己的生命是怎么回事。

最后，他决定四处云游拜访大德高僧，去求教人生真谛。很多年后，他来到了睦州。他要去参谒著名的睦州禅师。

当时，睦州禅师正在参禅，一看见云门文偃来了，就关上了自己寺院的门。云门文偃尽管很奇怪，还是去敲门。睦州禅师在门里面问道：“谁呀？”

"嘉兴空王寺来的文偃和尚。"

"干什么的？"

"我还没有悟见自性，不能明白人生的真相。请求睦州禅师指示精义。"

门忽然开了，云门文偃还没弄明白怎么回事就被睦州禅师一把抓住胸口。只听见睦州大声地说："说！快说！"云门文偃不知要说什么，只是觉得有点痛又不好意思喊，就只有沉默。看他没有什么话说，睦州禅师就一下子将他推倒在地，马上把门关上了。

云门文偃不甘心就再敲门，里边再没有声响。他就在寺院的门外露宿了一夜，第二天，继续敲门，还是和第一天一样。就这样，他连敲了三天门。

第三天，他下定决心，只要睦州禅师一打开门，就赶紧挤进去。果然，门又开了，还没等睦州禅师抓住他，就一脚挤进了院门。但睦州禅师并不让他进去，而是在文偃迟疑的瞬间，一把将他推了出去，狠狠地关上门。

云门文偃那只挤进门的脚还没来得及抽出，就被夹在门缝中。在疼痛难忍的一刹那，云门文偃忍不住地喊出了一声。他心中一下子亮堂起来，终于明白了人生在何处，明白了生命的真谛：生死在身。

大道理

"不识庐山真面目，只缘身在此山中。"人们不知道生命的真谛，就是因为人们正活在人生之中。其实，人生并不在执著的追求中，而是在于自己的生命，自己的心灵感受。

空谷足音

宋朝的时候，有一个地主，他对禅有一种深深的崇拜。生活中总是有着各种各样的事情缠身，不能过上自在的生活，于是他就去寻找禅师，以求得生活快乐无忧的秘诀。

他听说附近高山中住着一个著名的禅师，就入山拜访。山上静寂得要命，除了有时会有一丝风声从山谷口传来外，就只有自己的脚步声了。他听着自己的足音，寻找着禅师的住处。

后来，他终于找到了禅师，向禅师说明了来意后，问道："大师，我想习禅，如何才能入门呢？"

禅师就问："你来的时候可听到自己的足音了？"

大道理

"空谷足音"，其中不但蕴藏了一番诗意，还是一种禅家的境界。因为在不自觉间能叩响自然的声响，何尝不能够体会到生命的本常？

“听到了。”

“那么，你就从这听到的足音进入禅门之径吧。”禅师微笑着对他说。

无相何在

在金陵的崇孝寺，住持法师正在讲经，经书名“圆觉”。这时，寺院中的一个小和尚走上前来，深深拜了一礼，说：“请问师父，这经书何以称‘圆觉’呢？”

住持一听觉得这弟子智慧过人，就笑着说：“圆，即圆融有漏，将一切烦恼都消弭包容了；觉，即觉尽无余，天下人都受到感化，得到解脱。有限的烦恼圆融了，无尽的众生觉悟了，故谓之‘圆觉’。”

小和尚又说：“如果超脱人间境界，无有一切烦恼挂碍，空无空有，还有什么好圆觉的呢？”这小和尚就是太阳警幻，他的提问一时传为佳话。

不久，太阳警幻就离开金陵，四处云游，再求佛法进境。然而，他心有所求，总是不能开悟，总是觉得人间和生命是有相的，不能达到空有空无的无相。这一天，他来到四川的梁山寺，住持缘观禅师正在讲法，说的就是“无相”的事情。

于是，他就走向前说：“请问大师，如何是无相道场？”

缘观禅师沉默了一下，然后指了指墙上的观世音菩萨像，说道："这副挂像是吴道子亲笔手法，和尚以为如何？"

太阳警幻凝神细看，就在他要开口说出自己心中所想时，缘观禅师突然打断了他，大声说道："这些都是有相，究竟什么才是无相？快说！"

太阳警幻一下子醒悟过来了，此前种种执著全都放下了，心中的烦恼一下子就被这震人心魄的无相卷走了。蓦然，他想起了一句偈子："无去无来亦无住，了却本来自性空。"

大道理

大多数时候，人们明明知道如何能解决问题，去除烦恼，但是就因为放不下，才无法解脱。这就需要一种顿悟的时机，悟到了也就解脱了。

仁者乐山，智者乐水

孔子对他的学生们说："聪明的人喜爱水，有仁德的人喜爱山。聪明的人性格就像水一样活泼，有仁德的人就像山一样安静。聪明的人生活快乐，有仁德的人会长寿。"

子贡便问孔子说："为什么仁人乐于见到山呢？"

孔子说："山，它高大巍峨，为什么山高大巍峨仁者就乐于见到它呢？这是因为山上草木茂密，鸟兽群集，人们生产生活所用的一切东西山上都出产，并且取之不尽用之不竭。山出产了许多对人们有益的东西，可它自己并不从人们那里索取任何东西，四面八方的人来到山上取其所需，山都慷慨给予，没有厚此薄彼。山还兴风雷做云雨以贯通天地，使阴阳二气调和，降下甘霖以惠泽万物，万物因之得以生长，人民因之得以饱暖。这就是仁人之所以乐于见到山的原因啊。"

子贡接着问道："为什么智者乐于见到水呢？"

孔子回答说："水，它普有一切生命的物体而出乎自然，就像是人的美德；它流向低处，蜿蜒曲折却有一定的方向，就像正义一样；它汹涌澎湃没有止境，就像人的德行。假如人们开掘堤坝使其流淌，它就会一泻千里，即使它跌赴万丈深的山谷，它也毫不畏惧，就像人勇敢无所畏惧。它

大道理

"仁者乐山，智者乐水"，仁者像山一样稳健和沉稳，智者如水一样灵活而充满灵气，这是儒家追求的理想的人生境界。

柔弱，却又无所不达。万物出入于它，而变得新鲜洁净，就像善于教化一样。这不就是智者的品格吗？”

多言多败

孔子前往周王室，去参观周朝的祖庙，看见祖庙的右边台阶前有一尊铜人，它的口部被封了三层，背后面有铭文说：

“这是古代一位慎于言语的人。小心啊！小心啊！不要多说话，说多了话，必然有闪失；不要多事，多事必然有灾祸。平安快乐的时候一定要小心，不要做使自己后悔的事情。不要以为没有妨碍，祸患将随之增长；不要以为没有危险，祸害将随之增大；不要以为没有危害，祸害将随之到来；不要以为没有人知道，天灾正在那里等待着对你的惩罚。小的火苗不扑灭，烈焰冲天便无可奈何，小的水流不堵塞，奔流成河便一筹莫展。长长的细线不截断，就将织成罗网，茂盛的树苗不砍除，就将变成巨木。如果出言不慎，就会埋下祸根。强横的人不会正常死亡，好胜的人一定会遇到敌手，盗贼怨恨主人，民众憎恶权贵。君子知道天下不可以一手遮盖，所以就对人退让一点，谦卑一点，使人亲慕自己。持一种谦卑、退让的态度，就不会有人能与自己争衡。人们趋向那边，我独坚守此处，众人心智迷乱，我独思想坚定。把智慧深藏心底，不与人争技艺短长，这样做，即使我地位高贵，也不会受到危害。江河之所以成为江河，是因为它卑下。上天没有特别厚爱的人，但是他一定佑助善者。小心啊！小心啊！”

看完以后，孔子回头对弟子们说：“记住这铭文。这些话虽然鄙俗，但是切中了事情的要害。俗话说：‘格外小心和谨慎，就像如同身临深渊边缘，如同脚踩薄冰一样。’如果能够照这样立身处世，怎么会因为嘴巴而遭到灾祸呢！”

大道理

言谈是与他人交流的方式，不可不谨慎，因为很多祸事和变乱的发生，都是由多言多语造成的。

享受成功的过程

有一个人，他从小到大都是一名失败者，失败永远陪伴在他的身边。他感到上天的不公平，于是，他决定去询问上帝成功是什么。

这个人翻山越岭，来到河边，见到一位老翁，就走过去问："老人家，成功是什么？"那位老人就回答他："成功就是能每天都钓到鱼，那就是成功。"

这位年轻人继续他的旅途，他渡过了河，来到了森林中，遇见一个正在赶路的中年男人，就问他："成功是什么？"那个中年男人就回答他："成功就是每天都能捕获野兽，那就是成功。"

他听了，就继续赶路。这个人穿过了森林，也穿过了沙漠，来到沙漠边缘，找到了上帝，问："成功是什么？"上帝很慈祥地回答："成功是生活，成功是经验，成功是汗水。年轻人，不要执著于成功，而应享受成功的过程。"年轻人听了，顿时明白了，就辞别上帝，回家去了。

大道理

风雨过后，未必会见到彩虹；但在彩虹之前，必先经历风雨。成功很简单，只要你肯付出努力，还能勇于享受失败带来的挫折，就一定会成功。

人言罪我

从前，列子十分贫穷。他家里常常穷得揭不开锅，因此他面黄肌瘦，身体瘦弱不堪。他的妻子儿女也跟着受苦。但他丝毫不以为苦，一直拒绝出来做官。

一天，郑国宰相子阳的门客对子阳说："听说列子是个道德高尚的人，他居住在您的国家却贫苦不堪，恐怕是因为您不喜欢人才吧？"

子阳听了，立即命令手下给列子送去粮食。

送粮食的使者到了列子家里，说明了来意，并转达了宰相的问候，希望列子收下粮食。

列子出来后，再三拜谢，但坚决不收下粮食，然后送走了使者。

他的妻子十分恼怒，捶着胸、顿着脚说："我听说有道之士的妻子儿女都能享受安逸舒适的生活。现在家里已经穷得揭不开锅了，宰相给你送粮食过来，你却坚决不收下。这难道不是苦命的表现吗？"

列子笑了笑，说："宰相送粮食给我，是因为他接受了别人的劝说，并不是他本来就想要送粮食给我。今天他可以接受别人的劝说，给我送粮食；明天也就有可能听从别人的劝说，加罪到我的头上。这就是我不接受他送的粮食的原因啊！"

后来，郑国的百姓不堪忍受子阳残酷的统治，起来叛乱而杀死了子阳。很多接受子阳假意恩惠的人都受到牵累，列子却安然无恙。

大道理

列子说："有道之士，要能见微知著，察知事物的原由，方能全身免祸。连善恶都分辨不清，又怎么能领悟高深的道呢？"

应事无方

从前，鲁国一个姓施的人有两个儿子，一个爱好学问，一个爱好兵法。爱好学问的，去了齐国，齐王让他做了太子老师。爱好兵法的，到了楚国，楚王让他做了将军。他们的俸禄足够让家中富裕，爵位也足够让他们的亲戚感到荣耀。

施氏的邻居孟氏也有两个儿子，所学的也和施氏两个儿子相同，但十分贫穷。他们非常羡慕施氏的富有，前往他家请教。施氏两个儿子把情况告诉他们，他们十分高兴，一个前往秦国，一个前往卫国。但他们不仅未得到富贵，反而一个受到宫刑，一个遭受刖刑。

孟氏父子十分愤怒，以为施氏两个儿子欺骗他们，前往施家责备施氏两个儿子。

施氏两个儿子听了，说："凡是顺应时势的就昌盛，与时势相悖的就灭亡。你们所学的与我们相同，但遭遇却和我们相反，是与时势相悖的缘故，并不是你们的行为错误。况且天下没有永久不变的道理，也没有永远正确的事情。先前所用的，今天或许已经废弃；今天所废弃的，明天或许又会用到。用与不用，并无一定的道理。抓住机会、迎合时势，应付事情没有固定的方法，这属于智谋的范畴。智谋不足，即使像孔子这样博学、姜太公这样用兵如神的人，也会穷困，何况你们呢？"

孟氏父子愤怒的神色立刻不见了，说："你们不要说了，我们已经明白啦！"

大道理

顺时者昌，逆时者亡。天下没有永久不变的道理，也没有永远正确的事情。只有抓住机会、迎合时势，不断改变自己的方法，才可无往而不利。

谦逊戒盈

孔子去周室宗庙参观的时候，看见一个非常奇巧的器皿。孔子便询问守护宗庙的人说："这是什么器皿呢？"

守护宗庙的人回答说："这是放在君主座位右边，让君主自警的一种器皿。"

孔子说："真是幸运啊！我能看见这个器皿。"

看到老师感叹的神情，弟子们都大惑不解，孔子就回头对弟子们说："往里面注水。"他的弟子就舀来水，开始往里面灌，灌到一半之后，器皿还能保

持端正。但是灌满了之后，器皿便倒了，里面滴水无存。

孔子便喟然叹息说：“唉，这就是盈满的人的下场吧！”

子贡在旁边问道：“老师，给我讲讲盈满的道理吧。”

孔子说：“太多了它就减少。”

子贡又问：“那么什么是太多了就减少呢？”

夫子回答说：“物品繁盛到了极点就会衰亡，高兴到了极点就会有悲伤的事情发生，太阳到了中午的时候就会往下移，月亮圆了之后就会开始缺损。因此，头脑聪明的，要用示笨的方法来保持；功盖天下，要用退让来保持；勇力出众，要用怯惧来保持；富有四海，要用谦逊来保持。这就是所谓的自退自损的办法。”

大道理

“满招损，谦受益”，谦逊不仅能体现对他人的尊重和重视，还能促进自身的充实与完善，有利于建立和谐的人际关系。

三人行，必有我师

孔子周游列国的时候，很多人都追随着孔子，想拜孔子为师。鲁国有个叫叔山无趾的人，他因为违犯了法律而被砍掉了一只脚，他遇见孔子以后也一直跟在孔子的后面，要见孔子并想拜孔子为师。

他见到孔子以后，孔子说："你做事不谨慎，已经因为犯罪而被砍掉了一只脚，即使你现在找到了我也补救不了，有什么用呢？"

叔山无趾回答说："我只是因为不明白事理，所以才会失去脚。现在我找到你，是因为还有比脚更为尊贵的东西存在，我要保全它。天没有不覆盖的地方，万物都被地所承载，我本来把夫子当成天地，没有想到夫子您是这样的态度！"

孔子听后，非常惭愧地对叔山无趾说："我孔丘实在浅薄，先生怎么不坐下来呢？请您把您知道的道理都讲出来，我会非常认真地听。"

但是叔山无趾没有理会孔子就走了。

孔子就对弟子们说："我今天竟然犯了这样大的过错，怎么能够根据别人以前的善恶来判断别人呢？像叔山无趾这样因为过错而断了一只脚的人，都还努力求学以弥补以前的错误，何况是

大道理

人的地位高低，不是由财富决定的，而是由他的道德水平和学问水平决定的。要提高自己就需要不断地学习，就要奉行"三人行必有我师"的原则。

没有过错的人呢！我们一定要记住啊。即使只有三个人在一起走路，他们中间也一定有人可以做我们的老师。要学习他们身上的优点，把他们的缺点当作自己的借鉴而改掉，只有这样才能使自己不断进步啊。”

知其不可为而为之

孔子知道弟子们因为在陈蔡受困的事情很丧气，于是孔子就把他的门人召集在一起讨论这件事情，孔子说：“《诗经》上说‘不是犀牛也不是虎，却在旷野上奔逐是不对的’，难道是我的主张错了，不然为什么处于这种境地呢？”

子路率先回答说：“想来是因为我们还不够仁爱不够睿智，所以人家才不相信我们，不放我们过去。”

孔子说：“如果真的是这个原因的话，伯夷叔齐怎么会在首阳山饿死呢？王子比干又怎么会被挖心呢？”

子贡接着说：“可能是因为老师的主张太伟大了，因此天不能够容纳老师的道理。老师是不是应该稍微改变一下自己的主张？”

孔子反驳说：“好的农民能种庄稼，却不能保证庄稼丰收；好的工匠能巧夺天工，却不能保证每个人都满意；君子能修其道，但是却不能保证一定会被容纳。端木赐，你的志向也太不远大了。”

子贡非常惭愧地退回到自己的座位。这时颜回站起来说：“夫子的主张是因为太伟大了，所以才不被天下容纳啊。尽管如此，夫子仍应该宣传它、推行它，人们不容纳又有何妨呢？不容纳才证明您是一位不苟且求容的君子啊！没有什么思想主张是我们的羞耻，我们的思想主张很好却不被采用，这是统治国家的人的羞耻。夫子的主张不被容纳又有什么关系呢？不被容纳才证明夫子是一位不苟且求容的君子啊！”

孔子听了以后欣然笑着说：“确实是这样的。你说的对极了，颜回！我也知道自己的主张不能够实行，但我怎能因此而放弃我的主张呢！”

大道理

只要认为应该去做的，就尽心竭力去做，毫不懈怠，在挫折失败面前，以达观的态度泰然处之，即使失败了也并不因此而放弃自己的理想和原则。这样的人能不成功吗？即便不成功，此生也无憾事了！

忠恕之道

孔子在讲课的时候，忽然意味深长地对曾参说："曾参啊，我的学说可以用一个根本的原则贯通起来。"

曾参回答说："是的。"

子游又接着问孔子说："夫子，有没有一个字我可以终身奉行呢？"

孔子回答说："如果要终身奉行的话，那就是恕吧！"

孔子的其他门人都不知道他们说的是什么，但是孔子说完以后，并没有解释而是站起身来就走了。孔子走了以后，别的学生都围住曾参子游，问他们夫子的话是什么意思。

曾参回答说："老师意思是说他的学说，其实就是忠恕罢了。"

曾参又接着举了自己的例子解释说："我每天再三反省自己：替别人做事是不是尽心竭力呢？同朋友交往是不是做到诚实可信了呢？老师传授我的知识是不是复习了呢？竭心尽力就是忠啊。"

子游说："推己及人就是恕啊，自己不愿意的，也不要强加给别人，你自己希望达到的目的和要实现的愿望，也要帮助别人达到。"

大道理

与人交往要以诚待人，为别人办事要尽心尽力，而不能随便敷衍塞责，同时还要设身处地地为他人着想，按照自己至善的本性去对待别人。这样做的收获也肯定会出乎意料的。

以德修身

孔子说："现在的人可以分为四类：庸人、士、君子、贤人。"

鲁哀公问孔子说："请问怎样的可以叫作庸人呢？"

孔子说："所谓的庸人是，嘴里不能说好话，心里不知道忧虑，不知道选择贤人善士寄托自身并借以除去忧难，行动不知道该做什么，七情六欲支配着自己，这样的人就可以叫作庸人了。"

鲁哀公说："很好，那么什么样的人可以叫作士呢？"

孔子回答说："所谓的士是指，他虽然不能全部知道做事的方法，但是还能够有所遵循；虽然不能把事情做得十全十美，但是肯定有所处置。所以他不追求知识的渊博，而追求知识的正确；不追求语言的冗杂，而追求所说的话正确；不追求行为的杂多，而追求所做的正确。所以他所掌握的知识，所说出的话，所做的事，就像生命和肌肤一样是不可更改的。因此富贵不能增加他，贫困也不能减损他，这就是士。”

鲁哀公又问：“那么怎样才算是君子呢？”

孔子回答说：“说话忠诚守信，但是内心并不以为这是什么了不起的品德；做事讲究仁义，但是并不以此为骄傲；思虑明通，但是言辞上并不争强好胜；所以他舒舒缓缓的就像别人可以赶得上，这就是君子。”

鲁哀公说：“夫子说得对极了！您能告诉我怎样便可以是贤人呢？”

孔子回答说：“贤人是说，他做事合乎规矩，但又不违反他的本性；言论足以做天下的表率，但是又不会因此而损伤到他自身；富有天下却并不蓄积财物，财物施舍给天下，但并不担心自己受贫。这样的人就可以叫作贤人了。”

大道理

以德修身，以德养性，通过道德来提升自己、完善自己，这样才会达到君子和贤人的境界。

天堂和地狱

从前有位僧侣，最有兴趣的讲道题目是“天堂与地狱”。他的弟子每日也就只能听到这些内容了，对这样的话题大家都感到很厌倦。有一天，这位僧侣又开始这样的讲道，座下弟子都听得昏昏沉沉。这时，其中一位皈依者就站了起来，说：“你每天都在讲这些内容，看来你已经很明白了，那么你告诉我天堂和地狱在哪里？假如你不能回答我，你就是说谎！”

这位僧侣不但没有回答，而且还保持缄默。这时座下其他的听教者也希望他能告诉他们这个问题的答案，他的沉默使得那位皈依者更为生气，他站起来，大踏步地走向这位僧侣，大叫着：“告诉我，快点，我每天都听这样的内容，却不知道你说的到底是什么意思，你最好今天让我明白，否则我就揍你一顿！”

只听这位僧侣回答说：“地狱就在你身边，而且带着你的愤怒。”那位皈依者了解到真相之后冷静下来，开始笑了起来。然后，他问道：“那么，天堂在哪里？”僧侣回答说：“它就在你周遭，和你的笑容同在。”

大道理

天堂和地狱之别，在于我们如何生活。平凡而快乐的生活，这就是我们希望的天堂中的生活；同样，如果人的心灵深处埋藏有天堂之花的种子，那么即使在地狱的最深处，也将会有天堂之花绽放。

去恶勿疑

晏子出使鲁国的时候，齐景公召集国人为自己兴建楼台，到了寒冬也不停止，因为天气冷而冻坏了的人到处都是，但是景公并不知道，于是国人就眼巴巴地盼着晏子回来，希望他回来以后可以把这种情况传达给景公。

过了一段时间，晏子终于回来了，他报告完了出使的事情之后，景公就设宴招待他，慰劳晏子出使的辛苦。

晏子趁机说："如果君主允许的话，我给大王唱首歌吧。"

景公允许以后，他便开始唱了起来："冰冷的水浸着我的肌肤，我能怎么办呢？我们的国君摧残我的身体，我能怎么办呢？"晏子唱完歌以后，因为怜悯而流下了泪水。

景公明白了他的意思，就过来劝他说："大夫为什么事情而叹息流泪呢？该不是为了我修建楼台的事情吧？不要伤心了，我这就中止它。"

晏子替百姓向国君拜了又拜，以此来表明自己的感激。

晏子从景公那里出来以后，即刻前往建筑楼台的地方，并不是告诉人们君王要中止建筑楼台的事情，而是手拿朴杖抽打那些不干活的人，并说："我们这些小百姓都有房子躲避干燥湿冷，君主只是建一个楼台，你们就这么推脱，赶紧尽快完成！"

国人都对晏子怨恨起来，还说晏子助纣为虐，但是晏子知道这么做是为了让景公知道自己的错误，并不以为意。果然晏子从筑楼台的地方返回以后，还没有到达自己的府邸，景公就已经发布命令催促停工了。于是晏子又飞快地驾车回去向人们传达这个好消息。

孔子听说这件事情以后，感叹说："看见君主犯了错误，入见君主的时候能够毫不犹豫地给君主指出，出来的时候却并不宣传自己的仁德，合乎此道的，大概就是晏子了吧。"

大道理

人非圣贤，孰能无过！过而能改，善莫大焉！但是知错不改，或者没有勇气改正错误，才是最可怕的，因为这样只会错上加错。

戴维的智慧

“二战”时期的美国经济非常不景气，当时的戴维是一个演员，但已经很长时间没有收入了。

一天，他走在街上，一个流浪汉向他乞讨：“先生，赏个小钱吧。”

戴维没好气地对那个流浪汉说：“别缠我，我也是身无分文。”在流浪汉转身要离开时，戴维发现他缺了一条手臂，但是脸色还比较红润，衣着也不破烂。戴维忙把他叫住：“你知道为什么我一个小钱都不给你吗？因为你看上去的境况要比我好得多。”戴维把那个流浪汉带到住处，取出自己的化妆盒，开始向那人脸上涂抹油彩，一会儿工夫，那人脸上就出现了一副苍老和憔悴的面容，头发也被戴维剪得乱乱的。

戴维问：“你昨天挣了多少钱？”

“4 元。”流浪汉回答。

“那今天看一看你能挣多少钱吧。”

晚上，流浪汉来到了戴维的住所，对他说，今天要了 30 元钱，是他从前所得的 7 倍。没过多久，其他乞讨的乞丐也纷纷前来向戴维求助。于是，戴维向他们每个人收费 2 元。一年以后，戴维搬进了一所条件良好的住宅，有了一部汽车和一大笔银行存款。此后，他甚至忘记了自己当演员的职业。

一天，2 万名乞丐在布朗克斯举行集会，这些人中，有 17000 人是或曾经是戴维的顾客，他们宣布："我们需要的是能为我们说话的受过教育的人。"戴维就这样成了纽约市乞丐协会的秘书长。

大道理

有了智慧，懂得运用这些智慧还不够，运用智慧的同时还要对这些智慧加以变通，使它更容易接近成功。

爱也无常

女孩每天都向佛祖祈祷，希望能再见到那个人。她的诚心打动了佛祖，佛祖显灵了。佛祖说："你想再看到踏春时那个惊鸿一瞥的男人吗？"

女孩说："是的，我想再看他一眼。"

佛祖说："你要放弃你现在的一切，包括爱你的家人和幸福的生活。"

女孩说："我能放弃。"

佛祖："你还必须修炼 500 年的道行，才能见他一面，你不后悔？"

女孩："我不后悔！"

女孩变成了一块大石头，躺在荒郊野外，400 年的风吹日晒，苦不堪言，但女孩觉得没什么，难受的是 400 多年都没见到一个人，看不见一点点希望，这都让她快崩溃了。

最后一年，一个采石队来了，看中了她的巨大，把她变成一块巨大的条石，运进了城里，他们正在建一座石桥，于是女孩变成了石桥的护栏。就在石桥建成的第一天，女孩就看见了那个她等了 500 年的男人！

他行色匆匆，像有什么急事，很快从石桥的正中走过了，当然，他不会发觉有一块石头正目不转睛地望着他。男人又一次消失了。再次出现的是佛祖。

佛祖："你满意了吗？"

女孩："不！为什么？为什么我只是桥的护栏？如果我被铺在桥的正中，我就能摸他一下！"

佛祖："你想摸他一下？那你还得修炼 500 年！"

女孩："我愿意！"

佛祖："你吃了这么多苦，不后悔？"

女孩："不后悔！"

女孩变成了一棵大树，立在一条人来人往的官道上，这里每天都有很多人经过，女孩每天都在近处观望，但这更难受，因为无数次满怀希望地看见一个人走来，又无数次希望破灭。要不是有前500年的修炼，相信女孩早崩溃了。日子一天天地过去，女孩的心逐渐平静了，她知道，不到最后一天，他是不会出现的。

又是一个500年啊！最后一天，女孩知道他会来的，但她的心中竟然不再激动。来了，他来了，他还是穿着他最喜欢的白色的长衫，脸还是那么的俊美，女孩痴痴地望着他。这一次，他没有急匆匆地走过，因为天太热了。他注意到路边有一棵大树，那浓密的树荫很诱人，休息一下吧，他这样想，他走到大树脚下，靠着树根，微微地闭上了双眼，他睡着了。女孩摸到他了！他就靠在她的身边！但是，她无法告诉他，这千年的相思。她只有尽力把树荫聚集起来，为他挡住毒辣的阳光。千年的柔情啊，男人只是小睡了一刻，因为他还有事要办。他站起身来，拍拍长衫上的灰尘，在动身的前一刻，他回头看了看这棵大树，又微微地抚摸了一下树干，大概是为了感谢大树为他带来清凉吧。然后他头也不回地走了！就在他从她的视线消失的那一刻，佛祖又出现了。佛祖："你是不是还想做他的妻子？那还得修炼。"

女孩平静地打断了佛祖的话："我是很想，但是不必了。"

佛祖："哦？"

女孩："他现在的妻子也像我这样受过苦吗？"

佛祖微微地点点头。女孩微微地一笑："我能做到的，但是不必了。"

就在这一刻，女孩发现佛祖微微地叹了一口气或者说松了一口气。女孩有几分诧异："佛祖也有心事？"佛祖的脸上绽开了一个笑容："因为这样很好。有个男孩可以少等1000年了，他为了能够看你一眼，已经修炼了2000年。"

大道理

人在世间，爱欲之中，独生独死，独去独来。世间凡夫的爱：有分别，有执著，有纠缠，有苦乐。凡夫的心念变化无常，所以凡夫的爱也不能永恒。只有清净、平等、慈悲的爱才是永恒不变的。

山田本一的胜利

1984 年，日本选手山田本一出人意料地夺得了东京国际马拉松邀请赛冠军。面对他取得的惊人成绩，人们纷纷提出了质疑。一位记者还专门采访了山田本一，问他是怎样取得这么好的成绩的。山田本一的回答是：凭智慧战胜对手。许多人都认为这个偶然跑到前面的矮个子选手是在故弄玄虚。

两年后，山田本一又获得了意大利国际马拉松邀请赛的世界冠军，当记者又问起那个问题时，他的回答仍是上次那句话：用智慧战胜对手。

因为山田本一不善言谈，记者也就没加追问，但是 10 年后却在山田本一的自传中得到了答案："每次比赛之前，我都要乘车把比赛的线路仔细地看一遍，并把沿途比较醒目的标志画下来，比如第一个标志是银行；第二个标志是一棵大树；第三个标志是一座红房子……这样一直画到赛程的终点。比赛开始后，我就以百米的速度奋力地向第一个目标冲去，等到达第一个目标后，我又以同样的速度向第二个目标冲去。40 多公里的赛程，就被我分解成这么几个小目标轻松地跑完了。起初，我并不懂这样的道理，我把我的目标定在 40 多公里外终点线上的那面旗帜上，结果我跑到十几公里时就疲惫不堪了，我被前面那段遥远的路程给吓倒了。"

大道理

要是多一些人具有山田本一的智慧，那么人生中也就不会有那么多的懊悔和惋惜了。因为，好多事情之所以会半途而废，不是因为难度大，而是因为目标离我们太远，让我们倦怠了，所以就放弃了。

把握现在

从前，有一座圆音寺，香火很旺。在圆音寺庙前的横梁上有个蜘蛛结了张网，由于每天都受到香火和虔诚的祭拜的熏陶，蛛蛛便有了佛性。

忽然有一天，佛祖光临了圆音寺，他问这只蜘蛛："世间什么才是最珍贵的？"蜘蛛想了想，回答道："世间最珍贵的是'得不到'和'已失去'。"佛祖点了点头，离开了。

又过了一千年，有一天，刮起了大风，风将一滴甘露吹到了蜘蛛网上。蜘蛛每天看着甘露很开心，它觉得这是三千年来最开心的几天。突然，又刮起了一阵大风，将甘露吹走了。这时佛祖又来问同样的问题，蜘蛛给了同样的回答。佛祖说："好，既然你有这样的认识，我让你到人间走一遭吧。"

就这样，蜘蛛投胎到了一个官宦家庭，成了一个富家小姐，父母为她取了个名字叫蛛儿。一晃，蛛儿到了十六岁了，已经成了个婀娜多姿的少女，长得十分漂亮，楚楚动人。

一日，蛛儿陪同母亲上香拜佛的时候，正好新科状元郎甘鹿也陪同母亲而来。蛛儿对甘鹿说："你难道不曾记得十六年前，圆音寺的蜘蛛网上的事情了吗？"甘鹿很诧异，说："蛛儿姑娘，你漂亮，也很讨人喜欢，但你想象力未免丰富了一点吧？"说罢，和母亲离开了。

蛛儿回到家，心想，佛祖既然安排了这场姻缘，为何不让他记得那件事，甘鹿为何对我没有一点感觉？

几天后，皇帝下诏，命新科状元甘鹿和长风公主完婚，蛛儿和太子芝草完婚。这一消息对蛛儿如同晴空霹雳，她不吃不喝，生命危在旦夕。太子芝草知道了，急忙赶来，扑倒在床边，对奄奄一息的蛛儿说道："那日，在后花园众姑娘中，我对你一见钟情，我苦求父皇，他才答应。如果你死了，那么我也就不活了。"说着就拿起了宝剑准备自刎。

就在这时，佛祖来了，他对快要出壳的蛛儿灵魂说："蜘蛛，你可曾想过，甘露（甘鹿）是由谁带到你这里来的呢？是风（长风公主）带来的，最后也是风将它带走的。甘鹿是属于长风公主的，他对你不过是生命中的一段插曲。而太子芝草是当年圆音寺门前的一棵小草，他看了你三千年，爱慕了你三千年，但你却从没有低下头看过它。蜘蛛，我再来问你，世间什么才是最珍贵的？"蜘蛛听了这些真相之后，好像一下子大彻大悟了，她对佛祖说："世间最珍贵的不是'得不到'和'已失去'，而是现在能把握的幸福。"刚说完，佛祖就离开了，蛛儿的灵魂也回位了，睁开眼睛，看到正要自刎的太子芝草，她马上打落宝剑，和太子深深地拥抱在一起……

大道理

世间最珍贵的不是"得不到"和"已失去"，而是现在能把握的幸福。

王安的遗憾

华裔电脑名人王安博士，6 岁时的一段经历使他记住了一个教训：只要是自己认定的事情，绝不可优柔寡断。

6 岁的王安在外面玩耍时发现了一个鸟巢被风从树上吹掉在地，从里面滚出了一个嗷嗷待哺的小麻雀。他决定把它带回家喂养。

当他托着鸟巢走到家门口的时候，他突然想起妈妈不允许他在家里养小动物。于是，他轻轻地把小麻雀放在门口，急忙走进屋去请求妈妈。在他的哀求下妈妈终于破例答应了。

王安兴奋地跑到门口，不料小麻雀已经不见了，他看见一只黑猫正在意犹未尽地舔着嘴巴。

大道理

思前想后，犹豫不决固然可以免去一些做错事的可能，但也同样会失去更多成功的机遇。所以，不应该像王安那样，只要是自己认定的事情，绝不可优柔寡断。

班超的故事

班超出使西域，首先到达鄯善。鄯善王一开始礼敬有加，可是没过几天，忽然冷淡下来。经过了解，班超才知道原来匈奴使者带领百余人来到了鄯善，鄯善王是受到了匈奴使者的要挟。

班超开始考虑对策。当时，他只有 36 人。他把随员召集来喝酒，酒酣之际，班超故意借鄯善王之事激怒大家，众人都表示愿意听从班超的吩咐。班超听了大家的表态，就斩钉截铁地说："不入虎穴，焉得虎子。如今我们已经没有退路了，只有一举歼灭匈奴使者，威慑鄯善王，才能绝处逢生。"

到了夜里，恰好刮起了大风，班超带领部下趁着夜色奔向匈奴使者的营地，利用火攻，使得匈奴人全军覆没。

第二天，班超把匈奴使者的人头放在鄯善王面前，并劝他归附汉朝。鄯善王大惊，就答应归附汉朝，并把儿子送往汉朝做人质。

大道理

不入虎穴，焉得虎子。不亲自经历险境，怎能获得成功？不经过艰苦的实践，也同样不能取得重大的成就。

沈从文的第一堂课

1928 年，经徐志摩介绍，上海中国公学校长胡适同意聘用沈从文为中国公学讲师，主讲大学部一年级现代文学选修课。

当时，沈从文在文坛上已初露头角，在社会上也已小有名气，因此，教室里早已挤得满满的了。他站在讲台上，看见黑压压一片人头，心里陡然一惊，竟将要说的第一句话堵在嗓子眼里，他脑子里"嗡"的一声变成了一片空白。上课前，他自以为成竹在胸，既未带教案，也没带任何教材。

他呆呆地在那里站了近 10 分钟！教室里鸦雀无声！慢慢地，他平静下来，原先准备好的内容又开始在脑子里聚拢。他开始急促地讲述着，预定一小时的授课内容，竟被他用 10 多分钟就讲完了。他再次陷入窘境，只得拿起粉笔，在黑板上写道：我第一次上课，见你们人多，怕了。

于是，全堂爆发出一阵善意的笑声，胡适知道后，对沈从文的坦言和直率大加赞赏，认为讲课成功了！后来，沈从文找到了失败的症结，终于使自己讲课能挥洒自如了。

大道理

坦言失败就是成功的开始。如果你在失败面前凄凄惶惶，自怨自艾，或者为自己的错误遮遮掩掩，不敢正视，那就永远只能陷入失败的泥沼不能自拔了。

造就卡耐基的一句话

卡耐基小时候是一个公认的非常淘气的坏男孩。在他 9 岁的时候，父亲把继母娶进家门。当时他们是居住在弗吉尼亚州乡下的贫苦人家，而继母则来自较好的家庭。他父亲一边向她介绍卡耐基，一边说："亲爱的，希望你注意这个最坏的男孩，他可让我头疼死了，说不定他会在明天早晨以前就拿石头扔向你或者做出别的什么坏事，总之让你防不胜防。"出乎卡耐基意料的是，继母微笑着走到他面前，托起他的头看着他，接着又看着丈夫说："你错了，他不是最坏的男孩，而是最聪明，但还没有找到发泄热忱地方的男孩。"继母说得卡耐基心里热乎乎的，眼泪几乎滚落下来。就凭着她这一句话，他和继母开始建立友谊。也就是这一句话，成为激励他的一种动力，使他日后创造了成功的黄金法则，帮助千千万万的普通人走上成功和致富的光明大道。因为在她来之前没有一个人称赞过他聪明。

大道理

最残酷的伤害莫过于对自信心的伤害。不论你的孩子现在是多么的"差"，你都要多加鼓励，最太限度地给他能支撑起人生信念风帆的信任和赞美。这样，你的孩子就一定会步入成功的殿堂。

以退为进

有一户人家非常好客。一天，来了一位久未谋面的老友，主人喜出望外，亲自下厨房烹煮，突然发现酱油没了，赶忙找来小儿子说：

“儿子！酱油用完了。现在你用最快的速度去商店打一瓶酱油，我锅里的肉等着用呢，快去快回。”

“爸爸，你放心！一切包在我身上。”小儿子拍拍胸脯走了。

20 分钟过去了，儿子还没有回来。他想，也许是杂货店的老板生意忙不过来？再耐心等一等。但是一小时、两小时过去了，儿子还是杳无踪影，客人等得饥肠辘辘，主人急得如同热锅上的蚂蚁，猜想儿子也许在路上出了意外。

主人终于按捺不住，夺门而出去寻找儿子。他焦急地朝街口奔跑而去，找了一遍没有，从另一条路返回，却突然发现儿子正站在一座桥的中央，和另外一个孩子青眼对白眼，彼此对峙着，谁也不让谁，儿子的手中正拎着一瓶酱油。

“儿子，还愣在这里做什么？我等你的酱油下锅，你却在这儿玩耍！”

“爸爸，我买好了酱油，正要赶回家，没想到在桥上碰到了这个人，挡住了我的去路，说什么也不让我过桥。”儿子理直气壮地说。

“喂！你这个小孩子，怎么如此不讲理，挡住别人的过道，赶快让开！”

“咦！奇怪了，不知道是谁挡住了谁的道路。你走你的阳关道，我过我的独木桥，咱们谁也不犯谁。明明是你儿子挡了我的路，我碍着你们什么了？”那个小孩子毫不示弱地抢白道。

气急败坏的主人指着小孩大骂：“你这个小东西，一点也不知道敬老尊贤、礼貌谦让。儿子！酱油你先带回去，让爸爸在桥上和他对站着。”

说完，自己一个箭步冲上了桥面。一老一小正经八百地僵持起来。

大道理

“退一步海阔天空”。能够以退为进，才是真正的向前。

男子气概

一位父亲去拜访禅师，请禅师训练自己的孩子，因为他的儿子已经十几岁了，可是一点男子气概都没有。禅师把孩子留下来，答应3个月以后，把他训练成真正的男人。

3个月后，父亲来接孩子。禅师安排孩子和一个空手道教练进行一场比赛，以展示这3个月来的训练成果。

教练一出手，孩子应声倒地。他站起来继续迎战，但马上又被打倒，他就又站起来……就这样来来回回一共16次。

禅师问父亲："你觉得你孩子的表现够不够男子气概？"

父亲说："我简直快气死了！想不到我送他来这里受训3个月，看到的结果是他这么不经打。"

禅师说："我很遗憾你只看到表面的胜负。你有没有看到你儿子那种倒下去立刻又站起来的勇气和毅力呢？这才是真正的男子气概啊！"

大道理

禅师说得对，受到打击后立刻能站起来是需要勇气和毅力的。被打倒不要紧，只要站起来比倒下去多一次就会成功了。

居里夫人和镭

居里夫人在她的"实验室"里搬成袋子的沥青矿渣，把它们倒在一口煮饭用的大铁锅里，用粗棍子搅拌。由于居里夫人只是理论上推测但无法证明新元素镭，所以巴黎大学的董事会拒绝为她提供她所需要的实验室、实验设备和助理员，她只能在校内一个无人使用的四面透风漏雨的破旧大棚子里进行实验。她工作了4年，最初两年做的是粗笨的化工厂的活儿，不断地溶解分离，最后剩下的就是镭。经过1000多个日夜的辛苦工作，8吨小山一样的矿渣最后只剩下小器皿中的一点液体，再过一会儿将结晶成一小块晶体，那就是新元素镭。当她满怀希望，抑制住激烈跳动的心朝那只小玻璃器皿中看时，她看到4年的汗水和8吨的沥青矿渣最后的结果只是一团污迹！

居里夫人疲倦地回到家，晚上她躺在床上，还在想着那团污迹，想找出失败的原因："如果我知道为什么失败，我就不会对失败太在意了。为什么只是一团污迹，而不是一小块白色或无色晶体呢？那才是我们想要的镭。"居里夫人像是对自己又像是对居里说话，突然，她眼睛一亮：也许镭就是那个样子，不像预测的那样是一团晶体。他们起身跑到实验室，还没等开门，居里夫人就从门缝里看到了她伟大的“发现”：器皿里不起眼的那团污迹，此时在黑夜中发出耀眼的光芒。这就是镭！一种具有极强放射性的元素。

大道理

为什么我们大多数人总是与成功失之交臂？那是因为当我们两只眼睛都盯住成功的招牌时，我们无法保留一只眼睛注视自己、反省自己。

老子释疑

传说老了骑青牛过函谷关，在函谷府衙为府尹留下洋洋五千言《道德经》时，一位年逾百岁、鹤发童颜的老翁招招摇摇到府衙找他。老子在府衙前遇见老翁。

老翁对老子略略施了个礼说：“听说先生博学多才，老朽愿向您讨教个明白。”

老翁得意地说：“我今年已经 106 岁了。说实在话，我从年少时直到现在，一直是游手好闲地轻松度日。与我同龄的人都纷纷作古，他们开垦百亩沃田却没有一席之地，修了万里长城而未享辚辚华盖，建了四舍屋宇却落身于荒野郊外的孤坟。而我呢，虽一生不稼不穑，却还吃着五谷；虽没置过片砖只瓦，却仍然居住在避风挡雨的房舍中。先生，是不是我现在可以嘲笑他们忙忙碌碌劳作一生，只是给自己换来一个早逝呢？”

老子听了，微然一笑，吩咐府尹说：“请找一块砖头和一块石头来。”

老子将砖头和石头放在老翁面前说：“如果只能择其一，仙翁您是要砖头还是愿取石头？”

老翁得意地将砖头取来放在自己的面前说：“我当然择取砖头。”

老子抚须笑着问老翁：“为什么呢？”

老翁指着石头说：“这石头没棱没角，取它何用？而砖头却用得着呢。”

老子又招呼围观的众人问：“大家要石头还是要砖头？”众人都纷纷说要砖而不取石。

老子又回过头来问老翁：“是石头寿命长呢，还是砖头寿命长？”老翁说：“当然石头了。”

老子释然而笑说：“石头寿命长人们却不择它，砖头寿命短，人们却择它，不过是有用和没用罢了。”老翁顿然大惭。

大道理

天地万物莫不如此。寿虽短，于人于天有益，天人皆择之，皆念之，短亦不短；寿虽长，于人于天无用，天人皆摒弃，倏忽忘之，长亦是短。

一只箱子

在非洲一片茂密的丛林里走着四个皮包骨头的男子，他们扛着一只沉重的箱子，在茂密的丛林里踉踉跄跄地往前走。

这四个人是：巴里、麦克里斯、约翰斯、吉姆，他们是跟随队长马克格夫进入丛林探险的。马克格夫曾答应给他们优厚的工资。但是，在任务即将完成的时候，马克格夫不幸得了病而长眠在丛林中。

这个箱子是马克格夫临死前亲手制作的。他临死前十分诚恳地对四人说道：“我要你们向我保证，一步也不离开这只箱子。如果你们把箱子送到我朋友麦克唐纳教授手里，你们将分得比金子还要贵重的东西。我想你们会送到的，我也向你们保证，比金子还要贵重的东西，你们一定能得到。”

埋葬了马克格夫以后，这四个人就上路了。但密林的路越来越难走，箱子也越来越沉重，而他们的力气却越来越小了。他们像囚犯一样在泥潭中挣扎着。一切都像在做噩梦，而只有这只箱子是实在的，是这只箱子在撑着他们的身躯！否则他们全倒下了。他们互相监视着，不准任何人单独乱动这只箱子。在最艰难的时候，他们想到了未来的报酬是多少，当然，有了比金子还重要的东西……

终于有一天，绿色的屏障突然拉开，他们经过千辛万苦终于走出了丛林。四个人急忙找到麦克唐纳教授，迫不及待地问起应得的报酬。教授似乎没听懂，只是无可奈何地把手一摊，说道：“我是一无所有啊，噢，或许箱子里有什么宝贝吧。”于是当着四个人的面，教授打开了箱子——大家一看：都傻了眼，满满一堆无用的木头！

“这开的是什么玩笑？”约翰斯说。

“屁钱都不值，我早就看出那家伙有神经病！”吉姆吼道。

“比金子还贵重的报酬在哪里？我们上当了！”麦克里斯愤怒地嚷着。

此刻，只有巴里一声不吭，他想起了他们刚走出的密林里，到处是一堆堆探险者的白骨，他想起了如果没有这只箱子，他们四人或许早就倒下去了……巴里站起来，对伙伴们大声说道：“你们不要再抱怨了。我们得到了比金子还贵重的东西，那就是生命！”

大道理

人和一般动物的区别就在于人具有高级思维能力，因此人就无法和动物一样浑浑噩噩生活，人的行动必须有目的。现代人的无聊、厌世、缺少激情，其病根大都在于目的的丧失。

老太太的提醒

有个老太太坐在马路边望着不远处的一堵高墙，总觉得它马上就会倒塌，见有人走过去，她就善意地提醒道：“那堵墙要倒了，远着点走吧。”被提醒的人不解地看着她大模大样地顺着墙根走过去了——那堵墙没有倒。老太太很生气：“怎么不听我的话呢？”又有人走来，老太太又予以劝告。三天过去了，许多人在墙边走过去，并没有遇上危险。第四天，老太太感到有些奇怪，又有些失望，不由自主便走到墙根下仔细观看，然而就在此时，墙便倒了，老太太被掩埋在灰尘砖石中，气绝身亡。

大道理

提醒别人时往往很容易，很清醒，但能做到时刻清醒地提醒自己却很难。所以说，许多危险来源于自身，老太太的悲哀便因此而生。

抛海星

一个人到墨西哥旅游，一天黄昏时他在一个海滩漫步，忽然看见远处有一个人在跳舞似的。走近些时，发现原来是一位土著在沙滩上拾起一些东西，然后用力地抛到海里去，并且重复不停地把拾起的东西抛到海里。

再走近些时，他看清楚原来这土著在不停地拾起由潮水冲到沙滩上的海星，逐只用力地把它抛回大海去。

他于是奇怪地趋前，向土著说："晚安！朋友，我不明白你在干什么。"

那人说："我在把这些海星抛回海里。你看，现在正是退潮，海滩上这些海星全是给潮水冲到岸上来的，很快这些海星便会因缺氧而死了！"

"我明白。不过这海滩有数不尽的海星，成千上万的，你可有能力把它们全部送回大海吗？尽管你真能做到，试想，这海岸有过百的海滩，你又怎能有功夫去处理呢？你可知道你所做的作用不大啊！"

那位土著微笑着，继续拾起另一只海星，一边抛一边说："但起码我改变了这只海星的命运呀！"

大道理

勿以善小而不为，勿以恶小而为之。任何一个事物都是从极其微小的粒子积累起来的，如果你不在乎最小的积累，那么终不会成就大业。

聪明的贾诩

曹操很喜爱曹植的才华，因此想废了曹丕转立曹植为太子。当曹操就这件事征求贾诩的意见时，贾诩却一声不吭。曹操就很奇怪地问：“你为什么不说话？”

贾诩说：“我正在想一件事呢！”

曹操问：“你在想什么事呢？”

贾诩答：“我正在想袁绍、刘表废长立幼招致灾祸的事。”

曹操听后哈哈大笑，立刻明白了贾诩的言外之意，于是不再提废曹丕的事了。

大道理

在许多场合，有一些话不好直说、不能直说，也无法明说，于是，旁敲侧击绕道迂回，就成为人们所采用的方法。

三个人的一生

有一天，上帝创造了三个人。他问第一个人：“到了人世间你准备怎样度过自己的一生？”第一个人想了想，回答说：“我要充分利用生命去创造。”

上帝又问第二个人：“到了人世间，你准备怎样度过你的一生？”第二个人想了想，回答说：“我要充分利用生命去享受。”

上帝又问第三个人：“到了人世间，你准备怎样度过你的一生？”第三个人想了想，回答说：“我既要创造人生又要享受人生。”

上帝给第一个人打了 50 分，给第二个人打了 50 分，给第三个人打了 100 分，他认为第三个人才是最完美的人，他甚至决定多生产一些“第三个”这样的人。

第一个人来到人世间，表现出了不平常的奉献感和拯救感。他为许许多多的人做出了许许多多的贡献；对自己帮助过的人，他从无所求；他为真理而奋斗，屡遭误解也毫无怨言。慢慢地，他成了德高望重的人，他的善行被人广为传颂，他的名字被人们默默敬仰。他离开人间，所有人都依依不舍，人们从四面八方赶来为他送行。直至若干年后，他还一直被人们深深怀念着。

第二个人来到人世间，表现出了不平常的占有欲和破坏欲。为了达到目的他不择手段，甚至无恶不作。慢慢地，他拥有了无数的财富，生活奢华，一掷千金，妻妾成群。后来，他因作恶太多而得到了应有的惩罚。正义之剑把他驱逐出人间的时候，他得到是鄙视和啐骂。若干年后，他还一直被人们深深痛恨着。

第三个人来到人世间，没有任何不平常的表现。他建立了自己的家庭，过着忙碌而充实的生活。若干年后，没有人记得他的生存。

人类为第一个人打了100分，为第二个人打了0分，为第三个人打了50分。这个分数，才是他们的最终得分。

大道理

人类有自己的生存规则，上帝是无法了解的。所以，人要为自己活着。

逃离苦海

从前，有一位妙得彼岸菩萨住在罗陀国。该国的商人每次出海采宝时，都把这位菩萨请到船上来，希望借助他的力量，化险为夷，平安抵达目的地。

有一次，船只往宝物的所在地东南方前进。这时候，天空刮起了北风，船只偏离了航向，一直往南方漂流。到了第七天，海水竟然变成金色，就像海底铺了一层黄金一样。

“我们现在进入黄金之海了，因为大海里充满了不可胜数的黄金。我们偏离了航向，非常危险，一定要回到北方才行。”菩萨对商人说。

不料，船只是顺风而行，愈来愈漂向南方。几天后，海水又呈现出白色，好像冰雪的世界一样。

菩萨又对这群商人说：“现在，我们到了珍珠之海了。但是我们离航向越来越远，必须要想尽一切手段，回到北方才好。”然而，船只还是顺风而去，愈来愈漂向南方。

几天后，海水五度变化，又好像流出一片墨汁，到处是漆黑的颜色。接着，听见远远传来巨大的爆炸声。

菩萨回顾他们说：“我们现在进入到牝马口海里。这是个非常可怕的地方，许多人的业力，会使我们全被烧得精光。大自然的天火，会烧尽海水。倘若天火烧涸了海水，一天一夜里，所有陆地会变成大海，所有人类都会被淹没的。”

船上一千多人听了，同时放声哀号起来。这时候，菩萨为了让他们摆脱恐怖，说出下面一段话来：

“连世间的大丈夫，都会贪生怕死。悲伤绝望会令人失去理智，大家还是一心运用逃离苦海的方便吧。只要得到了这个方便，就能安全到达彼岸。大家不要沮丧，因为这个方便，我已经给你们了：请大家好好念佛吧。”

菩萨立刻焚香礼拜十方诸佛，祈念风平浪静，救渡这些惊慌的人。片刻之后，幸赖菩萨的礼拜念颂，恶风终于得以停止，顺风吹拂，大家才有了生机。结果众人脱离险难，到达藏宝之所，如愿以偿地捞到许多金银财宝。

大道理

苦海无边，回头是岸！人生犹如一个无边无际的苦海，所以从一开始就不应该抱着理想主义去充满幻想地看待社会和人生，看待自己的目标和追求。否则，我们就会因为理想的失落或环境的逼迫而焦虑迷茫，就不会在人生的道路上走得更为自由和超然。

球为什么会上升

有一次，一个推销员在纽约街头推销气球。生意稍差时，他就会放出一个气球。当气球在空中飘浮时，就有一群新顾客聚拢过来，这时他的生意又会好一阵子。他每次放的气球都变换颜色，起初是白的，然后是红的，接着是黄的。过了一会儿，一个黑人小男孩拉了一下他的衣袖，望着他，并问了一个有趣的问题：“先生，如果你放的是黑色气球，会不会上升？”气球推销员看了一下这个小孩，就以一种同情、智慧和理解的口吻说：“孩子，那是气球内所装的东西使它们上升的。”

大道理

“气球内所装的东西使它们上升。”同样，也是我们内在的东西使我们进步，所以，真的要不断地丰富自己，完善自己，这样才能不断上升。

四种马，四种人

一天，释迦牟尼佛坐在王舍城的竹林精舍里慈祥地说：

“世界上有四种马：第一种是良马，当主人一扬起鞭子，它一见到鞭影，便知道主人的心意，迟速缓急，前进后退，都能够揣度得恰到好处，不差毫厘。这是能够明察秋毫的第一等良马。

“第二种是好马，它看到鞭影，不能马上警觉。但是等鞭子扫到了马尾的毛端时，它也能知道主人的意思，奔驰飞跃，也算得上是反应灵敏、矫健善走的好马。

“第三种是庸马，甚至皮鞭如雨点地抽打在皮毛上，它都无动于衷，反应迟钝。等到主人动了怒气，鞭棍交加打在它的肉躯上，它才能开始察觉，顺着主人的命令奔跑，这是后知后觉的庸马。

“第四种是驽马，鞭棍抽打在皮肉上，它仍毫无知觉，直至主人盛怒之极，双腿夹紧马鞍两侧的铁锥，霎时痛刺骨髓，皮肉溃烂，它才如梦方醒，放足狂奔，这是愚劣无知、冥顽不化的驽马。”

佛陀继续用庄严而平和的声音说：

“弟子们！这四种马好比四种不同根器的众生。第一种人听闻世间有无常变异的现象，生命有陨落生灭的情境，便能悚然警惕，奋起精进，努力创造崭新的生命。好比第一等良马。

“第二种人看到世间的花开花落，月圆月缺，看到生命的起起落落，无常侵逼，也能及时鞭策自己，不敢懈怠。好比第二等好马。

“第三种人看到自己的亲族好友经历死亡的煎熬，肉身坏灭，看到颠沛困顿的人生，目睹骨肉离别的痛苦，才开始忧怖惊惧，善待生命。好比第三等庸马。

“而第四种人当自己病魔侵身，四大离散，如风前残烛的时候，才悔恨当初没有及时努力，在世上空走了一回。好比第四等驽马，受到彻骨彻髓的剧痛，才知道奔跑。然而，一切都为时过晚了。”

大道理

人的聪明与思路的选择有很大关系。有的人左右逢源，条条是道；而有的人却一条道走到黑，不撞南墙不回头。

理智的曹操

中平六年（189）九月，董卓废汉少帝刘辩，改立陈留王刘协为汉献帝。然后，董卓自任相国，已有谋反之心，司徒王允假借生日之机，秘密联络群臣，意图刺杀董卓。骁骑校尉曹操在宴会上承诺“操虽不才，愿即断董卓头，悬之都门，以谢天下”。曹操说：“近日操屈身以事卓者，实欲乘间图之耳。今卓颇信操，操因得时近卓。闻司徒有七宝刀一口，愿借与操入相府刺杀之，虽死不恨！”王允借给他宝刀，曹操怀揣宝刀后离开了宴会。

第二天，曹操带着宝刀，来到相府，意欲行刺董卓。不想被董卓在镜子中看到了曹操手持宝刀，而董卓的第一猛将吕布又回到董卓的身边了。这时候曹操如果要继续行刺，无异于以卵击石，自取灭亡。曹操乃持刀跪下曰：“操有宝刀一口，献上恩相。”卓接视之，见其刀长尺余，七宝嵌饰，极其锋利，果宝刀也，遂递与吕布收了。曹操快马加鞭逃出了洛阳城。

大道理

如果曹操不随机应变，认死理，哪里能有后来的三分天下？可见，胸怀大志者就要不拘小节，甘做一时“懦夫”，等待时机，以图东山再起。千万不能逞一时之快，彻底丧失成功的可能性。

坐怀不乱

佛教戒除女色，所以，佛教史上便留下了许多和尚抵挡勾引的故事。下面便是一例。

有一天，日薄西山，天色向晚，昙翼的草庵门前突然出现了一位妙龄少女，身披彩服，容貌娇丽，臂弯处挎着一个竹篮，里面放着一头小猪，鲜白可爱，另有两颗大蒜斜放篮中。

只见她金莲款动，来到昙翼的身前说：“妾进山采薇，不想越走越远，忘了归期。现在天色已晚，想回去又怕路上豺狼纵横，伤害了性命。所以，我想在你这里借住一宿，明早再行。”话未毕，一个媚眼已向昙翼飘来。

昙翼一见，心中惶恐不安。遂即说道：“不行！佛教以女色为大戒，这深山野林之中，四处无人，你来借宿，于我大大不便。我想你还是趁着天色尚早，赶紧下山回家去吧。”

那位少女一听昙翼不许，便哭了起来，她抽泣着说：“都说和尚心地仁慈，爱惜生灵，谁知今天我却遇上了一位假仁假义的和尚，眼看着我落入虎狼嘴里而不加保护，我的命真是太惨了啊！”昙翼见少女如此说法，心中亦觉不安起来。是啊！救人性命原本是我佛家的本色，她虽是一名女子，我总不能眼见她死于路上吧。想到这里，昙翼只好答应了少女的乞求，同意她住下来。他把草庵中仅有的一张绳床让给少女，自己于庵外粗略地铺置一下，露宿起来。睡到半夜，屋里的少女突然高声呼叫起来，说是肚子疼，请求昙翼为她按摩。昙翼以持戒为辞，坚决拒绝。岂知那位少女却越叫越急，在床上翻滚不已。昙翼进屋一看，知道少女是真的病了，便以布裹起锡杖，遥为按摩。许久之后，少女腹痛渐止，慢慢地睡去了。昙翼急忙出屋去了。

大道理

满足一千个欲望与克服一个欲望哪个比较重要？佛认为：克服一个欲望比较重要。

第二天一早，那位少女醒来，突将彩衣化作祥云，小猪变成白象，大蒜变成莲花，少女凌空飞起，端坐莲花之上。原来，那位少女竟是普贤菩萨的化身。她对昙翼说：“我是普贤菩萨，今日特来相试。你的修为果然不错了。”言毕，倏忽而逝，消失不见了。

谁主宰吉凶

一位修行僧来到施主家，见对方正把牛黄涂在前额，头顶戴着贝壳，手拿毗勒果高高举起，态度非常恭敬。修行僧不解地询问："你到底在干什么？"

施主得意地说："我要扮吉相。这样必能得到巨大的功德，譬如该死的，得以存活；被捆绑着的，得以解脱；挨打的，能被宽恕等，不胜枚举。"

听到施主如此无知的话，修行僧笑道："倘若扮作吉相，就能获得这些福利，那真不错。可是这牛黄是从哪里来的？"

"牛黄是从牛的胸腔中取出的。"施主说。

"如果涂上这牛黄，就可以得到吉祥和福报，那么，牛为什么反而被人用绳子、链子穿透鼻孔，被迫去拖车，被人骑乘，而且还要忍受鞭策、饥渴和疲劳的煎熬呢？牛自身拥有吉祥的牛黄，却不能解救自己所受的困苦，这又是为什么呢？"

修行僧见施主仍然迷惑，进一步开解说："牛的胸前都是牛黄，尚且不能解救自己的苦痛，你只是在额上擦些牛黄，又怎能解救自身的困境呢？"

施主听完和尚的教训，觉得有道理，也就默不作声了。

修行僧又问他："这种雪白的硬物，又能吹出声音的东西，到底是什么？它是从哪里来的？"

"这是从海里涌出来的贝壳。"施主回答。

僧人解说道："它显然是被海浪遗弃在陆地上，又被烈日炙晒，才窒息而死的。倘若如此，怎能说是吉相呢？那只虫跟贝一块儿生活，昼夜都藏在贝壳里。但当它死去的时候，贝壳尚且救不了它，你现在只是暂时戴上了贝壳，如何救得了你的不吉呢？"

施主一听，唯唯点头，默默不语。

修行僧一番诚恳的话，解开了施主心头的迷惑，他终于明白，这世上根本没有一个外在的可以主宰吉凶的东西。

大道理

到底谁是命运的真正主宰，到底是不是上帝将人类的命运注定成贫富、贵贱呢？其实，只要你知道"因果报应循环"的规律，你就会知道：人类命运的真正主宰，不是别人，而是自己！

有自知之明的爱因斯坦

爱因斯坦是20世纪最伟大的科学家之一，他之所以能够取得如此瞩目的成就，是与他一生具有明确的奋斗目标分不开的。

爱因斯坦出生在德国一个贫穷的犹太人家庭。家里条件不好，而且他在小学、中学的学习成绩平平，那个时候的他很想向科学领域发展，但他很有自知之明，于是他根据自己的情况对自己进行了分析，最后他感觉自己对物理和数学的兴趣最高，而且这两科成绩在所有功课当中属于最好的。在读大学时他选读了瑞士苏黎世联邦理工学院物理学专业。由于爱因斯坦对自己的目标选得很准确，在物理方面，他的潜能很快得到了发挥。26岁那年，爱因斯坦发表了科研论文《分子尺度的新测定》，以后几年，他又先后发表了几篇在全世界很有影响的论文，发展了普朗克的量子概念，解释了光电效应，宣布了狭义相对论的建立和人类对宇宙认识的重大变革，取得了惊人的成绩。

假如，当年他所定的目标选在天文学或其他方面，恐怕将很难取得像在物理领域所取得的这样的辉煌成绩吧。

爱因斯坦不但有可贵的自知之明，而且对已确定了的目标从不放弃。1952年，以色列第一任总统逝世后，鉴于爱因斯坦的突出成就，以色列邀请他接受总统职务，却被爱因斯坦拒绝了。如果他真的当了总统，未必就会有今天这么大的建树。

大道理

一位百发百中的神射击手，如果他漫无目标地乱射，也不能在比赛中获胜。人生也是一样，如果没有明确目标，就不可能获得成功。

不打妄语

从前有一个人，时常在许多人面前赞美他父亲的高尚德行，说他父亲的心很仁慈，不曾损害别人，也从未掠夺过别人的财物，待人很是公正直爽，不说谎话，而且看到别人有困难的时候，还肯帮助人家。大家都对他的父亲大加褒奖，很是尊重。

一日，这个人又在很多人面前讲起他的父亲，当时在场的还有一个呆子，看到那么多人都在夸奖那人的父亲，就想自己也应该赞美父亲一番。

于是他就径直走到那个人面前说："你说你父亲的德行如此高尚，其实我父亲的德行，还胜过你的父亲呢。"大家就问他，那是一些什么德行呢？呆子抬头回答说："我父亲专意修身，刚才那人父亲的德行我的父亲全都能做到，而且他从小以来就断绝淫欲，不干这种事的。”大家听了都哄笑起来，说道：“你的父亲如果这样，那么他怎么会生出你来呢？”

大道理

赞美别人，也要恰到好处，要符合实际，不能捏造谎言，否则不但不能达到预期的效果，还会招到人家的轻鄙。

贫者越贫，富者越富

一个国王远行前，交给三个仆人每人一锭银子，吩咐他们：“你们去做生意，等我回来时，再来见我。”国王回来时，第一个仆人说：“主人，你交给我的一锭银子，我已赚了10锭。”于是国王奖励了他10座城邑。第二个仆人报告说：“主人，你给我的一锭银子，我已赚了5锭。”于是国王便奖励了他5座城邑。第三个仆人报告说：“主人，你给我的一锭银子，我一直包在手巾里存着，我怕丢失，一直没有拿出来。”于是国王命令将第三个仆人的那锭银子赏给第一个仆人，并且说：“凡是少的，就连他所有的，也要夺过来；凡是多的，还要给他，叫他多多益善。”

大道理

风险和利益的大小是成正比的。有风险才有诱惑，没有风险的社会，就没有成果。现代社会需要的不仅是忠实，更渴求胆识！畏手畏脚，从不冒险的人顶多维持不亏本的境地，而取得卓越成功的通常皆是有胆有识、敢冒风险的人。

竭尽全力

一位青年海军军官走到海曼·里科弗将军的办公室，将军接见了他。坐定之后，将军就让这位青年挑选任何他所希望讨论的题目，接着，他们讨论了时事、音乐、文学、海军战术、电子学等。谈话过程中，将军总是注视着对方的眼睛，并不断地问这问那，这位青年军官被问得瞠目结舌，但他很快明白了将军找他谈话的真正用意，他挑选的这些自以为懂得多的问题，其实却知道得很少，他不由得为自己的无知感到羞愧。

结束谈话后，将军问他在海军学院学习成绩怎样。

青年军官自豪地答道："在 820 人的年级中，我名列 59 名。"

"你竭尽全力了吗？"将军问道。

青年军官坦率地答道："没有。"

将军瞪大了眼睛，看着青年军官："为什么不竭尽全力呢？"

里科弗将军的这句话震撼着这位青年军官的心，此后，他一直将"竭尽全力"作为自己的座右铭，鞭策自己顽强地学习和工作。这位青年军官就是后来成为美国总统的卡特。

大道理

不管能不能成功，都要以最大的热忱去对待你所做着的或将要做的事，尽自己最大的努力来完成一项工作也是一种幸福。

言教不如身教

有一个宰相的妻子非常重视儿子的前途，她每天不辞劳苦地劝告儿子要努力读书、要有礼貌、要讲信用、要忠于国君等。而宰相却是早上离开家去上朝，晚上回来则看书。

爱儿心切的夫人终于忍不住说："你别只顾你的公事和看书本，你也该好好地管教管教你的儿子啊！"这宰相眼不离书地说："我时时刻刻都在教育儿子啊！"

大道理

感化在教育子女方面的力量，自古以来都比严酷的打骂大不止一百倍。另外，身教胜于言教，自己是一条虫却希望孩子成龙成凤，这不是笑话吗？

用尽全力

星期六上午，一个小男孩在沙滩玩耍。沙滩上有他的一些玩具小汽车、敞篷货车、塑料水桶和一把亮闪闪的塑料铲子。在松软的沙堆上修筑公路和隧道时，他发现一块巨大的岩石。

小家伙开始挖掘岩石周围的沙子，企图把它从泥沙中弄出去。他是个很小的男孩，而岩石却相当巨大。

小男孩下定决心，手推、肩挤、左摇右晃，一次又一次地向岩石发起冲击。可是，每当他刚刚觉得取得了一些进展的时候，岩石便滑脱了，重新掉回坑里。

小男孩只得哼哼直叫，拼出吃奶的力气猛推猛挤。但是，他得到的唯一回报便是岩石再次滚落回来，砸伤了他的手指。最后，他伤心地哭了起来。这整个过程，男孩的父亲从远处看得一清二楚。当泪珠滚过孩子的脸庞时，父亲来到了跟前。父亲的话温和而坚定："儿子，你为什么不用上所有的力量呢？"

垂头丧气的小男孩抽泣道："但是我已经用尽全力了，爸爸，我已经尽力了！我用尽了我所有的力量！""不对，儿子"，父亲亲切地纠正道，"你并没有用尽你所有的力量。你没有请求我的帮助。"父亲弯下腰，抱起岩石，将岩石搬到了远处。

大道理

人互有短长，你解决不了的问题，对你的朋友或亲人而言或许就是轻而易举的。记住，他们也是你的资源和力量。

第二篇

小寓言 大道理

楚人渡河

楚国人打算偷袭宋国，他们准备渡过澭河抄道而行，趁宋国人没有防备一举获胜。

经过周密谋划，他们先派人到澭河测量水的深浅，在水浅的地方做了标记，以便偷袭时大部队能沿着标记顺利渡河。

不料当晚澭河水突然暴涨，而楚国人却不知道这个情况。部队在过澭河时依然照着原来作的标记渡河，又是夜间，结果士兵、马匹纷纷掉入漩涡，楚军措手不及，淹死1000多人，侥幸没死的也无法前进，只好无功而返。

楚国人在设置标记的时候是正确的，如果河水不涨，他们可以依标记渡河。但后来情况变了，楚国人却不了解变化的情况，当然只能惨败。

大道理

情况是在不断变化的，我们的认识也应该随着客观情况的发展变化而变化，采取相应的措施。如果用静止、孤立的眼光看待变化着的事物，那么所采取的行动必然不会正确。

渔夫和金鱼

从前，有个渔夫每天都去钓鱼。有一天，他又拿着钓竿来到海边钓鱼。忽然，钓钩猛地往下一沉，他急忙把钓钩拉上来，发现钓上来一条很大的金鱼。

金鱼对他说：“渔夫，请你放了我吧。我并不是什么金鱼，我是中了魔法的王子。”渔夫说：“一条会说话的金鱼，我怎么会留下呢？”说着，他就把金鱼放回水里。渔夫回到家把这件事告诉了他的妻子。

他的妻子问：“难道你没有提什么愿望吗？”

“没有，”丈夫回答说，“我该提什么愿望呢？”

妻子说：“快去告诉它我们要一幢小别墅，我肯定，它会满足咱们的愿望的。”

渔夫来到海边，他站在海岸上说：“金鱼啊，我捉你放你没提愿望，老婆对此却不饶又不依。”

那条金鱼果真朝他游了过来，问道：“她想要什么？”

渔夫说：“她不想再住在那个小屋子里了，她想要一幢小别墅。”

“回去吧，”金鱼说，“她已经有一幢小别墅啦。”

渔夫便回家去了，他妻子已不再住在那个破破烂烂的渔舍里，原地上已矗立起一幢小别墅，她正坐在门前的一条长凳上。

有一天，妻子突然说：“这房子太小了，院子和园子也太小了。那条金鱼可以送咱们一幢更大一些的。我要住在一座石头建造的大宫殿里。快去找金鱼，叫他送咱们一座宫殿。”金鱼又满足了她的愿望。

第二天早晨，妻子又说，“咱们难道不可以当一当这个国家的国王吗？快去找金鱼，说咱们要当国王。”

渔夫只得走了出去。一想到老婆非要当国王，心里就感到特别担忧。他站在海边说：“金鱼啊，我捉你放你没提愿望，老婆对此却不饶又不依。”

“她又想要什么呀？”金鱼问。

渔夫回答说：“她要当国王。”

“回去吧，”金鱼说，“她的愿望已经实现了。”

渔夫回到家对妻子说：“你现在真的当上了国王，往后咱们就不用再要什么了吧？”

“那可不行，”妻子回答说，“去找金鱼去，告诉他，我要控制太阳和月亮。”

渔夫无奈，又来到海边，对金鱼说了他妻子的愿望。

“回去吧，”金鱼说，“她又重新住进了那个破渔舍。”

就这样，他们一直在那儿生活到今天。

大道理

贪婪是人性中的一部分，但是，那些不善于控制自己的人往往会由正常的人性发展为过分贪婪，而过分贪婪的人必将惹祸上身，两手空空，甚至玩火自焚。

龟兔赛跑

兔子天生善跑，而乌龟虽然也长了四条腿，却爬得很慢，所以，兔子一见乌龟就嘲笑它。

有一天，兔子又碰见乌龟，笑眯眯地说："乌龟，咱们来赛跑好吗？"乌龟知道兔子在开它玩笑，就生气地说："兔子，你别神气，跑就跑！"

兔子一听乌龟应战，差点笑破了肚皮："乌龟，你真敢跟我赛跑？那好，咱们从这儿跑起，看谁先跑到那边山脚下的大树下。预备！一，二，三……"

兔子一会儿就跑得很远了。它回头一看，已经快看不见乌龟了，心想："我在这儿睡上一大觉，它也追不上我。"兔子身子一歪，合上眼皮，真的睡着了。

兔子醒来后往后一看，还是不见乌龟的踪影。它以为乌龟还没赶上来呢，不紧不慢朝前跑。可是，就在它要到终点时，却看到乌龟已经爬到大树底下了。

大道理

一个骄傲的人，最后的结果只能是毁灭自己。头昂得越高，越容易被脚下的石头绊倒！

记住，骄傲是成功的大敌。

被困的水怪

遥远的大海的海岸上，有一只水怪被困在那里。

这只水怪平时生活在水中，身躯巨大，长着一对鼓眼睛，一口牙齿闪着锋利的白光，浑身披着鳞片，一天可以游好几千里路。这还不说，它还可以兴风作浪，当风雨大作的时候，它就可以飞腾起来，直上九霄，一般的鱼鳖虾蟹它根本就瞧不起。

可是水怪现在被潮汐冲上岸，困在沙滩里。水怪在陆地上是半步也挪动不了的，再加上它身体过于庞大，尽管它用尽全身的力气挣扎，仍然没有办法回到水中去。可怜这个水怪空有一身本领，却无法施展，连自己都救不了。

这时，几只水獭围拢来，见是水怪被困在那里动弹不得，就你一言我一语地嘲笑起它来。有的说："喂，大水怪，你为什么到这里待着来了？你平日的威风都到哪里去了呢？"有的说："水怪啊，原来你也有这样落魄的时候啊，还不如我们水獭，陆地和水里都能自由往来呢。你真是白白浪费了一身好本事啊！"

要是在平时，水怪才不把这群微不足道的水獭放在眼里呢，可是现在，它被困住了，无计可施，只好任凭水獭们戏谑嘲弄，心里十分窝火。

最后，一只颇有威信的老水獭开了口："水怪啊，你平日里总是看不起我们，完全不考虑我们也有尊严。现在你被困，知道是什么滋味了吧。只要你开口请求我们一句，我们就帮你回到水中，你要不肯开口，我们可就不管你啦！"水怪自恃清高，不愿丢这个脸，就扭过头去不理它们。

过了很久，水獭们又来了，对水怪说："水怪啊，我们就要离开这里了，这是你最后的机会，你愿意我们帮助你吗？"

这时候，其实只要稍稍借助一点外力，水怪的困境就能够解除，可是它怎么也放不下身份，说什么也不要帮助，说："就算烂死在泥沙里，死得也像个英雄，我自己情愿这样。我可没有乞求别人帮助的习惯，你们用不着管我，爱上哪儿就上哪儿去吧。"于是，水獭们走了，其他可以帮它的动物见到这种情形也不来理睬它了，免得自讨没趣。

水怪就这样一直坚持着它可怜的自尊而被困在沙滩里，谁也不知道它最终是死是活。

大道理

接受帮助并不是什么丢脸的事。要想成功就不能过于清高，那样的话就会孤掌难鸣，就会被困死在自尊里。

猫和狐狸

猫和狐狸外出去朝拜圣地，它俩打扮得像两个小圣徒，实际上是两个圆滑刁钻、阿谀奉承的伪君子，名副其实的骗子。它俩一路上尽干坏事，没少骗吃家禽和干酪，根本不花费自己一个铜子。

漫长的旅途十分枯燥无聊，用争论问题来打发时光是一个好办法。整日里，空旷的路上充斥着这两位朝圣者的吵嚷声。在结束一个话题后，它们谈起了对方。狐狸对猫轻蔑地说道："你自认为聪明，其实你懂些什么，我有的是锦囊妙计。"

"那有什么用，"猫说，"我的袋子里只有一招，但它足以赛过各种计谋。"

就在这时候，一群猎狗赶了来。猫对狐狸说："朋友，现在就看你有什么锦囊妙计了，多动脑筋想想看，赶紧找一条逃生之计吧，对我来讲就看这一招了。"话音刚落，猫纵身跳到树上躲了起来。狐狸只得动脑筋想办法了，然而，它想出的上百条计谋根本不管用，不得已只得钻进许多个窝穴，找寻安全隐蔽之处，却没找到一个像样的地方。在受到烟熏和矮种猎狗的追咬后，狐狸冒险钻出了地面，随即被两只动作利索的狗捉住了。

大道理

蹩脚的本事会得再多也没用！只有掌握一技之长，在关键的时候，才能镇定自若，逢凶化吉。

吃亏是福

村子里有 9 条蛇。有一天，它们聚在一起夸耀自己的优点。

青蛇说："我最年轻，充满活力。"

白蛇说："我最强壮，天下无敌。"

花蛇说："我最美貌，引人注意。"

黑蛇说："我最灵活，行动便利。"

……

8 条蛇都说出了它们的长处，只有一条又老又丑的黄蛇没有说话。大家一起嘲笑它：

"哈哈，老不死的东西！"

"这条丑八怪！"

"又老又没用的废物！"

……

黄蛇仍然不发一言，既不辩解，也不愤怒，任由别的蛇嘲笑。

不久，村子里田鼠泛滥。一只凶悍的老鹰来联合这 9 条蛇一同捕鼠。一天下来，它们一共捕到了 10 只肥硕丰美的田鼠。

老鹰问："这 10 只田鼠怎么分配？"

青蛇探出身子来，冒冒失失地说："我们和你对半分好了。"

老鹰心想，我一口就能吃掉一条蛇，你们还妄想平分我的猎物？

老鹰愤怒了，冲着青蛇脖子就是一口，把青蛇啄死了。

其他 7 条蛇见状，纷纷上前同老鹰争辩。

白蛇说："我们出力不比你出的少，对半分很公平。"

花蛇说："我们 9 个分 5 只田鼠，你一个也分 5 只田鼠，对半分已经很便宜了。"

黑蛇说："你想多分我们的田鼠，我们是不会干的。"

……

老鹰怒不可遏，上去就是几口，这 7 条蛇也都成了老鹰的盘中美食。

老鹰发现黄蛇一直没说话，就恶狠狠地问："你说说看，这 10 只田鼠应该怎么分？"

大道理

留得青山在，不怕没柴烧。关键时刻好汉更要吃眼前亏，以换得长远目标的实现。记住：吃亏是福！

黄蛇慢慢地动了动身子，说道："9 条蛇加 1 只鼠是 10 个，1 只鹰加 9 只鼠也是 10 个，这样对半分正合适。"

老鹰满意地笑了。这样，黄蛇不仅保住了命，还衔走了一只肥大的田鼠。

它看着地上同类的尸体，叹息道："我最大的优点就是能吃亏啊。"

一只蜘蛛和三个人

雨后，一只蜘蛛艰难地向墙上已经支离破碎的网爬去，由于墙壁潮湿，它爬到一定的高度就会掉下来。它一次次地向上爬，又一次次地掉下来……

第一个人看到了，他叹了一口气，自言自语："我的一生不正如这只蜘蛛吗？忙忙碌碌而无所得。"于是，他日渐消沉。

第二个人看到了，他说："这只蜘蛛真愚蠢，为什么不从旁边干燥的地方绕一下爬上去？我以后可不能像它那样愚蠢。"于是，他变得聪明起来。

第三个人看到了，他立刻被蜘蛛屡败屡战的精神感动了。于是，他变得坚强起来。

大道理

一位哲人说："你的心态就是你真正的主人。"心态决定一切，积极的心态可以成就一个人，而消极的心态可以毁掉一个人。

孪生兄弟

有个父亲有一对性格迥异的孪生儿子，其中一个过分乐观，而另一个则过分悲观。这个父亲很想改造这对孪生兄弟。

于是，父亲买了许多外观美丽、色泽鲜艳的新玩具给悲观的那个孩子，又把乐观的孩子送进了一间堆满马粪的车房里。

第二天清晨，父亲看到悲观的孩子一脸愁容，便问："为什么不玩那些玩具呢？"

"玩了就会坏的。"孩子伤心地说。

父亲叹了口气，走进车房，却发现乐观的孩子正兴高采烈地在马粪里掏着什么。

那孩子得意扬扬地向父亲宣称："我想马粪堆里一定还藏着一匹小马呢！"

大道理

乐观者在逆境中看到的是人生的希望，悲观者因为总是看到事物消极的一面，除了多有感慨外，还有就是丧失一切机会。

驴子、公鸡和狮子

在村子里，公鸡和驴子生活在一起，它们互相照顾，相安无事。

有一天，饥饿的狮子来到村子里觅食，它看到驴子，心想这么大的家伙够吃好几天，于是偷偷摸摸向驴子靠近。驴子比较笨，视力也不好，没有看见。公鸡眼尖，一眼就看到了鬼鬼祟祟的狮子，吓得尖叫起来。狮子从来没有听过鸡叫，一时觉得很恐怖，转身逃之夭夭。

驴子见狮子连鸡叫都害怕，非常得意，心想狮子也没有什么了不起的嘛，顿时生出万千好奇来，转身便立即跑去追赶狮子。狮子跑得很快，驴子追了一会儿就离村子很远了，公鸡的叫声听不到了，这时候狮子猛然转过身来，咬断驴子的脖子，把它吃了。

大道理

面对比自己强大很多倍的敌人时，绝不能逞一时之勇。莽撞的进攻虽然勇气可嘉，却是在自取灭亡，自寻死路，其结局必定是失败。

狐狸智斗大灰狼

年迈的狮王犯了风湿病，躺在病床上一动也不能动，它指派大臣必须找到药来治它的衰老症。要向狮王解释它的要求是办不到的，大家却都不敢。

大臣只好在百兽中聘请大夫，形形色色的医生汇集宫中，献家传秘方的也络绎不绝，但在许多次的朝见中单单找不到狐狸，它销声匿迹，躲到哪里去了呢？大灰狼为了献媚，在狮王临睡前对狐狸的缺席肆意诽谤。狮王听信谗言后勃然大怒，马上下旨把狐狸捉到宫中。

狐狸被押进宫来，带到了狮王的寝榻前，它心里清楚这是大灰狼在使坏，让它遭受这不白之冤。狐狸说道："陛下，臣以为有的奏折与事实极不相符。比如说我故意不来朝拜陛下，实际上我是去朝拜圣地，祈求上天保佑陛下圣体康复，以了却我的心愿。在朝拜的长途跋涉中我曾遇到一些博学多才的君子，我向他们提及陛下身体欠佳，精力减退。他们告诉我说，其实您所缺乏的仅是一些热量，您年事已高当然要注意保暖。因此，只要您穿上一件新做的热乎乎的狼皮大衣，您的病情马上就会见好。您只要看得上，狼大人的皮就是一件上好的料子。”

狮王对这一提议十分赞同，马上下令生剥了狼皮，砍下四只脚。结果，狮王不仅披上了冒着热气的狼皮大衣，还把狼肉做了晚餐。

大道理

21 世纪是一个倡导优势互补、资源整合、精诚合作的时代。只有这样才能在强大的竞争中拥有抗击风险的能力，假若一味互相攻击各不相让，很可能会大祸临头。而且私下攻击别人的人，必成别人攻击的对象。

倒霉的猫头鹰

老鹰和猫头鹰停止了攻击，它们甚至互相拥抱以表示亲热的程度，并决定不再互相吞食彼此的孩子，一个用鸟中之王的信誉担保，一个则以枭族的诺言担保。

“你认得我的孩子吗？”猫头鹰问道。

“不。”

“真糟糕！”猫头鹰叹息道，“我很为孩子们的性命牵挂，保住它们的命真靠运气了。因为你是百鸟之王，不会把小事记在心上，假如你遇到我的孩子，而又不认识它们，那它们的小命一准送掉。”

“你把它们的样子讲给我听听，”老鹰提议说，“要不然指给我瞅瞅也行。我向你保证，我不会伤害你的孩子。”

猫头鹰以未来母亲的身份说道：“我的小东西长得娇小动人，漂亮可爱，它们有迷人的眼睛和动人的歌喉。单说这些特点你就能轻易地辨认清楚。请记好了，千万别忘掉，要不然，死神就会到我家中，把死亡降临在它们头上。”

没多久，上帝把孩子赐给了猫头鹰。有天傍晚，猫头鹰离开家外出给孩子寻食，老鹰正巧路过猫头鹰的住处，看到几个长得怪模怪样的小东西，它们面目丑陋，神态阴郁，发出的叫声阴森森的。老鹰见状说：“这应该不会是我朋友的孩子，把它们做了晚餐吧！”鹰这家伙干这种事从来都是干净利索，这顿饭吃得真可口啊。

不一会儿，猫头鹰回家了。天啊，它看见自己的心肝不知被谁吃掉了，伤心得昏了过去。街坊告诉它老鹰吃掉了小猫头鹰，猫头鹰向神哀告，祈求严惩这丧心病狂的强盗。

这时有街坊对它讲：“你还是反省反省自己吧。人总是觉得自己的孩子漂亮可爱，比别人家的要好。谁让你在老鹰跟前把自己的孩子夸奖得像朵花一样？这与它们的本来面目相差太大，没有什么共同之处嘛。”

大道理

要注意自己的每一句话是不是和事实相符。如果说话太离谱，吃亏的只能是自己，因为吹牛者终将受到事实的惩罚。

游水之道

有一次，孔子带着他的几个学生到吕梁游览观赏美妙的大自然景色。只见那吕梁的瀑布飞流而下，溅起的水珠泡沫直达 40 余里以外。瀑布下来冲成一条水流湍急的河，在这里，就连鼋鱼、鼍鳖这一类水族动物都不敢游玩出没。然而，孔子却突然发现一个汉子跳入水中畅游。孔子大吃一惊，以为这个汉子有什么伤心事欲寻短见，于是，他立即叫自己的学生顺着水流赶去救那个人。

不料，那汉子在游了几百步远的地方却又露出了水面，上得岸来，披着头发唱着歌，在堤岸边悠然地走着。

孔子赶上前去，诚恳地问他说：“我还以为你是个鬼呢，仔细一看，你实实在在是个人啊！请问，游水有什么秘诀吗？”

那汉子爽快地一笑说：“没有，我没有什么游水的秘诀，我只不过是开始时出于本性，成长过程中又按照天生的习性，最终能达到这种境地是因为一切都顺应自然。我能顺着漩涡一直潜到水底，又能随着漩涡的翻流而露出水面，完全顺着水流的规律而不以自己的生死得失来左右自己的行为，这就是我游水游得好的道理。”

孔子又问道：“什么叫作开始出于本性，成长中按照天生的习性，而有所成就是顺应自然呢？”

那汉子回答说：“如果我生在丘陵，我就去适应山地的生活环境，这叫做出自本来的天性；如果长在水边则去适应水边的生活环境，这就是成长顺着生来的习性；不是有意地去这样做却自然而然地这样做了，这就叫顺应自然。”

孔子听了汉子的一番话，若有所悟地点头而去。

大道理

找到并掌握生活中的规律，做事就会得心应手，达到意想不到的效果。

爱抱怨的狮子

狮子经常对普罗米修斯抱怨，尽管普罗米修斯把它创造得高大威武，给它的下颚装备了锐利的牙齿作武器，给它的脚装上有力的爪子，使它比别的动物更强大。但它仍说：“可我还是怕那公鸡。”普罗米修斯说：“你为什么毫无道理地责怪我呢？我能创造的长处你都有了，只是你的性格太软弱了。”狮子悲叹不已，自责自己懦弱，终于想要去寻死。正在这时候，它遇见了大象，相互招呼之后，站着聊了起来，它看见大象不停地扇动着耳朵，便问：“你怎么啦，为什么一刻不停地摇动你的耳朵？”象回答说：“你看见这些嗡嗡直叫的蚊子吗？它们若钻进我的耳朵里，我就完了。”狮子听后，大彻大悟：“那么我干吗去寻死呢？”

大道理

没有比较，就不会知道自己有多幸福。还是知足者常乐。

胆小的猎人

从前，有个猎人，当别人上山打猎时他就待在自己家里。别的猎人猎到了兔子，就问他："你为什么不去打兔子呢？"

这个人回答说："兔子跑得快，我怕追不上。"

别的猎人又合力猎到了老虎，就问他："你为什么不去打老虎呢？"

这个人回答说："老虎太凶猛，我怕被吃掉。"

别的人就对他说："你不敢追兔子，又不敢打老虎，那你不要做猎人了，还是做农民吧，这样就不用怕了。"

于是猎人就做起了农民。可是，当别人下地干活时，他还是待在自己家里。别的农户种了高粱，就问他："你为什么不种高粱呢？"

这个人回答说："高粱怕涝，我怕雨水多。"

别的农户又种了水稻，问他："你为什么不种水稻呢？"

这个人回答："水稻怕旱，我怕天上不下雨。"

别的人收获了棉花，又来问他："你为什么不种棉花呢？"

这个人很有道理地回答："我怕种了棉花生虫子啊！我要确保安全。"

大道理

歌德说："失掉了勇敢，就会失掉一切。"

成功的路上处处有风险，做每一个决策都要冒可能失败的风险，但就像达尔文说的那样，"幸运喜欢照顾勇敢的人"。危险和希望并存，风险越大，胜利越大。倘要创立惊人的业绩，必须敢于冒险。

驴子的习惯

有一对父子住在山上，父亲是个瘸子，儿子是个瞎子，他们有一头老驴。每天，父子俩牵着驴子下山，都是儿子走在前面牵驴，父亲坐在驴背上指挥方向。

山路有一处很不好走，每当走到那个拐弯处时，父亲都会叫道："儿子，拐弯，小心了！"于是儿子就小心翼翼地把驴子安全地牵过那处险弯。

可是有一次，父亲生了病，不能下山。儿子对他说："您放心吧，在这条路上走了这么久，我虽然看不见路，单凭记忆也能走过去。"父亲只好让儿子独自牵着驴下山。

儿子牵着驴沿着路往山下走，一切都很顺利。这条路他走了十几年，其实没有父亲指路也不会有危险。但是，到了那处险弯，那头老驴停下了，任凭他怎么拉怎么拽也不肯挪动脚步。他对着驴子又是吆喝又是哄劝，老驴就是不买他的账，把他急得满头是汗，就是想不出办法。

突然，他灵机一动，学着父亲的语气叫道："儿子，拐弯，小心了！"

那驴就轻轻快快地往前走了。

大道理

习惯的力量就是这么大！当你养成一个好的习惯时，你也就离成功不远了；但是如果你养成了一个坏习惯，你就会发现想成功是那么困难。

考　验

有三个人因做了善事，先知决定给他们每人一个发财的机会，告诉他们在沙漠的深处有一个地方埋藏着宝藏，等上七七四十九天，宝藏会自动从地下长出来。

最先去的是善事做得最多的人，他来到先知预告的地点，那里除了漫漫黄沙、一眼泉水之外，别无他物。一天过去了，喜欢与人交流的他寂寞难耐，开始唱，三天后改为吼，五天后改为叫，空旷的沙漠一点反应也没有。十天过去了，他觉得自己的生命快完蛋了，就离开了沙漠。

第二个人来了，他带来许多书信，边等边读信，三天便把信读完了。当他把所有的信读到第五遍时，觉得无聊到了极点，便放弃了。

最后一个人来了，他就坐在那里等着奇迹出现，他穷尽自己的想象，猜想宝藏从地上生长的模样，无聊地度过了三十天，他忍耐着，日升月落，他开始回忆自己的人生历程，童年、少年、青年，一件件往事浮现在眼前。他忆起自己做过的好事时心花怒放，忆起做过的错事时痛心疾首，他忘记了时日，当他彻底想明白人生意义时，大地开裂，宝藏涌出，他获得了一切。

大道理

成功需要付出耐心。在郁郁不得志时需要耐心，在困境面前需要耐心，在被人误解时需要耐心。

在成功的道路上，如果没有耐心去等待成功的到来，只好用一生的耐心去面对失败。

清醒的奥布赖恩

一个马戏团乘坐火车巡回演出。他们乘坐的车厢坏了，狮子跑了出去。经理召来了他手下身强力壮的人，并说："入夜之前，你们到林子里去找狮子。我会给你们一些酒，酒会给你们勇气的。"

所有人都喝了好几口烈酒。夜很冷，又很危险，需要勇气——但约瑟夫·奥布赖恩拒绝了。他说："我只要苏打水。"

经理反对说："但你更需要勇气！"

奥布赖恩回答道："这样的时候我更需要清醒的头脑。勇敢会有危险，我宁可做个懦夫，而保持清醒。"

大道理

英雄不是莽汉，适当的时候要做一个"懦夫"，保持清醒的头脑，才能在危险来临时理智判断，保护自己。

野狼磨牙

一只野狼卧在石头上勤奋地磨牙，它的牙齿磨得又光亮又锋利。狐狸看到了觉得特别妒忌，就对它说："天气这么好，大家都在休息娱乐，你干吗这么辛苦啊？难道平时的努力还不够吗？赶快加入我们寻欢作乐的队伍中吧！"

野狼没有说话，继续磨牙，把它的牙齿磨得更尖更利。狐狸开始奇怪了，问道："森林这么宁静，猎人和猎狗都已经回家了，老虎也不在附近徘徊了，没有任何危险，你何必那么用劲磨牙呢？"

野狼停下来回答说："我磨牙并不是为了娱乐，你想想，如果有一天我被猎人或老虎追逐，我需要锋锐的牙齿与它们搏斗；如果有一天，兔子从我面前跑过，我也需要锋锐的牙齿把它们的喉咙咬破。到那时，我只要有一点的疏忽就会遭到灾难或者失去机会，我想磨牙也来不及了。平时把牙磨好，到那时就可以保护自己，获取食物了。"

大道理

没有危机就是最大的危机！

危机意识是一种对环境时刻保持警觉并随时做出反应的意识。要使危机意识深入思想，无疑是一个非常艰难的过程，但是如果不形成这种意识，任何创新和努力所带来的成果都是脆弱的、易碎的。

换　鞋

两位旅行者在森林里跋涉，突然，一只熊向他们猛扑过来，其中一位马上换上跑鞋，撒腿就跑。另一位跟在后面说："你跑得再快，也没有熊快。"换鞋的人说："我不需要跑得比熊快，我只要跑得比你快就行……"

大道理

任何时候都要有竞争意识。只有常存竞争意识，才有动力，才有压力，才能获得先机，事事领先，步步皆赢。

使坏的驴子

从前，有个商人在镇上买了很多盐。他把盐装进袋子里，然后装载于驴背上。

"走吧！回家吧！"

商人拉动缰绳，可是驴子却觉得盐袋太重了，心不甘情不愿地走着。

城镇与村子间隔着一条河。在渡河时，驴子东倒西歪地跌到河里。盐袋里的盐被水溶掉，全流走了。

“啊！盐全部流失了。唉！可恶！多么笨的驴子呀！”

商人发着牢骚。可是驴子却高兴得不得了，因为行李减轻了。

“这是个好办法，嗯！把它记牢，下次就可以照这样来减轻重量了。”驴子想。

驴子尝到甜头，商人却一点也没有发觉。

第二天，商人又带着驴子到镇上去。这一次载的不是盐，而是棉花。棉花在驴背上堆得像座小山。

“走吧！回家！今天的行李体积虽大，可是并不重。”

商人对驴子说，并拉动了缰绳。

驴子一副负担很重的样子，慢吞吞地走着。不久又来到河边，驴子想到昨天的好主意。

“昨天确实是在这附近，今天得做得顺顺利利才行！”

于是，驴子又故意摔倒到河里。

“顺利极啦！”驴子心里面暗自得意。

这时驴子想站起来，但使尽了力气也没办法站起来。因为棉花进水之后，变得更重了。

“失算了，真糟糕！”

驴子虽然竭力嘶叫着，努力想站起来，但是，它实在没有力量负荷起浸满水而变得沉重无比的棉花，最后终于淹死在河里。

大道理

任何通过实践得来的经验都是宝贵的，但不是任何时候都是有效的。要根据时间和形势的不同，选择利用不同的策略才能收到效果，否则就会聪明反被聪明误。

狗的友谊

黄狗和黑狗吃饱了饭，躺在厨房外的墙脚边晒太阳，并彬彬有礼地攀谈起来。它们谈到人世间的各种问题、自己必须做的工作、恶与善，最后谈到了友谊的问题。

黑狗说：“人生最大的幸福，就是能和忠诚可靠的朋友在一起生活，同甘苦，共患难。彼此相亲相爱，保护对方，使朋友高兴，让它的日子过得更加快乐，同时也在朋友的快乐里找到自己的欢乐。天下还能有比这更加幸福的吗？假如你和我能结成这样亲密的朋友，日子一定好过得多，就会连时间的飞逝都不觉得了。”

黄狗热情洋溢地说道：“太好了，我的宝贝，就让我们做朋友吧！”

黑狗也很激动："亲爱的黄狗，过去我们没有一天不打架，我好几回都觉得非常痛心！真是何苦呢？主人挺好的，我们吃得又多，住的也宽敞，打架是完全没有道理的！来吧，握握爪吧！"

黄狗嚷道："赞成，赞成！"

两个新要好起来的朋友立即热情地拥抱在一起，互相舔着脸孔，高兴极了，它们高呼着："友谊万岁！让打架、嫉妒、怨恨都滚开吧！"

就在这时候，厨子扔出来一根香喷喷的骨头。两个新朋友立即闪电般地向骨头直扑过去。友好和睦像燃烧的蜡烛一般熔掉了。"亲密"的朋友"亲密"地滚在一起，相互撕咬，搞得狗毛满天乱飞。直到一桶凉水浇到它们背上，才把这一对宝贝拆开了。

大道理

真正的友谊不是建立在口头上的，不是互相吹捧，应该是真心相助，不求回报的。

无所适从的毛驴

雪花开始飘落，毛驴还没有备足过冬的草料，一向虔诚的它向天神求救。

天神说："到山谷中去吧，那里有两堆草料，但你只能选一堆。"

毛驴来到山谷中，左右各有一堆草料，左边的草料好，而量不足，右边的数量足，而草质差。毛驴站在中间不知选哪堆好，最后活活地饿死在那里。

大道理

所谓"舍得"，就是有"舍"才有"得"。没有勇气舍掉一些的人，就得不到更多更重要的东西。

散　步

上帝给了一个工作特别繁忙的人一个任务，让他牵着一只蜗牛去散步，上帝对他说："给你一个任务，牵着这只蜗牛去散步吧，不要放开它。"

于是这个人带着上帝给他的任务，牵着蜗牛去散步。

他不能走得太快，虽然蜗牛已经尽力往前爬，但每次只能挪那么一点点。

他不停地催促它，大声地呵斥它、责备它，蜗牛用抱歉的眼光看着他，仿佛说："人家已经尽了全力！"

他使劲拉它，甚至想踢它，蜗牛受了伤，流着汗，喘着气，往前爬。但是还是那么慢吞吞地。

这个人就想："真奇怪，为什么上帝叫我牵一只蜗牛去散步？这对于我来说简直就是折磨，对于蜗牛来说也是煎熬！"

他不禁昂头向天质问："上帝啊！为什么？"天上一片安静，上帝没有回答。

"唉！也许上帝又去抓蜗牛了！"

这个人想，好吧！松手吧！反正上帝已经不管了，我还管什么？

他任蜗牛往前爬，自己跟在后面生闷气。

突然间，他闻到了花香，才知道原来这边有个花园。他又感到微风吹来，才知道，原来夜里的风这么温柔。他又听到鸟叫，听到虫鸣，看到满天的星斗亮丽多姿。这些都是忙碌的他以前没有察觉的。

他忽然想明白，原来他弄错了，上帝是叫蜗牛带他去散步啊。

大道理

适当地休息是为了更好地工作，劳逸结合，才能以轻松的心态应对工作。不会休息的人是做不好工作的。

兔妈妈和农夫

野兔在山里打了个洞安家，生下了小兔子，等到小兔长到五个月的时候，兔妈妈就把小兔赶出了家门，让它一个人独立生活去了。

有一天小兔受伤了，躺在路旁，被农夫捡到了。农夫看到那么瘦弱的小兔在那边呻吟，叹息说："小兔子，像你这么小应该在妈妈的怀抱里撒娇的，怎么会伤成这样还被丢在路旁呢？这样的妈妈也太狠心了吧？"

兔妈妈刚好从这边经过听到了农夫的话，忙回答说："小兔要长大，迟早都要一个人生活的，不能什么事情都靠着别人，经历这些苦难是必然的，而您每天对您的孩子是衣来伸手，饭来张口，您的孩子在外面犯错了也不予教导，反倒觉得孩子是对的，我看您的孩子以后不止受这一点点伤那么简单了。”农夫听了兔妈妈的话愣住了，半晌没有说出话来。

大道理

很多时候人们都会溺爱自己的孩子，对孩子的缺点错误不加以批评改正，甚至是视而不见。其实这样做对孩子以后的成长不利，没听说“惯子如杀子”吗？

马熊的悔悟

森林里有一只性情暴躁的马熊，凡与它相处的动物，一言不合就会被它殴打，轻者皮肉受伤，重者骨断筋折。但它并非一无是处，作为森林中的强者，它一次又一次地击退了外敌对森林的入侵，保护了小动物们的安全。因此，马熊自认为自己行侠仗义，英勇无敌，在森林中是最受尊敬的。

有一天，一头极其雄壮的野猪来犯，为了把它驱逐出境，马熊与野猪激战三天三夜，从山峰战到山谷，并远远地离开了这片森林。第四天夜晚，遍体鳞伤的马熊归来了。它发现森林里正在举办庆祝会，它以为是动物们庆祝它的归来。没想到远远就听到狐狸那刺耳的叫声：“为了马熊的死而干杯！”马熊震惊了，它这才真正明白自己在动物们心中的地位和形象，它羞愧万分，从此性情大变，改恶向善，后来被公推为森林之王。

大道理

俗话说“旁观者清”，因此，不要对逆耳之言消极抵抗，他人的评价往往比自我评价更具有客观性和真实性。

公鸡的角

玉帝要选出十二种动物作为十二生肖。动物们知道这个消息后都非常希望入选，积极准备。公鸡和龙也参加了，公鸡有一对大家公认的漂亮的角，龙的身上头上都是光光的，它觉得很不好看，这样一定会落选。

有一天，龙就跑到公鸡面前笑嘻嘻地说："公鸡老兄，你的羽毛真漂亮，你的爪子真好看，还有你的叫声比黄鹂鸟唱歌还好听，一定能被玉帝选上的，而我身上光秃秃的，什么都没有，哪怕有一对像你头上这样漂亮的角也好呀，好心的公鸡大哥，你就把那对角借给我吧，我用完就还你。公鸡兄弟，我知道你是好人，不会眼睁睁看着我被淘汰的。"

公鸡听到龙的夸奖后顿时心花怒放，很爽快就把角借给它了。

最后生肖大赛结束了，公鸡和龙都入选了，但龙排在了公鸡的前面，就是因为玉帝看中了龙的那对漂亮的角。

大道理

人人都愿意听好话，可是在溢美之词的面前，一定要保持清醒的头脑，一定要正确对待别人的赞美，否则，就会因为头脑发昏犯下不可弥补的错误。

蜀鸡遇难

蜀鸡是一种体魄健壮的大种鸡。它身上的羽毛别具一格，形成自然美丽的花纹，而脖子上的羽毛则是一派红色。蜀鸡既具有观赏价值，又可以食用，因此豚泽地方的人很喜欢饲养这种鸡。

豚泽一家农户养的蜀鸡在初春时节孵出了一窝可爱的小鸡。春分过后，天气逐渐转暖，眼看着这群小鸡一天一个样地长大起来。只要是风和日丽的天气，大蜀鸡就领着小蜀鸡到庭院里活动。大蜀鸡咯、咯、咯地叫着走在前面带路；小蜀鸡啾、啾、啾地叫着，连蹦带跳地跟在后面学步。虽然小蜀鸡叽叽喳喳的嘈杂叫声不绝于耳，但是大蜀鸡一刻也没有忘记自己的责任。鸡妈妈既是鸡宝宝的好老师，又是它们的守护神。

有一天，大蜀鸡正领着一群小蜀鸡在院子里散步，一只鹞鹰忽然从空中盘旋而下。大蜀鸡一见长着凶狠的爪子和长钩似的利嘴的鹞鹰在头顶上盘旋，就知道来者不善。它迅速用翅膀把小鸡遮护起来，同时高昂起头颈，大声地吼叫，一眼不眨地死死盯住鹞鹰，准备与它进行一场殊死的搏斗。鹞鹰看到大蜀鸡已有戒备，不敢轻易进犯。它在空中兜了几个圈子就没趣地飞走了。

过了一会儿，天上飞来一只乌鸦。大蜀鸡知道乌鸦平素只以树上的野果、田里的谷物和昆虫为食，性情不像鹞鹰那般凶猛，所以丝毫没有防范。它让乌鸦飞落到院子里和自己做伴，与小鸡一块啄食、玩耍。大约有一顿饭的工夫，大蜀鸡与乌鸦和睦相处，简直像亲兄弟一样。然而好景不长，当大蜀鸡完全丧失警惕、痴心陶醉在这天伦之乐中的时候，乌鸦猛然间用长长的大嘴巴叼了一只小鸡。然后，它用双脚使劲往地上一蹬，狠狠地扇了扇翅膀，一阵风似的飞走了。

大蜀鸡惊魂未定地站在尘土飞扬的院子里，呆呆地望着乌鸦渐渐远去的身影，感到心痛万分。它对于自己因判断错误而受乌鸦欺骗，从而导致亲生骨肉转瞬间惨遭横祸的严重过失懊丧不已。

大道理

俗话说，明枪易躲，暗箭难防，狡猾隐蔽的敌人是最可怕的，因为它更难以防范。

沙漠中的骆驼

一群野骆驼在沙漠中行走，虽然能够承受沙子的高温，却是口渴得难受。

突然间小骆驼看到了不远处有一片绿汪汪随太阳荡漾的东西，它兴奋了，开心地说："那里一定有个湖，我们可以在那边找点水喝。"说完就指向远方，骆驼们朝着小骆驼所指的方向看过去，的确，那里好像有个湖。

这时候，老骆驼发话了："不对，这里怎么会有湖呢，我以前一直都没有碰到过的，可能是海市蜃楼，你们还是不要去的好。"

骆驼们渴得厉害，哪里还听得进老骆驼的话，有的甚至还讥讽道："你一定是记性差，记错了吧，明明是一个湖啊。你不会是想眼睁睁看着我们受苦，然后一个人去享受吧？"

说完骆驼们鼓足了所有的力量，朝那边奔过去，只有老骆驼还是照着原来的步调走着，不为所动。而那些骆驼又怎么样了呢？它们只是感觉湖水就在不远处，却怎么也不能靠近它，原来那真是海市蜃楼。

大道理

在机会面前要冷静，冲动往往导致失败。

人在面对诱惑的时候总是难免激动不已，但越是在这种时候越要进行冷静的分析，这样才能做出正确的选择。

狐狸和火鸡

为了对狐狸的进攻进行有效的抵御，火鸡把自己栖息的树当成了一座城堡。这阴险的狐狸已经绕树转了好几圈，瞧见每只火鸡都在放哨警戒，不敢懈怠。它狠狠地喊着："怎么啦，这些躲在树上的家伙居然敢跟我作对，它们以为这样就能免于一死！不，绝不！我对天发誓，我绝不会轻饶它们的！"

这天晚上月色皎洁，好像专门与狐狸作对，这对火鸡当然是再好不过的了。当然狐狸在进攻敌手方面也毫不含糊，它诡计多端，一肚子坏水，忽而装作进攻向上爬，忽而又踮起爪子向上移，接着装死躺下，一会儿又爬起来……狐狸竖起了肥大的尾巴，使它油亮闪烁，耍尽了骗人的把戏。在这段时间里，没有一只火鸡敢放松警惕打一个盹儿，敌情使它们两眼圆睁，紧张地注视着树下的风吹草动。时间一长，这些可怜的火鸡都头晕目眩，不断地从树上栽下来，几乎有一半的火鸡掉了下来。狐狸把掉下来的火鸡逮住，全都拴在了一起，并把它们全宰掉放进了自己的食品橱。

大道理

生活中免不了会遇到危机、挑战、诱惑或者其他让人气愤和头痛的事。越是这种时候，越要保持冷静，因为，一切素质和能力都只有在头脑冷静的情况下才能正常甚至超常发挥。

亡羊补牢

从前，有个人养了一圈羊。一天早上他准备出去放羊，按照惯例他先数了数羊的数目，数来数去他发现少了一只。

他去羊圈仔细检查了一番，发现羊圈破了个窟窿。他想起来最近大家都说村子里来了一条狼，很多人家都丢了鸡鸭等禽畜。他想肯定是狼从窟窿里钻进来，趁他睡熟了把羊叼走了。

他气愤地跟邻居说起这件事，邻居劝告他说："是啊，肯定是那只可恶的狼干的好事！赶快把羊圈修一修，堵上那个窟窿吧！"

他却说："反正羊都已经丢了，还修羊圈干什么呢？"没有接受邻居的劝告。

第二天早上，他准备出去放羊，到羊圈里一看，发现又少了一只羊。原来狼又从窟窿里钻进来，把羊叼走了。

他很后悔没有接受邻居的劝告，于是赶快找来泥灰和石头把那个窟窿堵上，把羊圈修补得结结实实。从此，他的羊再也没有被狼叼走了。

大道理

犯了错误，立即改正，就能减少错误。出现失误，及时采取补救措施，则可以避免继续出现的损失。

井底之蛙

住在浅井中的一只青蛙对来自东海的巨鳖夸耀说："我生活在这里真快乐呀！高兴时，就跳到井外面，爬到栏杆上，尽情地蹦跳玩耍。玩累了，就回到井中，躲在井壁的窟窿里，舒舒服服地休息。跳进水里时，井水仅仅浸没我的两腋，轻轻地托住下巴；稀泥刚刚没过双脚，软软的很舒适。看看周围的那些小虾呀、螃蟹呀、蝌蚪呀，谁也没有我快乐。而且我独占一井水，尽情地享受其中的乐趣，这样的生活真是美极了。您进来看一看吧！"

巨鳖接受了井蛙的邀请，准备到井里去看看，但它的左脚还没有跨进去，右腿已被井的栏杆绊住了，只好慢慢地退回去，站在井旁边给青蛙讲述海的奇观："海有多大呢？即使用千里之遥的距离来形容也表达不了它的壮阔，用千丈之高的大山来比喻，也比不上它的深度。夏禹治水的时候，十年有九年下大雨，大水泛滥成灾，海面不见丝毫增高；商汤的时候，八年有七年大旱，土地都裂了缝，海岸也丝毫不见降低。不因时间的长短而改变，也不因雨量的多少而增减，生活在东海，那才真正是快乐呢！"

井蛙听了，吃惊得好半天也没有说出话来。它这才知道自己生活的地方是多么渺小。

大道理

如果长期把自己束缚在一个狭小的天地里，就会变得目光短浅，自满自足。还好青蛙还有勇气承认自己的不足，总比那些故步自封、不敢正视不足的人要好。

南辕北辙

有个商人坐着马车赶路，路上口渴了，看见前面有间茅屋就赶过去向小屋的主人要了碗水喝。

茅屋的主人看商人赶路如此辛苦就搭讪道："先生，这么热的天，您拼命赶路是要去往何方啊？"

商人喝完水回答说："我听说南边生意比较好做，打算去南边做点小买卖。"

茅屋主人看着商人的马车是面朝北面的，觉得很奇怪，就问他："您去的是南面，怎么马车是朝北面走的啊？"

商人笑着回答道："没关系的，我的马跑得快。"

茅屋主人告诉他："可是你的马车是面朝北方的啊，您怎么能到达南方呢？"

他说："我的路费很充足的。"

"可是这不是去南方的路啊。"

"给我驾车的人的本领很高的。"商人说完就上了马车往前面奔去了。

茅屋主人见他如此顽固，也就没有再跟他理论，只是站在那呆呆地看着这个商人离南方越来越远。

大道理

方向不对，努力白费！在行动之前，必须确定自己的目标和方向，只有朝着既定的正确的目标和方向努力，才能最后取得成功，否则即使条件再好也达不到目的。

爬山虎和墙

很久以前爬山虎是生长在墙根下的植物，而且根系很深。有一天它突然对墙壁说："墙壁大哥，你这么高大，老是挡着我的光线，让我都不能享受阳光了，我一定要超过你。"墙壁听了没说什么。

于是从第二天起，爬山虎就开始不停地往上爬，它一心就想着有一天能够超过墙壁，可是从来没有想到自己的根系承受不了它这样的折腾，开始的时候还挺有劲，慢慢地它就有些坚持不住了，没过多久，它就完全没有力气了，但是它还是不顾一切地继续往上爬，到了最后，它的整个根系都露出了地面，再也没有一丁点力气往上爬了，这时回头看看它的根居然是悬在空中的，为了生存它只有把根扎在脱离地面的墙壁上，永远都不能享受大地的厚爱了。

从此，爬山虎成了长在墙壁上的植物，它的根系永远露在外面了，任由着风吹雨打。

大道理

如果一心想让目标早日实现，而忽视了与这个目标紧密相连的最关键因素，到最后受伤害的还是自己。

河豚发怒

河里有种鱼叫河豚。

春天到了，河水越来越多，水草也都变绿了，一只河豚非常高兴，它尽情享受春天的舒适，在河里欢快地游来游去。当它游到桥下面的时候，由于自己闭着眼睛太陶醉了，一不留神撞到桥墩上。

桥墩多硬啊，把河豚撞得眼冒金星，差点晕厥过去。河豚痛得直咬牙，虽然明明是它自己的不对（谁叫它不避开不能动弹的桥墩呢），但是它却愤怒地责怪桥墩撞了它，气得张开两腮，竖起两鳍，肚皮鼓得圆圆的浮在水面上，很长时间都没有动。

这时，一只出来觅食的老鹰正好从这里飞过，看到水面上翻着肚皮的河豚，心想今天真是走运，竟然有自动送上门的美餐，于是飞快俯冲下去，一下子就把河豚抓了起来，当作一顿美味午餐。

大道理

责任的承担是成长的开始。如果一个人犯了错误不知道总结经验教训，总是一味地埋怨客观环境，那就会犯更大的错误，导致更大的损失。

骑师和马

一个骑师，让他的马儿接受了训练，因此他可以随心所欲地使唤它。只要把马鞭一扬，那马儿就乖乖地听他支配，而且骑师说的话，马儿句句明白。

“给这样的马加上缰绳是多余的。”他认为用言语就可以把马驾驭了。有一天骑师骑马出去时，就把缰绳解掉了。

马儿在原野上飞跑，开头还不算太快，仰着头抖动着马鬃，雄赳赳地高视阔步，仿佛要叫他的主人高兴。但当它知道什么约束也没有的时候，英勇的骏马就越发大胆了。它的眼睛里冒着火，脑袋里充着血，再也不听主人的叱责，愈来愈快地飞驰过辽阔的原野。

不幸的骑师如今毫无办法控制他的马了，他想把缰绳重新套上马头，但已经无法办到。完全无拘无束的马儿撒开四蹄，一路狂奔，竟把骑师摔下马来。而它还是疯狂地往前冲，像一阵风似的，什么也不看，什么方向也不辨，一股劲儿冲下深谷，摔了个粉身碎骨。

“我的可怜的好马呀，”骑师好不伤心，悲痛地大叫道，“是我一手造就你的灾难，如果我不冒冒失失地解掉缰绳，你就不会不听我的话，就不会把我摔下来，你也就绝不会落得这样凄惨的下场。”

大道理

任何事物想要顺利地发展，都需要进行一定的管理和控制。放任自流的结果往往是“一发不可收拾”。

盲人摸象

一个国王把所有的盲人召集在一起。等他们到齐了，国王就让他们去参观自己驯养的大象。

这些人来到象房，开始摸起象来。一个人摸到象的腿，另一个人摸到象的尾巴，第三个人摸到的是象的尾巴梢，第四个摸到象的肚皮，第五个摸着象的脊背，第六个摸着象的耳朵，第七个摸着了象牙，而第八个摸到的是象鼻子。

然后，国王把这些盲人叫到跟前，问他们：“我的大象怎么样？”

摸到象腿的人说：“象就像柱子一样。”

另一个人摸到象尾巴，他说：“它就像鞭子一样。”

第三个摸到尾巴梢的人说：“它就像树枝一样。”

那个摸到象肚皮的人说：“象就和一片平坦的土地一样。”

摸到象脊背的人说：“象就好比一座山。”

摸着象耳朵的说：“象就如同妇女的一块头巾。”

摸着象牙的人说：“象就好似一只角。”

而那个摸到象鼻子的人说：“象完全和粗绳子一模一样。”

这些盲人开始争论起来，最后吵得一团糟。

大道理

我们认识事物，一定要全方位地去考察，才能得到正确的结论。如果片面地看待事物，只知道个局部就以为自己已经全明白了，不免会闹出笑话来。

啄木鸟和老槐树

啄木鸟每天都给森林里的树木看病。

这天啄木鸟停在了老槐树上，它发现树上有几个虫眼，就对老槐树说："槐树老哥，你身上表层有虫子了，让我帮你啄掉吧。"

老槐树笑哈哈地回答道："啄木鸟老弟有点小题大做了，我这条命有好几百年了，风吹雨打，什么灾难没经过，区区几个虫眼算什么，过几天就没了。"

啄木鸟听它这么说就走了。过了不久，啄木鸟又停在了老槐树上，它看见虫眼比以前更多了，而且有些虫眼扎得好深，进入木质层了，就急忙对老槐树说："老槐树你的虫眼越来越多了，而且都快进入心脏了。"

老槐树还是轻蔑地说："没关系的，我抵抗力强，扎几个虫眼是常有的。"啄木鸟看老槐树这样顽固就不再理它了。

过了好长一段时间，啄木鸟再停在老槐树上的时候，发现老槐树已经死了。

大道理

面对危机，是避重就轻，拒不承认错误，还是主动出击，迅速有效地解决问题呢？答案当然是后者。要是我们能够正确地面对危机，就可以将危机带来的负面影响降到最低点，或者将劣势变为优势。

蚂蚁学飞

很早以前，所有的蚂蚁都是会飞的。

这天，蚁后产了很多黑蚂蚁卵，不久这些卵就变成一只只小蚂蚁了。蚁后就对带头的那只黑蚂蚁说："小蚂蚁长大了，你带着它们去学飞吧。"于是这只黑蚂蚁就带领其他的蚂蚁去学飞了。

它们在草地上试着张开翅膀，往上扑腾，可是没等它们的翅膀平衡，就从半空中掉下来了，摔下来的蚂蚁开始气馁了，就在那边不想飞。这时候蚁后走过来说："失败并没有什么可怕的啊，要想学会飞，是要付出努力的，你们才摔了一次，以后还会有很多次呢。"黑蚂蚁们听了蚁后的话继续扑腾，可依然飞不起来，这次它们就干脆不学了，最后这群黑蚂蚁没有学会飞。

后来，因为黑蚂蚁不能飞，翅膀用不上了，慢慢退化，于是地上就有了不会飞的蚂蚁。

大道理

停到半路比走到终点更痛苦！所以，在我们面对失败的时候实在应该好好想想，吸取教训，重新开始。因为，失败是成功之母，每经历一次失败就意味着离成功更近一步了。

防冻手的药

宋国有个人善于配制防治冻手的药，他家祖祖辈辈都靠漂洗棉絮过日子，手常被冻坏，所以用这种药涂抹在手上。

有一个外乡人听说了，请求购买他的药方，情愿出一百两黄金。宋人便把全家人召集在一块商量说："我们家祖祖辈辈干漂洗棉絮的活儿，能够得到的不过几两黄金；现在出售这个药方，一下子就可赚取一百两黄金，就卖给他吧！"

那个外乡人得到了药方后，便拿去献给吴王，并向吴王夸赞这种药的用处。这时，正赶上越国有内乱，吴王便派他领兵讨伐越国。冬天，他们和越国军队进行水战，天气非常寒冷，越国的很多士兵的手都被冻坏了，因此战斗力大为下降。而他们因为使用了防冻手的药，士兵的手和身体得到了很好的保护，结果把越国军队打得大败。吴王很高兴，就割出一块土地来封赏了那个外乡人。

这药能够防止手皲裂，功用没有变。但是，有的人用它得到封赏，有的人有了它仍免不了干漂洗棉絮之类的苦活，这都是用法不同的缘故啊！

大道理

东西是一样的东西，只是因为眼光和见识不一样，它所发挥的作用也就不一样。所以，敏锐的眼光和判断力是不容小视的能力。

金钩桂饵

在春秋时代的鲁国，有个人非常喜欢钓鱼，他在自己的钓具和饵料上花了不小的功夫：他用馥郁芬芳的名贵香料肉桂制成鱼饵，用黄金打造出极其精致的鱼钩，并且在鱼钩四周镶嵌上白银丝线和青绿色的美玉，而钓鱼绳则要用极其珍贵的翡翠鸟的羽毛来装饰一番。

每当钓鱼的时候，他总是早早地来到小河边，找好一个位置，摆好架势，正襟危坐。如果单从他手持钓竿的姿势和选择的钓鱼位置来看，毫无疑问都是极其标准规范的，甚至还能显示出钓者的某种优雅和闲适来。然而他即使这样坐上一天，直至傍晚收竿时，别人往往都能满载而归，而他钓到的鱼却没有几条，有时甚至空手而返。

大道理

与其过分注重外在形式，过分追求搭花架子装点门面，不如把功夫下在需要的地方，形式永远是为内容服务的。

小狐狸的抱怨

一只小狐狸对一只老狐狸抱怨说："真是生不逢时啊！我想出的妙计，不知为什么，几乎总是不成功。"

老狐狸问："你告诉我，你是在什么时候制订你的计谋的？"

小狐狸说："啥时候？都是肚子饿了的时候呗。"

老狐狸笑了："对啦，问题就在这里！饥饿和周密考虑从来走不到一块。你以后制订计谋，一定要趁肚子饱饱的时候，这样就会有好的结果了。"

大道理

紧急关头制订的计划往往会有各种缺陷，因为这时候的人总是会缺乏平静的心态和周全的考虑。

南郭守城

南郭将军熟读兵书，各种战术都能倒背如流，每次跟皇上讨论军事战略问题，都讲得头头是道，皇帝就特别器重他。后来敌国犯境，皇帝立马想到派南郭将军去镇守边城。

南郭将军率领大部队，很快就到达战场。第二天，敌国在城外叫战，南郭将军没有出去迎战，而是命令属下在城楼上放一把瑶琴，吩咐城里的人都不要声张、按兵不动，然后他就坐在城墙上，开始弹琴，并命令把城门打开。

敌军看见城门是开着的，立刻攻入城去，没过多久就把整座城都占领了，还俘虏了南郭将军。被俘的南郭将军很纳闷：“兵书上明明写着诸葛亮不用一兵一卒，仅在城墙上弹琴就把敌军的百万大军击退了，为什么我的空城计就不能成功呢，我的确是按着兵书上写的一步一步布阵的啊。”

大道理

光懂得理论知识是远远不够的，还要有扎实的实践经验，两者结合才能达到最好的效果，纸上谈兵永远不会打胜仗。

三虱相讼

一天，三只虱子在一头肥猪的身上相互争吵起来。

这时，另一只虱子经过这里，见它们争吵得不可开交，就问道：“你们为什么争吵呢？”

三只虱子一起回答说：“为了争夺猪身上最肥的地方。”

那只虱子听了，说：“你们难道不知道腊月祭祀的日子即将到来吗？到那时候，茅草一烧，这头猪就被杀掉丢进汤锅里了，你们还在这里争吵什么呢？”

三只虱子一听，恍然大悟。立即停止争吵，挤在一起，拼命地吸起猪血来。

大道理

整体利益高于局部利益，整体利益得不到保障，局部利益也必然受到损害。正所谓：皮之不存，毛将焉附。

团结的力量

羚羊、老鼠、乌鸦和乌龟，它们生活在一起，组成了一个小集体。羚羊头脑简单，当它独自游玩时，遇到了一只猎狗，被猎狗逼进了猎人设的陷阱里。到了吃饭的时候，还不见羚羊回家，聪明的老鼠对另外两位说："怎么回事，今天只有我们三个在一起用餐，难道羚羊已经忘掉了我们弟兄，还是它遇到了什么麻烦的事情？"

听了这话，最爱大惊小怪的乌龟马上伸长脖子喊了起来："哎呀，乌鸦赶快动身，看看到底在什么地方出了事情？"

乌鸦最讲义气，马上放下餐具展翅高飞。它从空中看到莽撞的羚羊正在陷阱里徒劳地挣扎。乌鸦马上回来向老鼠和乌龟做了报告。三位朋友最后一致作出决定：马上前往羚羊出事的地点。

乌鸦和老鼠二位出发去救那只可怜的羚羊。乌龟十分想迅速前往出事的地方，只可惜自己的脚短，还背着个沉重的包袱，于是它就在后面慢慢地赶来。

当老鼠咬断了陷阱里的网结时，猎人赶到了。他厉声喝问："谁把我的猎物放跑了？"老鼠闻声马上躲进了洞里，乌鸦则飞到了树上，羚羊也消失在树林丛中。倒霉的乌龟刚刚赶到这里，遇上了气得要命的猎人，结果被抓到一个袋子里。

三个伙伴又要拯救乌龟了。羚羊故意从躲藏的地方走出来，假装瘸腿出现在猎人的面前，引诱猎人去跟踪它。猎人将沉甸甸的口袋扔到路旁追羚羊去了。这时候，老鼠趁机把扎紧口袋的绳结咬断，救下了猎人打算作晚餐的乌龟。

大道理

俗话说："三个臭皮匠，顶个诸葛亮。"团结就是力量。乌龟、羚羊、乌鸦和老鼠单独看来，谁都不堪一击，但是组合起来就是一个优秀的团队。合作精神的缺乏，往往是失败的主要原因。

大鹏与焦冥

晏子是齐国有名的贤相。他很有学问，足智多谋，善于讽喻又敢于直谏，经常跟齐王一起议论国家大事或谈论学问。

有一天，齐景公和晏子坐在一起聊天。齐景公问晏子说："天下有极大的东西吗？"晏子回答说："有啊。大王想要我说给您听吗？"齐景公说："我想知道天底下最大的生灵是什么？”

晏子说：“在北方的大海上，有个叫大鹏的鸟，它的脚游动在云彩之中，背部高耸入青天，而尾巴则横卧在天边。大鹏在北海中跳跃着啄食，它的头和尾就充塞在天和地之间。它的两个阔大的翅膀一伸展，就无边无际看不到尽头。”

齐景公惊奇地说：“真是不可想象！不可想象！那么，天下有没有极小的生灵呢？”

晏子回答说：“当然有。东海边有一种小虫，它小到可以在蚊子的眼睫毛上筑巢。这种小虫子在巢里一代一代地繁衍生息。它们经常在蚊子的眼皮底下飞来飞去，可是蚊子连丝毫的感觉也没有。”

齐景公说：“太妙了，我从来没有听说过这种新奇的事，那是什么虫子呀？”

晏子说：“我也不知道它确切的名字叫什么，只听说东海边有些渔民称这种虫子为‘焦冥’。”

齐景公十分感慨地说：“世界之大，真是无奇不有啊！”

大道理

宇宙中物质的存在和运动，形式是复杂多样的，因此，我们对世界的认识和对知识的追求也应该是永无止境的。

家狗和狼

一匹饥饿的瘦狼在月光下四处寻食，遇到了喂养得壮实的家狗。它们相互问候后，狼说：“朋友，你怎么这般肥壮，吃了些什么好东西啊？我现在日夜为生计奔波，苦苦地煎熬着。”

狗回答说：“你若想像我这样，只要跟着我学就行。”

“真是这样，”狼急切地问，“什么活儿？”

狗回答说：“就是给主人看家，夜间防止贼进来。”

“什么时候开始干呢？”狼说，“住在森林里，风吹雨打，我都受够了。为了有个暖和的屋子住，不挨饿，做什么我都不在乎。”

“那好，”狗说，“跟我走吧！”

它们俩一起上路，狼突然注意到狗脖子上有一块伤疤，感到十分奇怪，不禁问狗这是怎么回事。狗说：“没什么。”狼继续问：“到底是怎么回事？”

“一点点小事，也许是我脖子上拴铁链子的颈圈弄的。”狗轻描淡写地说。

“铁链子！”狼惊奇地说，“难道你是说，你不能自由自在随意地跑来跑去吗？”

“也不是，也许不能完全随我的心意，”狗说，“白天有时候主人把我拴起来。但我向你保证，在晚上我有绝对的自由；主人把自己盘子中的东西喂给我吃，佣人把残羹剩饭拿给我吃，他们都对我备加宠爱。”

“晚安！”狼说，“你去享用你的美餐吧，至于我，宁可自由自在地挨饿，也不愿套着一条链子过舒适的生活。”

大道理

享受不到安乐时，认为安乐比什么都重要，但是如果给你安乐，却剥夺了你的自由，你会认为自由是更可贵的。

猴子现巧遭祸

一群猴子住在江边的一座山上。这座山飞瀑流泉，树木繁茂，风景十分秀丽。每年春天过后，满山遍野都长着野果。说不清是什么年月，一群猴子来到这山上安家落户，从此以后，一直过着不愁温饱、悠然自得的生活。

有一天，吴王带着随从乘船在江上游玩，当他在江两岸的奇山异峰中发现这风景秀丽的猴山时，感到异常兴奋。吴王令随从在猴山脚下的江边泊船，带领他们下船登山。

山上的猴子们往日的平和与宁静，突然被这么多上山来的人打破了。猴子们面面相觑，它们吓得惊慌失措四下逃走，躲进荆棘深处不敢出来。

有一只猴却与众不同，它从容自得地停留在原地，一会儿抓耳挠腮，一会儿手舞足蹈，满不在乎地在吴王面前卖弄着它的灵巧。吴王拉开弓，用箭射它，这只猴子并不害怕，吴王射过去的箭都被它敏捷地抓住了。吴王有些气恼，便命令随从们一起去追射这只猴子。面对这么多人射过去的箭，猴子难以招架，当即被乱箭射死。

吴王回头对他的随从们说："这个猴子，倚仗自己的灵巧，不顾场合地卖弄自己，以至于就这样丢掉了自己的性命，真是可悲。你们都要引以为戒，千万不要恃才傲物，在人前显示和卖弄自己的一点雕虫小技。"

大道理

藏而不露是智人之举。有了一点点小本事就喜欢卖弄的人只会弄巧成拙，被人笑话，最后以失败告终。

狮子和野猪

夏天到了，天气异常的炎热，知了在树上拼命地喊着，鸟儿停止了飞翔，各种小动物都躲在洞穴里或者树荫下，整个大森林似乎陷入了死寂，只有明晃晃的阳光无处不在。

这样的天气实在容易叫人口渴，那些耐不住干渴的动物只好跑出阴凉的地方，到小溪边喝水。狮子和野猪碰巧一起来到小泉边，它们正准备大喝一通的时候，都发现了对方，于是两只自以为很强大的动物就开始争吵起来了，原因是都觉得应该让自己先喝，慢慢地，争吵便成了争斗，狮子和野猪开始在小河边打得你死我活。

当它们累了停下来喘气的时候，忽然回过头去，看见有几只秃鹰正站在附近等候，它们俩马上冷静下来了：谁倒下去谁就会被吃掉。因此它们停止了争斗，并说："我们还是成为朋友吧，总比被秃鹰吃掉好得多。"

大道理

不要因为不必要的小事进行内耗，相互间无聊的争斗只会给自己招来灾难，因为在竞争如此激烈的社会，不知有多少人正在觊觎你的成就呢。

昙花和鸡冠花

昙花开了，鸡冠花看着这么美丽的花朵心里特别嫉妒。

有一天它轻蔑地对昙花说：“昙花，你虽然美丽，可是你的美丽却是很短暂的，虽然我没有你漂亮，但我的生命却很长很长。”昙花听了鸡冠花的话并没有说什么。

第二天昙花真的凋谢了，鸡冠花却还健康地活着，它就更加蛮横了。就在这个时候走来两个人，其中一个人对另一个人说：“昨晚的昙花是我见过的这个世界上最好看的花，我永远都不会忘记，现在我都仍然能回想起那美丽的花瓣，并且感觉昨晚的花香。哇，真是太美了！”

鸡冠花听了不服气，连谢了的昙花都能够得到这么好的赞美。可那个赞美昙花的人走到它跟前的时候，不管它摆出多美的姿态，那个人都没有看它一眼。

大道理

美好的事物总是让人无法忘怀，时时刻刻都会想到它。即使它已不存在，人们也会回想起它的美丽。

农夫和智者

有一个偏僻的小山村，村里人世代以种植玉米为生。有一天，来了一个倒卖种子的外地小贩，他告诉当地人，山中的平地非常适合种小麦，山脚下靠近河的土地非常适合种水稻。当地的农夫和智者就买了许多小麦和水稻种子。

第二年，他们按照小贩告诉他们的种法把种子种了下去。智者不但把水稻田修整得十分平整，还把田地的蓄水功能调节得很好，山坡上的小麦的间距和密度也恰到好处。

农夫则不然，由于没有种过小麦和水稻，他就按照种玉米的方式种。到了夏天，农夫的水稻全部旱死了。后来，当他听说智者为水稻田引水的时候，他就赶紧挑水灌溉小麦，结果到了秋天，小麦也快涝死了。

劳累了一年却一无所获，农夫感到非常不解。于是他去问智者，智者对他说："知识带来财富，无知会让你受到损失啊！你不了解水稻和小麦的习性，所以才没有收获。"

大道理

知识会给人带来财富，无知是贫穷和愚昧的根源。在有限的时间，多学些知识，不但会充实自己的头脑，还会为自己创造很多意想不到的机会。

屠夫遇狼

从前有一个在市场卖肉的屠户。一天，天色渐黑，屠夫挑着担子从市场上回家。肉都卖光了，竹筐里只剩下骨头。

在经过一片荒丘的时候，他听见背后有“沙沙”的声音，回头一看，有两只饿狼瞪着绿眼睛，龇着白牙，不紧不慢地跟着他。屠户走，狼也走；屠户停，狼也停。

屠夫吓得心惊肉跳，连忙从竹筐里丢出几根骨头，想把饿狼打发走。谁知一只狼啃着骨头停下来，另一只狼仍然尾随不舍。屠夫又丢出一根骨头，这只狼低头大啃，后面那只狼又舔着嘴巴追上来。可是没过一会儿，骨头就丢完了，两只狼看见屠夫不再扔骨头了，又并肩紧跟在他的后面。

屠夫急的浑身冒汗，唯恐狼从两面夹攻，自己就得腹背受敌，可就没命了。他急忙向四周打量，远远看见田野上有个打麦场，场上堆着高高的麦垛，像小山一样。他慌忙奔过去，背靠麦垛，扔下担子，手里举起明晃晃的割肉刀。

这一下，狼不敢轻举妄动，只好鼓着凶贪的眼光盯着屠夫。相持了好一阵，有一只狼仿佛等不下去了，调转屁股远远走开了。另一只狼蹲在地上，好像疲倦了似的，慢慢合上眼睛，神态悠闲，打起瞌睡来了。说时迟，那时快，屠夫看到狼没有防备，“刷”地跳起来，冲到狼的跟前，一刀劈中狼头，又接连几刀，结果了这只狼的性命。

屠夫松了口气，转身回去拿担子刚想要走，忽然发现麦垛里面有东西在轻轻动弹。他悄悄绕到麦垛后面定睛一看，原来是先走开的那只狼正悄悄地拱进麦垛，身子已经进去一半了，只露出半截屁股在外。屠夫放下担子，急忙上前，奋起一刀，将狼劈做两截。

屠夫这时才醒悟过来：原来一只狼佯装瞌睡，诱他麻痹，为另一只狼作掩护；另一只狼则假装远去，其实想拱进麦垛，从背后咬住他，多么狡黠啊！

大道理

与凶恶狡猾的敌人周旋，必须要万分地机警，切不可掉以轻心。

工匠的事业

从前有个工匠，以打制金属装饰品为业。这只是一门很普通的手艺活儿，挣的钱不多。工匠天天在想：怎么样才能靠自己的这点本事赚钱养活家人，还可以很快发财呢？

有一天，工匠出门去办事，碰到一大群人正鸣锣开道，路上的行人都不准随便走动。原来这会儿正赶上皇帝出巡，工匠便和其他人一起站在路边迎候。

皇帝出来郊游，正高高兴兴地四顾欣赏风景，忽然觉得头上什么东西不对劲，伸手一摸：糟了，头上戴的平天冠坏了。现在离宫又这么远，回去也来不及，这岂不是有损皇帝的威仪吗？急中生智，他只得叫贴身的侍臣问一下路上的百姓有没有会修补平天冠的。听了侍臣的问话，工匠马上从人群里钻出来，恭恭敬敬地说："小人会修。"到底是自己的本行，工匠三下两下就把平天冠给修好了。皇帝非常高兴，马上叫左右赏赐给了工匠十分丰厚的财物，比他一年赚的钱还多得多。

工匠回家路上经过一座山，在山里他遇到一只老虎，吓得他转身就逃。可他听到老虎的叫声中充满了痛苦，像是在呻吟，就大着胆子仔细去瞧了一瞧，只见老虎眼里都是泪水，伸出爪子给工匠看，原来虎爪上扎了一根大竹刺，鲜血直流。工匠说了句："这个好办。"就取出随身携带的工具把竹刺给拔出来了。老虎用嘴扯了扯工匠的衣角，示意他不要走开，就跑了。不一会儿，老虎回来了，它衔来一头鹿放在工匠面前，好像是要作为给他的酬谢。工匠高兴地收下了。

回到家里，工匠赶紧叫来妻子说："我们要发财了，我有两个技术，可以马上致富。"说完他将大门上那块"打制金属装饰品"的牌子取下，换上一块"专修平天冠兼拔虎刺"的牌子挂了上去。可是他忘了平天冠只有皇帝一个人有，怎么会天天有人修，而虎刺就更可怕了，如果老虎来了，工匠恐怕还会有性命之忧呢。

大道理

碰运气的事怎么能作为谋生的手段？如果我们都这样凭侥幸行事，恐怕就没有人会成功了。

农妇赶集

农妇家里养了几十只鸡，由于喂养得当，每只鸡都要下很多蛋，很快她就积攒了许多鸡蛋。听说邻村的集市上鸡蛋的价格很高，她就想拿自家的鸡蛋到市场上出售。

农妇想，该用什么东西来装这些鸡蛋呢？她找到一个很大的篮子，心想这下好了，一次就可以全装进去。于是她把所有的鸡蛋全放到了篮子里面。正要出去时，她丈夫看见了，建议她不要用这么的大篮子装这么多鸡蛋，换小点的篮子多装几次。农妇不以为然，她想，这篮鸡蛋才有多重，去年秋天，自己还背过比这更沉的东西呢。她丝毫也不理会丈夫的建议，提起篮子出发了。

谁知这个篮子好长时间不用，许多地方的藤条已经快断掉了，哪里承受得了这么多鸡蛋的重压。经她这么猛地一提，篮子的底部一下子就豁开了，所有的鸡蛋都掉在了地上，全都摔碎了。

大道理

"鸡蛋"放在一个篮子里，无形中就会增加许多风险。所以，不要将"鸡蛋"放在一个篮子里。但也不要放在太多的篮子里，那样会增加管理成本。

墨子看染丝

墨子在经过一家染坊时，看见工匠们将雪白的丝织品分别放进热气腾腾的染缸里，浸泡良久后取出，晾晒后就变成不同颜色的织物了。

墨子观察了染丝的全过程后，顿有所悟，不觉长叹一声，自言自语地说："本来都是雪白的丝织品，而今放到青色颜料的染缸里浸泡后就变成了青色，放到黄色颜料的染缸里浸泡后就变成了黄色。所用的颜料不同，染出来的颜色也随之不同。人何尝不是一样，在不同的环境里，受到的影响是不同的。"

大道理

俗话说"近朱者赤，近墨者黑"。同染丝的道理一样，我们往往能够通过一个人所交往的人和他所处的环境，就可以大致判断出他的生活习惯和思维方式。

鹬蚌相争

有一天，一只大蚌慢慢地爬上河滩，张开两扇椭圆形的蚌壳，舒舒服服地躺在那里晒太阳。这时候，一只鹬鸟正顺着河沿觅食。它那又尖又长的利嘴，一会儿啄住一条小鱼，一会儿吞下一只水虫。当它看到大蚌裸露的嫩肉时，它馋极了，用尖嘴猛地啄去。大蚌遭到突然袭击，吃了一惊，啪的一声合拢甲壳，像一把铁钳紧紧夹住了鹬鸟的嘴巴。

鹬鸟死死地咬住蚌肉，大蚌紧紧地钳着鹬嘴，谁也不肯松口。鹬鸟威胁说："今天不下雨，明天不下雨，你就会干死在河滩上！"大蚌也不示弱，回击说："你的嘴今天拔不出来，明天拔不出来，你就会饿死在沙滩上！”鹬鸟和大蚌就这样你咬着我，我钳住你，谁也不肯相让，谁也没法解脱。这时候，有一个渔翁来到河滩，看见鹬蚌相争的场面，就毫不费力地把鹬鸟和大蚌一起捉走了。

大道理

“鹬蚌相争，渔翁得利”。很明显，竞争双方相持不下，必然会两败俱伤，这时获利的只能是第三方。

农夫和小牛

农夫家的母牛生下了一头小牛，几个月后，小牛长大了，但却十分调皮，给农大惹了不少麻烦，虽然农夫惩罚了它几次，小牛却仍然劣性不改。有一天，这头小牛跑到邻人的地里，地里的庄稼被糟蹋得一塌糊涂。这次，农夫气坏了，他想，是给它点厉害瞧瞧的时候了。

于是，他把油浸在麻绳上，绑在小牛的尾巴上，然后点上火。小牛由于受到了惊吓，四处乱窜，最后竟然跑到了农夫自己的地里，打起滚来，把地里的庄稼引着了，那时正当收获的季节，农夫一边追赶小牛一边痛哭，因为田里什么都收获不到了。

大道理

意气用事导致的不明智的决策必然会带来严重的损失。在竞争中，绝对冷静的、理性的决策尚且存在着大大小小的风险，更何况是在混乱状态下意气用事地做出的决定呢？

两个渔夫

几天过去了，两个渔夫打到的鱼越来越少了，好像突然之间所有的鱼全部藏起来似的。最近附近的海水都被污染了，鱼哪能不少呢？许多渔夫不得不到深海去打鱼了。

有一天，一大早，他们两个来到海边，太阳还没有出来，他们感觉到脚下似乎有什么东西，好像是两袋小石头。他们捡起袋子，将渔网放在一旁，都不说话，坐在岸边等待日出。他俩懒洋洋地从袋子里拿出小石头丢进水里。没有其他事可做，他们就继续把石头一颗一颗地丢进了水里。

慢慢地，太阳升起，周围的一切也都变得亮了起来，他们突然看着对方的手不动了，因为他们发现各自手中竟然拿的是一颗宝石。在黑暗中，他们把整整两袋宝石都丢光了！

大道理

生活给予了人们相同的机遇，但是有人却不具备把握机遇的敏感性，而错失机遇。而有的人却能及时把握机会，并且善于着眼于未来，因此，他们能发现越来越多的机会。

拔苗助长

有一个农民天天都到地里去劳动，非常辛苦。中午，烈日当空的时候，他身上没有任何遮拦，头上的汗珠直往下掉，浑身的衣衫被汗浸湿了，但他却不得不顶着烈日躬身劳作。下大雨的时候，也没有地方可躲避，他只好冒着雨在田间犁地，豆大的雨珠打得他抬不起头来。劳作日复一日，他每天傍晚回到家以后，累得就像死了一样。他多么希望庄稼苗赶快长起来，这样，他就可以稍微休息一下了。

这一天，他坐在田埂上休息，望着田地里的小苗，自言自语地说："庄稼呀，快快长高呀！”他念叨着，脑子里蹦出一个主意："对呀，我原来怎么没想到，就这么办！”这个农民顿时来劲了，一跃而起开始忙碌，他把所有的庄稼都拔起了一截，看上去长高了很多。

这天太阳都落山了，他还没有回家吃饭。他的妻子早已做好了饭菜，坐在桌边等他回来。忽然门“吱呀”一声开了，农民满头大汗地回来了。他一进门就兴奋地说："今天我们的庄稼长了很高，可把我辛苦死了。”他的妻子很奇怪，庄稼还没有到长得很高的时令啊！她就提了盏灯笼深一脚浅一脚地跑到田里去看。可是已经晚了，庄稼已经全都蔫了。

大道理

播种与收获不在同一个季节，拔苗助长只会得不偿失。“拔苗助长”是违反科学规律的做法，不但会剥夺了幼苗成长的快乐，还会造成它心灵上的伤害。

核桃和墙壁

一天，一只耳号鸟把一颗核桃带上了钟楼。这只鸟用爪子踩着核桃，三番五次地啄着，想要打开它的硬壳去啄食里面香嫩的果肉。这核桃突然逃掉了，然后拼命地滚进墙缝里，不见了。

可是，鸟儿还是守在那里，等待墙壁把坚硬的核桃抛出来。核桃看见自己的命运还不确定，便可怜巴巴地说："好墙壁，你被建造得这么结实和高大，厚厚的，真是上帝派来救我的。你救救我吧！可怜可怜我吧！”

耳号鸟“呱呱”地警告墙壁："你可要当心点啊，核桃可是个危险人物。”

墙轻蔑地说："危险吗？我看它不堪一击呢！我们不用和这个小人物过不去吧！”它决定发善心把核桃留下来。耳号鸟失望地飞走了。

过了些日子，核桃裂开了嘴，长出根来，须根四处延伸，枝叶也从墙缝中伸展出去。核桃长得那么迅速，不久就长到钟楼上。它的粗壮有力的根毁坏了墙壁，墙壁意识到核桃的祸害时，为时已晚。核桃树还在长，它毫不动摇，长得结实有力，而墙壁却倾斜倒塌了。

大道理

小祸患会发展成大危机。墙壁对自己的实力过于自信，对一个外来因素——核桃过于忽视。它保全了核桃，但是最终被核桃弄得四分五裂。

穿越沼泽地

一个人要穿过沼泽地，因为没有路，便试探着走，虽很艰险，左跨右跳，竟也能找出一段路来。可好景不长，未走多远，不小心一脚踏进烂泥里，沉了下去。

又有一个人要穿过沼泽地，看到前人的脚印，便想：这一定是有人走过，沿着别人的脚印走一定不会有错。用脚试着踏去，果然实实在在，于是便放心走下去。最后也一脚踏空沉入了烂泥。

第三个人要穿过沼泽地，看着前面两人的脚印，想都未想便沿着走了下去，他的命运也是可想而知的。

第四个人要穿过沼泽地，看着前面众人的脚印，心想：这必定是一条通往沼泽地彼端的大道，看，已有这么多人走了过去，沿此走下去我也一定能走到沼泽的彼端。于是大踏步地走去，最后他也沉入了烂泥。

大道理

从众心理人皆有之，但以被动为前提的从众，势必使你失去独特价值。一味从众便意味着自己失去了一片晴朗的天空，抛却了一片属于自己的领地。再说，从众也未必是最安全的选择。

黔之驴

过去贵州这个地方没有驴。有个多事的人用船运来了一头驴，运来后却没有什么用处，也舍不得杀它，就把它放到山脚下，任其自生自灭。

一只老虎下山来觅食，看见了驴，以为这个躯体高大的家伙一定很神奇。老虎不敢造次，就躲在树林里偷偷观察。看了半天，它又悄悄走出来，小心翼翼地接近驴。百兽之王是个聪明的动物，当它不知道驴子的底细的时候，它不愿意冒险。

有一天，驴叫了一声，老虎大吃一惊，远远躲开，以为驴要咬自己了。然而，驴叫了一声之后，继续吃草。老虎反复观察，越来越熟悉驴的叫声了，感觉那声音漫长悠然又软绵无力。

老虎开始走到驴的前后，转来转去，但还是不敢上去攻击驴。驴对于眼前的

危险熟视无睹。老虎慢慢逼近驴，越来越放肆，或者碰它一下，或者靠它一下，不断冒犯它。驴开始躲来躲去，只求一个安静吃草的地方。但是，到了后来，它变得非常恼怒，就用蹄子去踢老虎。老虎敏捷地躲开了，心里高兴地盘算着："我以为你很了不起，原来你的本事也不过如此罢了！"于是老虎腾空扑去，大吼一声，咬断了驴的喉管，啃完了驴的肉，剩下一副骸骨在原地，才心满意足地离去了。

大道理

千万不能暴露自己的弱点，不管是在强者，还是弱者面前，尤其不能暴露在竞争者面前，因为他们正虎视眈眈地看着你，一旦发现你的弱点，就绝不会手下留情的。

两只鹦鹉

母鹦鹉下了两个蛋，孵出了两只小鹦鹉。一天，当母鹦鹉出去寻找食物的时候，这两只小鹦鹉被一个猎人捉走了。其中有一只运气好，悄悄地逃跑了；另一只却被猎人关进笼子里，开始教它说粗鲁话，让鹦鹉为他解闷。那一只逃出去的小鹦鹉，幸运地被一个游方的仙人带到自己隐居的地方，同样喂它东西吃，却教它礼仪和待客之道。

日子一天天过去了，两只鹦鹉都长大了。有一天，国王和他的卫队从猎人居住的森林经过，他的马不小心离开了卫队，来到猎人的住房。那只粗鲁的鹦鹉看到国王来了，立刻发出了一种乱七八糟的声音："喂，喂！我的主人呀！有一个人骑着马跑来了。你赶快出来杀死他。"国王听到了鹦鹉的话，拔出剑来杀死了这个报信的小间谍，然后赶快逃跑了。

当国王筋疲力尽的时候，他看到了仙人居住的静所。在这笼子里也有一只鹦鹉，它一见到国王就说道："来吧，来吧，国王呀！请休息一下吧！请喝点泉水，吃点甜果吧！仙人们呀，请你向尊敬的国王献水致敬吧！"

国王非常开心和满意，就向仙人求情，把自由重新还给了它。国王说："这一只伶俐可爱，我一见了就喜欢；那一只粗鲁无礼，真是死有余辜！"仙人知道了事情的缘由后，感叹道："都是一样的小鸟，只因为说的话不一样，就得到了截然不同的下场。"

大道理

不同的沟通方式会产生截然不同的后果。好的沟通方式往往能够带来意想不到的收获！

可怜的小猫头鹰

暮色降临了，沉睡了一天的猫头鹰开始在林中盘旋，暗中搜寻着猎物。

一只强壮的大灰兔跳到林中的草地上，开始梳理脸上的毛。它是那么的壮硕，以至于根本不怕暗中的危机。老猫头鹰看了大灰兔一眼，还是安静地停在树枝上。跃跃欲试的小猫头鹰说："你怎么连兔子也不去捉呀？"

老猫头鹰说："我力不从心呀！这只灰兔太大了，你要是抓住它，它会把你拖进密林里去的。"

没有经验的小猫头鹰故作聪明地说："我用一只爪子抓住它不放，同时用另一只爪子迅速握住树枝。"老猫头鹰还没有来得及教训它，小猫头鹰已经飞过去捉野兔了。它果真用一只爪子紧紧抓住兔子的后背，连爪子都扎了进去；同时准备好用另一只爪子去抓树。兔子一挣扎，它就用另一只爪子抓住了树，心里得意地想："你跑不了啦！"可是肥硕的兔子猛地一冲，把可怜的小猫头鹰撕成了两半。它的一只爪子留在树上，另一只留在兔子的后背上。老猫头鹰只能为后辈滴下同情的眼泪。

第二年，有个猎人打死了这只野兔，却为兔背上长着一只猫头鹰的爪子而大吃一惊。

大道理

俗话说："不听老人言，吃亏在眼前。"长者的能力虽然不一定比年轻人强，但是他毕竟具有年轻人不具备的经验，更明白在突发事件到来时，该怎样处理才恰到好处。

贪心的蜈蚣

据说上帝在创造蜈蚣时，并没有为它造脚，但是它仍可以爬得和蛇一样快速。有一天，它看到羚羊、梅花鹿和其他有脚的动物都跑得比它还快，心里很不高兴，便嫉妒地说："脚越多，当然跑得越快。"

于是，它向上帝祷告说："上帝啊！我希望拥有比其他动物多得多的脚。"

上帝答应了蜈蚣的请求。就把好多好多脚放在蜈蚣面前，任凭它自由取用。

蜈蚣迫不及待地拿起这些脚，一只一只贴到身上，从头一直贴到尾，直到再也没有地方可贴了，它才依依不舍地停止。

它心满意足地看着满身是脚的自己，心中暗暗窃喜："现在我可以像箭一样飞出去了！"

但是，等它一开始要跑步时，才发觉自己完全无法控制这些脚。这些脚噼里啪啦地各走各的，它非得全神贯注，才能使一大堆脚不致互相跌绊而顺利地往前走。

这样一来，它走得比以前更慢了。

大道理

当欲望产生时，再大的胃口都无法填满。然而，贪多的结果真的是最好的吗？学习接纳自己、欣赏自己，使我们能从欲念的无底深渊中得到释放与自由。

悬崖边

有一个人在森林中漫游的时候，突然遇见了一只饥饿的老虎，老虎向他猛扑上来。

他用最大的力气和最快的速度逃开，但是老虎紧追不舍。他被老虎逼入了断崖边上。

站在悬崖边上，他想："与其被老虎活活咬死，还不如跳入悬崖，说不定还有一线生机。"

他纵身跳入悬崖，非常幸运地卡在一棵树上。那是一棵长在断崖边的梅树，树上结满了梅子。

正在庆幸时，他听到断崖深处传来吼声，原来崖底有一只凶猛的狮子正抬头望着他。狮子的声音使他心颤，而更不妙的是，他转头看见一黑一白两只老鼠，正用力地咬着梅树的树干。

他经过一阵惊慌，很快又平静了："被老鼠咬断树干跌死，总比被狮子咬好吧？"

于是，他索性对身边的危险置之度外，不理不问。看到梅子长得正好，就采了一些吃起来。他觉得一辈子从没吃过那么好吃的梅子。

他心想："既然迟早都要死，不如在死前好好睡上一觉吧！"

他为自己找到一个三角形的枝丫，在树上沉沉地睡去。

一觉醒来，他发现黑白老鼠不见了，老虎、狮子也不见了。

他顺着树枝，小心翼翼地攀上悬崖，终于脱离险境。

原来就在他睡熟的时候，饥饿的老虎按捺不住，跃下悬崖。黑白老鼠听到老虎的吼声，惊慌地逃走了。跳下悬崖的老虎与崖下的狮子经过激烈打斗，双双负伤而遁。

大道理

在漫长的人生当中，我们会经常遭遇最坏的结果，甚至是绝境，只要我们心态平和，就会绝处逢生。其实没有什么事是挺不过去的。失败了又怎样？最坏的结果不过是退回到原处，可是我们还增加了不少工作经验和人生体验呢。

给猫挂铃铛

谷仓里老鼠深受猫的侵袭和追捕，感到十分苦恼。于是，它们在一起开会，商量用什么办法对付猫的骚扰，以求平安。

会上，众鼠仁者见仁，智者见智，提出了各种方法，但都被一一否决。最后，一只小老鼠提议说在猫的脖子上挂个铃铛，只要猫一活动，铃铛就会响，便给老鼠们报了警，大伙就有时间逃跑。大家对它的建议报以热烈的掌声，并一致通过。

有一只年老的老鼠坐在一旁，一声没吭。最后，它站起来说："这个办法是非常绝妙，但有一个小问题需要解决，那就是派谁去把铃铛挂在猫的脖子上？"

众鼠面面相觑，谁都没有这个胆量去冒这个险，美妙的设想最后落了空。

大道理

正确的战略战术和周密实际的作战计划，不是人们头脑里空想出来的，而是根据实际情况，通过科学的分析、归纳、总结制定出来的。空想对于未来的发展没有任何意义。

明智的多利

农夫家的一只叫多利的狗，不小心迷失了回家的路，并且混迹到狼群中。多利非常害怕，生怕脾气暴躁的狼会对它造成伤害，所以，多利整天都默不作声，显得很深沉，实际它是怕狼听出自己声音的不同。可是有一天，一只高大的狼终于看到了与自己不太一样的多利，就问道："你是我们的同类吗？我怎么感觉你和我们有点不一样。"

多利故作深沉地点了点头，还是没说话。那只高大的狼疑惑地看着它，多利装作很自信的样子还把头扬得高高的。

这只高大的狼把自己的怀疑告诉了头狼，头狼因为在一次战斗中受过伤，视力不太好，也看不清多利与自己有什么不同，但又要装着自己的眼力没问题，就坚定地说："它不是狼是什么！"那只高大的狼突然发现多利的尾巴和自己的不一样，就对头狼说："你看，它的尾巴和我们的不同。"

头狼因为自己身体的缘故，很怕群狼对自己不服气，所以，平时总是夸大自己的战功，以博得群狼的尊重，今天见这只高大的狼一直在给自己出难题，就说："它的尾巴就是那次和我并肩战斗时受伤的，你们应该尊敬它才对。"

那只找事的狼迫于头狼的威望，也不敢说什么了，只好装出对多利很尊敬的样子，其他狼见状，也都不与多利为敌了。

大道理

沉默是金。在激烈的竞争中，恰当地保持沉默，保持某方面的信息缺失，是避免不必要风险的一种很好的方法。

你自己最伟大

一个小老鼠从一间房子里爬出来，看到高悬在空中、放射着万丈光芒的太阳。它禁不住说：“太阳公公，你真是太伟大了！”

太阳说：“待会儿乌云姐姐出来，你就看不见我了。”

一会儿，乌云出来了，遮住了太阳。

小老鼠又对乌云说：“乌云姐姐，你真是太伟大了，连太阳都被你遮住了。”

云却说：“风姑娘一来，你就明白谁最伟大了。”

一阵狂风吹过，云消雾散，一片晴空。

小老鼠情不自禁道：“风姑娘，你是世界上最伟大的了！”

风姑娘有些悲伤地说：“你看前面那堵墙，我都吹不过呀！”

小老鼠爬到墙边，十分景仰地说：“墙大哥，你真是世界上最伟大的了。”

墙皱皱眉，十分悲伤地说：“你自己才是最伟大的呀，你看，我马上就要倒了，就是因为你的兄弟在我下面钻了好多的洞啊！”

果真，墙摇摇欲坠，墙角跑出了一只只的小老鼠。

大道理

我们每一个人都是唯一的。所以，要正确认识自己的价值，对自己充满自信，不断发挥自身的潜力，才能将我们生存的意义充分体现出来。

狐狸的预见

狮子老了，已经不能再凭借自己的力量去猎取食物了，为了活下去，狮子想，只有用智取的办法才能获得食物。于是它就找了一个山洞，躺在里面假装生病，当其他小动物走进来窥探的时候，狮子就轻易地抓住它们，然后把这些小动物吃掉。

就这样，许多小动物都被狮子吃掉了。狐狸发现森林里的小动物越来越少，心里十分疑惑，当它发现这些小动物都是在狮子藏身的那个山洞消失的时候，心里就明白了。

狐狸来到狮子藏身的山洞，但却远远地站在洞口，不往里面走，隔着很远的地方，狐狸向狮子喊道：“狮子大王，最近身体怎么样了？”

狮子听见狐狸来了，心想又能美餐一顿了，就回答说：“很不好，狐狸兄弟，你快进来看看我啊！”

只听狐狸慢慢地说道："大王，如果我没发现只有进去的脚印，而没有一个出来的脚印的话，我也许会进洞去，但是现在，还是你自个儿待着吧。"

大道理

对未来的预期决定了我们收益的方向，所以要善于从现有的现象中分析出和自己休戚相关的信息来，根据这些信息做出下一步的决策。

钓　鱼

有个人和几个朋友去海滨旅行，行程中有钓鱼这项安排，于是大家一起去购买钓具。商场里，这个人坚持要买一根重型的钓鱼竿和线轴。朋友们开玩笑说道："你是打算钓一条鲸鱼吧？"

他笑一笑，并不理会这些听起来打击他信心的玩笑。

不久他们来到了海滨，一个朋友的鱼线被挣断了，那人抱怨说他应该准备重一些的钓具。

很快的，这个人的线被拉紧了，是一条大鱼！半个小时后，他把战利品拖上了船，一条 30 磅重的大家伙！

大道理

如果你想钓一条大鱼，那你要先准备好钓大鱼的工具。

驴的哲学

有一天，农夫的驴子不小心掉进一口枯井里，农夫绞尽脑汁想救出驴子，但几个小时过去了，驴子还在井里痛苦地哀号着。

最后，农夫决定放弃，他想，这头驴子年纪大了，不值得大费周章去把它救出来，不过无论如何，这口井还是得填起来。于是农夫便请来左邻右舍帮忙一起将井中的驴子埋了，以免除它的痛苦。

邻居们人手一把铲子，开始将泥土铲进枯井中。当这头驴子了解到自己的处境时，刚开始哭得很凄惨，但出人意料的是，一会儿之后这头驴子就安静下来了。农夫好奇地探头往井底一看，出现在眼前的景象令他大吃一惊：当铲进井里的泥土落在驴子的背部时，驴子的反应令人称奇——它将泥土抖落在一旁，然后站到铲进的泥土堆上面！

就这样，驴子将大家铲倒在它身上的泥土全数抖落在井底，然后再站上去。很快地，这只驴子便得意地上升到井口，然后在众人惊讶的表情中快步地跑开了！

大道理

在生命的旅程中，我们难免会陷入“枯井”里，会遭遇“泥沙”埋身。而从“枯井”中脱身的唯一方法就是将“泥沙”抖落掉，然后站到上面去！

两只青蛙

有两只青蛙不小心掉到一桶牛奶中，其中一只认为没有生路了，必死无疑，没怎么挣扎，就放弃了希望，沉到桶底下。

另一只青蛙，不甘心就此罢休，不停踢动双脚，牛奶经它一再的搅拌，居然逐渐结成奶酪，等奶酪变硬后，青蛙双脚一跃，轻易就跳出了牛奶桶。

大道理

面对绝境，你可以再坚持一下，奇迹总是在意想不到中出现。不管事情的结果如何，努力过，心中就无遗憾。

选择方向

有两只蚂蚁想翻越一段墙，寻找墙那头的食物。一只蚂蚁来到墙脚就毫不犹豫地向上爬去，可是每当它爬到大半时，就会由于劳累而跌落下来。它不气馁，一次次跌下来，又迅速地调整一下自己，重新开始向上爬去。

另一只蚂蚁观察了一下，决定绕过墙去。很快地，这只蚂蚁绕过墙，来到食物面前，享受美餐；而另一只蚂蚁还在不停地跌落下去，又重新开始。

大道理

很多时候，成功除了勇敢、坚持不懈外，更需要找对方向。也许有了一个正确的方向，成功来得比想象的更快。

扛竹竿进城

有一个鲁国人扛着一根长长的竹竿到城里去卖。可当他走到城门口时犯愁了，因为他想不出用什么办法将竹竿扛进城去。如果把竹竿竖起来进城门，竹竿比城门高出一截；把竹竿横起来拿着走，竹竿比城门又宽出一截。他横竖比画了半天，弄得满头大汗，就是进不了城门。

这时，一个老头经过城门，看见那人愁眉苦脸的样子，就走过去对他说："我虽然不是什么圣人，但一生经历的事情比你多。既然是竹竿长、城门小，你为什么不把竹竿从中间截成两段呢？那样不就变成竹竿短、城门大，可以毫不费力地进城了吗？"

拿竹竿的人听了非常高兴，说："太好了。"

于是他找来锯子，将竹竿锯成两段，然后进了城门。

可是，这个卖竹竿的人在城里转了一天，竹竿就是卖不出去。因为他没想到，锯短的竹竿虽然是扛进了城，但是由于竹竿太短，无人问津，几乎成了废品。

大道理

盲从会使许多好事都办糟了。做任何事情都要想想动机与效果，敏锐的判断力是必不可少的。如果只为解决问题而解决问题，结果必然是悲剧性的。

不过，自作聪明、好为人师的人也是相当愚蠢可笑的。

不材之木

一个很有名的木匠带徒弟们寻找适合造船的木材。当走到一座庙宇附近的时候，看见在土地庙旁，长着一株参天大树。这棵树的树荫可以遮盖几千头牛，树身有百尺粗，树干一直越过山头，才有枝叶，光是可以用来造船的旁枝就有十几枝。在庙旁，许多人都在围观这棵巨树。

但令徒弟们感到奇怪的是，师傅竟然视而不见，对这棵巨树不屑一顾，仍不停脚地往前赶路。徒弟们十分疑惑，不明白师傅的意思，就追着师傅问道："自从我们跟着您走南闯北学手艺以来，还从没有碰见这样好的木材，可您为什么看也不看它呢？"

师傅说："你们不要再夸那棵树了，它是棵脆而不坚的树木，如果用来造船的话，会沉；如果做棺材，会很快腐烂，即使制成柱子也会被虫蛀……"

"可是，它确实是一棵少有的巨树啊！"徒弟们惊叹道。

"是啊！正因为它不能用来做任何东西，所以才长得这么大，有这么长的寿命！"师傅慢慢地说。

大道理

做事情的时候，不能被表面现象所迷惑，要透过现象看本质，否则，就会做出错误的判断。

刺猬取暖

森林中有十几只刺猬冻得直发抖。为了取暖，它们只好紧紧地靠在一起，却因为忍受不了彼此的长刺，很快就各自跑开了。

可是天气实在太冷了，它们又想要聚在一起取暖，然而靠在一起时的刺痛使它们又不得不再度分开。就这样反反复复地分了又聚，聚了又分，不断在受冻与受刺两种痛苦之间挣扎。最后，刺猬们终于找到了一个适中的距离，既可以相互取暖而又不至于被彼此刺伤。

大道理

在人际交往中，距离是一种美，也是一种保护。有距离，彼此就会尊重对方，就不会因发生碰撞而彼此伤害。

天堂与笼子

上帝问一只被囚在笼中的画眉鸟："我带你到天堂去吧？"

画眉说："为什么呢？"

上帝说："天堂宽敞明亮，不愁吃喝。"

画眉说："可我现在也很好啊。我吃喝拉撒全由主人包办，风不吹头雨不打脸，还天天都能听主人说话唱歌。"

"可是你自由吗？"上帝说。

画眉沉默了。

于是，上帝以胜利者的姿态把画眉带到了天堂。他把画眉安置在翡翠宫里住下，便忙着处理各种事务去了。

一年后，上帝突然想起了画眉，便去翡翠宫看它，他问画眉："啊，我的孩子，你过得还好吗？"

画眉答道："感谢上帝，我活得还好。"

"那么，你能谈谈在天堂里生活的感受吗？"上帝真诚地说。

画眉长叹一声，说："唉，这里什么都好，只是这笼子太大了，怎么飞也飞不到边。"

大道理

人生若是没有相互交流和相互欣赏，即使身在天堂，也注定找不到快乐、自由的感觉，更不要说幸福了。

蛇族搬家

那年夏季，久旱不雨。严重的缺水使庄稼地裂开一道道又宽又深的口子，不少的池沼也干涸了。原来栖息在水沼中的一些虫、鱼、蟹、蛙，能够搬迁的都搬走了。最后还剩下两条花蛇。它们眼看着池沼边的杂草全部枯萎，也准备另找一处安身之地。

临行之前，那小蛇对大蛇说："你身强力壮走得快。如果你在前面走，我在后面跟，这样目标太大。人们一看到蛇在行动，肯定会来捕杀。你走在我的前面，必然先遭祸殃。因此，我们应该换一种方式。你最好背着我走。因为人们从来没有见过哪一类蛇是这种模样，也从来没有看到哪一条蛇像这样行走，所以一定会起疑心。

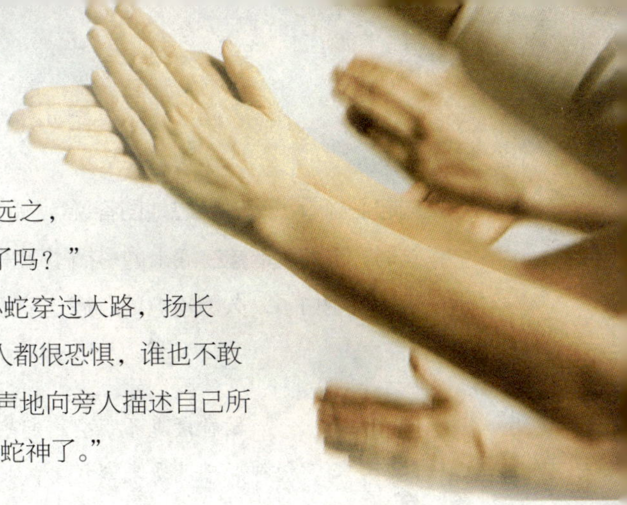

如果他们把我当成一位神君，对我们敬而远之，我们不是可以蒙混过关，安全抵达目的地了吗？”

大蛇觉得小蛇的话有道理，于是背起小蛇穿过大路，扬长而去。见到这两条蛇上下重叠着蜿蜒游走的人都很恐惧，谁也不敢靠近它们。这些人回去以后，一个个绘影绘声地向旁人描述自己所见到的情景，并煞有介事地说：“刚才我看见蛇神了。”

大道理

如果大蛇和小蛇单独走的话，两者都可能遭到人们的攻击并因此丧命；但是如果大蛇和小蛇合作的话，两者都可以保全性命，安全地抵达目的地。这就是合作的力量，它能够起到“1+1>2”的作用，使合作的双方达到双赢。

移山大法

有一个大师，一直潜心苦练，几十年练就了一身“移山大法”。

有人虔诚地请教：“大师用何神力，才得以移山？我如何才能练出如此神功呢？”

大师笑道：“练此神功也很简单，只要掌握一点：山不过来，我就过去。”

大道理

如果事情无法改变，我们可以来改变自己。这样可以让生活中的困扰迎刃而解。

杯弓蛇影

从前，有个人碰见自己很要好的一个朋友，就问朋友：“最近怎么不到家中做客了？”

只听朋友回答说：“上次在您家里做客的时候，承蒙您盛情款待，但在您给我敬酒时，我发现杯子中有一条蛇，所以心里感到特别不舒服，喝下去后就病倒了。”

“杯子里怎么会有蛇呢？”他想了半天，最后才恍然大悟，原来当时在招待客人的时候，自己客厅的墙壁上挂着一张弓，朋友杯中的蛇大概就是这张弓的影子吧！

于是，他就邀请朋友再次到家中做客，并在前次招待朋友的地方摆设了酒宴，让朋友还坐在上次坐过的地方。然后就问朋友：“您看一下，在您的酒中看到什么了没有？”

朋友端起酒杯看了看，惊恐地回答说：“跟上次一样啊，酒里面有一条蛇！”

这时，主人就把挂在墙上的弓摘了下来，朋友再看自己的酒，发现酒中的蛇不见了。他一下子就明白了，久治不愈的心病一下子就好了。

大道理

疑神疑鬼不但会引起别人的不满，还会使自己丧失信心、失去快乐。疑神疑鬼就是没事找事，其结果多半是妄自惊扰。

死　海

很久以前，有许多河流注入死海，所以死海的水位一直在不断地上涨。由于有活水流入，死海也显得生气勃勃。可是它却感到十分恼火，因为它觉得自己的海水原本是甘甜可口的，就是由于这些河流的汇入，才使水里的盐的浓度增加，所以它就对这些河流抱怨道：“我的水本是甘甜可口的，是你们将它变成咸涩而不可饮用的水的。”

河流知道它是有意来责难的，便说：“那我们从此以后就再也不流到你这里来了，你也就不会变咸了。”

就这样，以前流向死海的河流都改道了，可是死海的水非但没有因此而变得甘甜可口，反而更咸了。而且现在更为致命的是，由于没有河流的不断注入，死海的水位开始下降，这时它才明白是那些看起来让它生气的河流给予了自己生命，可是为时已晚。

大道理

海纳百川，有容乃大，当死海拒绝了为它汇聚活水的溪流时，它也就选择了枯寂。

牧羊人与断角羊

有一天牧羊人把一群山羊赶到绿草如茵的山坡上去吃草。

山羊同往常一样各自分散开，埋头吃着青草，而牧羊人则躺在一棵大树底下，吹奏他心爱的笛子。

中午时分，牧羊人从一只小布袋里取出面包和奶酪，吃饱了肚子，又走到清泉边喝足了水，然后躺下睡觉。

牧羊人醒来时，太阳快要下山了。他赶紧爬起身吆喝着，把分散的山羊一只只召集起来。可是数来数去总是少一只。最后，他看见那只掉队的山羊站在一块高耸大岩石上。牧羊人冲着它吹了一声口哨，可是那只山羊就像没有听见一样。

牧羊人不禁火冒三丈，从地上捡起一块石头朝那只山羊掷去，他只是想吓唬一下那只山羊，让它快点从岩石上下来。没有想到，牧羊人投掷得那样准，那块石头竟击中了山羊的一只角。也许是他用力太大的缘故，那只角顿时断成了两截。

牧羊人一时不知所措，因为他知道，要是他的主人发现了，肯定会怪罪他没有尽心尽力放牧好羊群，不知会怎样惩罚他呢，说不定还会因此把他赶走。

在绝望中，牧羊人央求那只山羊，说："亲爱的山羊，请你帮帮我的忙，不要告诉我的主人你今天的遭遇，要不我就完蛋了！"

"你放心吧，我保证不会告状！"山羊回答说，"但是，我怎么能遮掩得住我的遭遇呢？所有人都会清楚地看到我的一只角断了。"

大道理

出了问题，逃避是无济于事的，掩饰、遮盖都是徒劳无功的。针对问题，想一些切实可行的办法，才是解决问题的正确态度。

叶公好龙

从前有位叶公，特别喜欢龙。他屋内的梁、柱、门、窗，都请巧匠雕刻上龙纹，雪白的墙上也请工匠画上一条条巨龙，甚至他穿的衣服、盖的被子、挂的蚊帐上也都绣上了活灵活现的金龙。

方圆几百里的人都知道叶公好龙。天上的真龙听说以后，很受感动，亲自下来探望叶公。巨龙把身子盘在叶公家客堂的柱子上，尾巴拖在方砖地上，头从窗户里伸进了叶公的书房。叶公一见真龙，登时吓得面色苍白，转身逃跑了。

大道理

识别一个人，不能只听他说的，还要看他的行动。就像叶公平时总说他爱龙，可一旦真龙出现，他哪怕龙的本质便暴露无遗了。

弈秋诲弈

弈秋棋艺高超，是全国最好的棋手。他同时教两个学生下棋，其中一个学生非常专心，集中精力跟老师学习。另一个却不这样，老师教他下棋的时候，他看起来也像是在听，可心里却想着：现在空中大概正有鸿雁飞来，如果我用弓箭把它射下来，美餐一顿多好啊……结果，虽然这两个学生在一起学习，又是同一个名师传授，然而，一个成了棋艺高强的棋手，另一个却没有学到什么本事。

大道理

专心，是成功的神奇之钥，凡事专注必能成功。

钥　匙

一把坚实的大锁挂在大门上，一根铁杆费了九牛二虎之力，还是无法将它撬开。钥匙来了，它瘦小的身子钻进锁孔，只轻轻一转，大锁就“啪”的一声打开了。

铁杆奇怪地问：“为什么我费了那么大力气也打不开，而你却轻而易举地就把它打开了呢？”

钥匙说：“因为我最了解它的心。”

大道理

人心就如上了锁的大门，如果没有“关怀”这把细腻的钥匙，任你再粗的铁棒也撬不开。

猎人的狗

猎人养了一只特别敏锐的狗，森林里的其他动物每当看到猎狗时，都会远远地躲开。由于猎狗每次出去都会给主人带来好多猎物，主人对猎狗特别好。

有一天猎人家里突然出现了一只狐狸，它跑来对猎人说："猎人，你的猎狗现在对你不忠了，它每次逮到猎物都会先自己藏起来一些，把剩下的留给你。"猎人知道狐狸狡猾，并没有把它说的话当回事。

第二天，来了一只小白兔，它也对猎人说："猎人，你的猎狗经常把打到的猎物藏起来，剩下很少的一部分给你。"猎人看到小白兔都这么说，有些动摇了，但还是不相信，因为猎狗一直都很忠于他。

第三天，小松鼠来了，它对猎人说："猎人，你的猎狗藏起来了很多食物。"这时候，猎人终于忍不住相信了它们的话，觉得猎狗真的背叛他了，于是一怒之下就把猎狗杀了。

大道理

谣言重复千遍，就会变成真理。可见，流言是可怕的。要是被流言迷惑了，将会给自己造成巨大的损失。面对流言，我们要做的是查清事实，而不是妄断是非。

掩耳盗铃

春秋时候，晋国贵族智伯灭掉了范氏。有人趁机跑到范氏家里想偷点东西，看见院子里吊着一口大钟。

钟是用上等青铜铸成的，造型和图案都很精美。小偷心里高兴极了，想把这口精美的大钟背回自己家去。可是钟又大又重，怎么也挪不动。他想来想去，只有一个办法，那就是把钟敲碎，然后再分别搬回家。

小偷找来一把大锤，拼命朝钟砸去，"咣"的一声巨响，把他吓了一大跳。小偷着慌，心想："这下糟了，这种声音不就等于是告诉人们我正在这里偷钟吗？"他心里一急，身子一下子扑到了钟上，张开双臂想捂住钟声，可钟声又怎么捂得住呢！钟声依然悠悠地传向远方。

他越听越害怕，不由自主地抽回双手，使劲捂住自己的耳朵。"咦，钟声变小了，听不见了！”小偷高兴起来，“妙极了！把耳朵捂住不就听不见钟声了嘛！”他立刻找来两个布团，把耳朵塞住，心想，这下谁也听不见钟声了。于是就放手砸起钟来，一下一下，钟声响亮地传到很远的地方。人们听到钟声蜂拥而至，把小偷捉住了。

大道理

“若想人不知，除非己莫为。”愚蠢自欺的掩饰行为除了会暴露自己做贼心虚外，还会造成自己对外界的感知能力的下降。

折　箭

吐谷浑的首领阿豺有二十个儿子。一天，阿豺对他们说：“你们每人给我拿一支箭来。”他把拿来的箭一一折断，扔在地上。过了一会儿，阿豺又对同母弟弟慕利延说：“你拿一支箭把它折断。”慕利延毫不费力地折断了。阿豺又说：“你再取十九支箭来把它们一起折断。”慕利延竭尽全力，怎么也折不断。阿豺意味深长地说：“你们知道其中的道理吗？单独一支容易折断，多支箭合在一起就难以折断了。只要你们同心协力，我们的江山社稷就可以永远稳固。”

大道理

单者易折，众则难摧。这则寓言是“团结就是力量”的最好佐证。

朝三暮四

宋国有个养猴子的人，非常喜欢猴子，家里养了一大群。他能够了解猴子的意愿，猴子也很会讨他的欢喜。养猴人宁肯减少自己家人的口粮，也要让猴子吃饱。

不久，养猴人家里贫穷了，打算减少猴子的饲料，可又怕猴子们不顺从自己，于是先骗猴子说："今后分给你们的橡栗，早晨三颗，晚上四颗，够了吧？"猴子们听了，又吵又跳地发脾气。过了一会儿，养猴人又改口说："以后分给你们橡栗，早上四颗，晚上三颗，够了吧？"猴子们听了，都高兴得手舞足蹈。

大道理

寓言朝三暮四蕴含的道理有三：不辨"朝三暮四"和"暮四朝三"的人，只会没有头脑地盲目计较，实在可笑；在复杂的客观世界面前，看问题必须摒除实同形异的假象诱惑；反复无常、见异思迁之人恐怕是最难让人忍受的，对付这种人除了施以重拳之外，别无他法。

迂儒救火

赵国人成阳堪家的房子着了火，想要扑灭，却没有梯子上房。他连忙打发儿子成阳朒到奔水先生家去借梯子。

成阳朒衣帽穿戴得整整齐齐，很从容地迈着方步去了。见到奔水先生以后，他彬彬有礼地连作了三个揖，然后跟着主人缓步登堂入室，在西面柱子之间的席位上坐下，一声不响。奔水先生让家人设宴招待。酒席上，主人向成阳朒敬酒，成阳朒起立，举着酒杯，慢慢喝下，并回敬主人。酒喝完了，奔水先生问道："您光临寒舍，请问有什么吩咐呢？"成阳朒这时才开口说明来意："上天给我家降下大祸，发生了火灾，烈焰正在熊熊燃烧。想上房浇水灭火，无奈两肘之下没生双翼，一家人只能望着着火的房子哭喊。听说您家里有梯子，何不借我用用呢？"奔水先生听了，急得跺着脚说："您怎么这样迂腐呢！您怎么这样迂腐呢！要知道，在山上吃饭遇到猛虎，必须赶紧吐掉食物逃命；在河里洗脚看见鳄鱼，应该马上弃掉鞋子跑开。房子已经着了火，是您在这里作揖打拱的时候吗？"

奔水先生急忙命人抬上梯子跟他回去。等他们赶到时，房子早已化为灰烬了。

大道理

学问学多了如果不善加运用，就会变得非常的迂腐，甚至连基本的人世常识、人情伦理都忘却了。

薛谭学歌

有个叫薛谭的小伙子，跟秦国的歌唱家秦青学唱歌。他还没有把秦青的技艺真正学到手，就以为自己学得差不多了，急着向老师告辞回家。秦青也没有阻拦他，把他送到城外的大道旁，为他饯行。席间秦青轻轻地打着节拍，唱了一首十分动听的歌，那高亢的歌声振动了林间的树木，连空中飘动的云彩也停住不动。薛谭这时认识到了自己与老师的差距，急忙向老师道歉，要求回去继续学习。从此以后，他一辈子再也没有说过回家的话。

大道理

浅尝辄止是不会学到真东西的。只有抱着谦虚谨慎的态度不断地去学习，才会有所成就。正所谓：学无止境。

自相矛盾

楚国有个人在集市上卖盾牌和长矛。他先举起手中的盾牌说：“你们看，我手上的这块盾牌，坚硬无比，任凭您用什么锋利的矛也不可能刺穿它！”接着，他又拿起了一根长矛说：“这根长矛，特别锋利，它能刺穿任何坚固的盾！”这时，围观的人中有一个人走过来问这个楚人：“拿你的矛刺你的盾，看看会怎样呢？”结果，这个楚人张口结舌，无言以对。

大道理

思想要有确定性，对同一论断既给予肯定又给予否定的行为，不但违反了客观规律，还会授人以柄。

火鸡和牛粪

一只火鸡和一头牛闲聊，火鸡说：“我希望能飞到树梢，可我没有勇气。”牛说：“为什么不吃一点我的牛粪呢，它们很有营养。”火鸡吃了一点牛粪，发现它确实给了自己足够的力量飞到第一根树枝，第二天，火鸡又吃了更多的牛粪，飞到第二根树枝，两个星期后，火鸡骄傲地飞到了树梢，但不久，一个农夫看到了它，迅速地把它从树上射了下来。

大道理

借力也许可以让你达到顶峰，但不会让你永远站在那里。所以，要想站到属于自己的枝头，一定要付出百分之百的努力。

蚂蚁的恐惧

有一个人，漫不经心地将一盆水倒在地上，水很快向四周漫溢开去。地上有一棵小草被水冲起，浮在水面上犹如一叶小舟。小草上面正好有一只小蚂蚁，它看到四面漫溢的水，不知道这水面到底有多阔，水底究竟有多深。蚂蚁伏在草叶上吓得惊慌失措，“天啊，自己该从哪里逃生，这大水哪里有岸呢？完了，这下我全完了。”蚂蚁绝望了。

还没等蚂蚁想清楚这一切，水已经渗入土里了，草倒伏在地上，只剩下一片还有些潮湿的地面。蚂蚁连忙牵动着它那细小如丝的腿，急速地爬出“小舟”，于是，它很快就见到了它的那一群同伴。一见到同伴们，这只蚂蚁忽然伤心起来，好像它经历了一场天大的劫难似的，它泪流满面地向朋友们哭诉了它的经历。它泣不成声地对朋友说：“我的朋友们呀，你们差一点就见不着我了。就在刚才那一瞬间，我差一点被那险恶的大水淹死了啊！”

“是吗？太可怕了！”众蚂蚁惊恐万分，它们听完那只“幸运”地活着回来的蚂蚁的经历后，都难过万分，一个个擦着眼泪。

大道理

眼光短浅，是看不到世界的广阔的。

利令智昏

有个人一心想得到金子。一天清早，他起来穿好衣服，戴上帽子，一直走到卖金子的地方，看见有人拿着金子，伸手就抢。官吏把他逮住捆绑起来，问他："这么多人都在这儿，你为什么公然抢人家的金子？"他回答说："我根本就没有看见人，我眼睛里只有金子。"

大道理

贪图私利的人因为受欲望的支配而头脑发昏，这样势必会做出丧失理智的事来。

时间和爱

从前有一个小岛，上面住着快乐、悲哀、知识和爱，还有其他各类情感。

一天，情感们得知小岛快要下沉了，于是，大家都准备船只，离开小岛。只有爱留了下来，她想要坚持到最后一刻。

过了几天，小岛真的要下沉了，爱想请人帮忙。

这时，富裕乘着一艘大船经过。

爱说："富裕，你能带我走吗？"

富裕答道："不，我的船上有许多金银财宝，没有你的位置。"

爱看见虚荣在一艘华丽的小船上，说："虚荣，帮帮我吧！"

"我帮不了你，你全身都湿透了，会弄坏了我这漂亮的小船。"

悲哀过来了，爱向她求助："悲哀，让我跟你走吧！"

"哦……爱，我实在太悲哀了，想自己一个人待一会儿！"悲哀答道。

快乐走过爱的身边，但是她太快乐了，竟然没有听到爱在叫她！

突然，一个声音传来："过来！爱，我带你走。"

这是一位长者。爱大喜过望，竟忘了问他的名字。登上陆地以后，长者独自走开了。

爱对长者感恩不尽，问知识老人："帮我的那个人是谁？"

"他是时间。"知识老人答道。

"时间？"爱问道，"为什么他要帮我？"

知识老人笑道："因为只有时间才能理解爱有多么伟大。"

大道理

只有时间才能理解爱有多么伟大，因为路遥知马力，日久见人心。

自护其短

楚地有个一生都不认识姜的人，却装出认识的样子说：“这是从树上结出来的。”有人告诉他说：“姜是从土里长出来的。”他固执己见，并且说：“我和您请十个证人，用我们所骑的驴子打赌。”接着，他问遍了十个人，大家都说：“姜是土里生的。”那人涨红了脸，再说不出道理，但还是不服输地说：“驴子可以给你，但姜还是树上长的。”

北方有个一生不认识菱角的人，在南方做官。有天吃菱角，连壳一起嚼。有人提醒他说：“吃菱角必须剥掉壳。”那个人护短说：“我不是不知道要去壳，带壳一起吃是为了清热。”有人问他：“北方也有这东西吗？”他回答说：“前山后山，哪里没有？！”

大道理

人无完人，谁也不能什么都见识过，什么都懂，所以，不知道某些事物并不是可耻的事，只有那些不懂装懂、固执己见的人，才最可笑。

螳螂捕蛇

有个人偶尔走在一条河谷中，忽然听见山崖上传出很凄厉刺耳的声音，他找到一条路，爬上了山偷偷地看，想看个究竟，只见一条碗口粗的大蛇，在树丛中摔来摆去，尾巴打在柳树上，树枝都被抽打断了。看它这种翻转扑跌的样子，好像是被什么东西控制着似的。可是仔细看了很久，也没发现有什么东西，他感到十分奇怪。等他慢慢走近一看，原来是一只小螳螂正在大蛇的头顶上，用一对镰刀般锋利的前腿抓着蛇的脑袋不放，任凭大蛇如何颠扑也弄不掉它。过了很久，蛇居然死去，看那额上的皮肉，已经全破裂了。

大道理

只要善于运用自己的长处，抓住对手的要害，即使处于劣势也可以反败为胜。

聪明虾

从前，有两条分别叫作百聪明和千聪明的鱼和一只叫作一聪明的虾，共同住在一个池塘里，它们是无话不谈的好朋友。这三个伙伴常常在水边一起“吟诗作赋”，享受畅谈的乐趣，然后再一同回到水里。有一天，太阳快落山的时候，几个手里拿着渔网的渔夫看到了正在谈话的它们三个，说道：“哎呀，这个池塘看起来有不少鱼，明天早晨我们就到这里来，一定有好收获。”然后，渔夫就回家去了。

三个好朋友听了这话，犹如晴天霹雳，立刻商量起来。虾说：“伙计们，怎么办呀？逃跑，还是待着不动？”听了虾的话，百聪明很有把握地笑笑说：“朋友，不要怕，只是随口说的话，依我的聪明，把我们都救出去绝不是难事。因为在水里的各种游法我都会。”千聪明说：“对！百聪明说的对，只是一言半语，我们不能放弃祖先传下来的生活之地，我会用我的聪明救大家的命。”虾对两个朋友的话不以为然，坚定地说道：“我只有一个办法：我要逃走。今天夜晚我就带上我的老婆和孩子到其他的池塘去，你们好自为之。”夜里，虾连夜携家带口的逃走了。次日清晨，那些渔夫果然来了，他们在池塘四处下网，水里所有的鱼、螃蟹无一幸免，尽管百聪明和千聪明努力运用一些特别的游泳技术救自己的命，但最后它们还是落到网里去了。

到下午，渔夫高兴地回家了。千聪明很重，一个人就把它顶在头上，另外一个人把

百聪明拴起来，提在手里。一聪明和老婆一块待在池塘边，看着不听劝的好朋友惨遭不幸，也无可奈何。三个好朋友中，唯一保住性命的就是它：一只叫作一聪明的虾。

大道理

放弃是一种智慧。犹如车子陷进泥沙，或车轮在冰雪中停滞不前，只有先慢慢后退，才能再重新往前开。所以有时为了前进，必须倒转方向。

外科医生

有个医生，自称善治外科病。一员副将从战场回来，中了箭，箭头刺进皮肉里面，请他给治疗。这位医生拿起一把锋利的剪刀，剪去了露在外面的箭杆，然后跪下来请求酬谢。副将说：“箭头还在皮肉里，必须马上治疗。”医生却说：“这是内科的事情，怎么能让我一块儿来治！”

大道理

敷衍塞责就是做事马虎，搪塞责任。这种行为自然要付出代价，轻者引起别人的不信任，重者因此失去一切机会，因为没有责任的承担，也就没有了相应的权利。

马价十倍

有个卖骏马的人，接连三天站在市场上，却没有人知道他的马是好马。这人去找相马的伯乐说：“我有匹好马要卖掉，可接连三天没有人来过问。希望您给帮帮忙，去围着我的马转一圈儿，看看它，临走的时候再回过头来看它一眼，我愿意奉送给您一天的花费。”伯乐接受了这个请求，就来到市场上，走过去围着那匹马转圈儿看了一看，临走的时候又回头看了一眼。这匹马的价钱立刻暴涨了十倍。

大道理

好东西，再加上名家的赏识，简直就是锦上添花，身价自然会倍增。权威的效应还是不能小觑的。

鲷鱼和蝾螺

一只鲷鱼和一只蝾螺在海中，蝾螺有着坚硬的外壳，鲷鱼在一旁赞叹说："蝾螺啊！你真是了不起！一身坚强的外壳一定没人伤得了你。"蝾螺也觉得鲷鱼所言不差，正得意扬扬的时候，突然鲷鱼发现敌人来了，鲷鱼说："你有坚硬的外壳，而我没有，我只能用眼睛看得更清楚，判断危险从哪个方向来，然后，决定能够怎么逃走。"说着，迅速游走了。此时此刻，蝾螺心里正在想，我有这么一身坚固的防护甲，没有人能够伤得了我啦！我还怕什么呢？便安静地等着。蝾螺等呀等，等了好长一段时间，也睡了好一阵子了，心里想：危险应该早已经过去了吧！于是探出头透透气，等它冒出头来一看，立刻被渔民捕到了。

大道理

过分封闭自己或者自我膨胀，都会失去自我成长的机会，自陷危险而不自知！面对改变，我们常常会觉得有些不习惯，或者感觉压力、恐惧，但这正是你成长的机会！

大王降祸

有一个樵夫走到山涧一条水沟边，沟里涨大水，无法过去。他看见旁边有一座神庙，就进去把神像拿出来，横放在水沟上走了过去。随后，又有一个人也走到这里，看见这种情形，连声叹息道："对神像怎么敢这样亵渎呢！"他就把神像扶起来，用自己的衣服把它擦干净，双手捧着，送回到神座上去，拜了几拜才离开。庙里的小鬼对神像说："大王住在这里做神明，享受村里人的祭祀，现在反而被这些无知的人侮辱，为什么不降祸惩罚他们呢？"神像说："那么灾祸应当降到后来的那个人身上。"小鬼不解地说："前一个人用脚践踏大王，再没有比这更严重的侮辱了，却不降灾祸给他。后来的那个人那样敬重大王，反要给他灾祸，这是为什么呢？"神像说："头一个人已经不信神道了，我哪里还敢降灾祸给他呢？"

大道理

"欺软怕硬"用在这尊神像身上再恰当不过了。在现实生活中，这种人也不少，你越怕他，他越欺负你。所以，要对付这种人，就要比他还强硬。

生木造屋

宋国大夫高阳应要盖一所房子，木匠对他说："不行啊！木材还是湿的，如果把泥抹上去，一定会被压弯。用新砍下来的湿木料盖房子，刚盖成时虽然看起来挺牢固，可是日后就会倒塌。"高阳应说："照你说的，我这房子也坏不了，因为日后木材会越干越硬，泥土会越干越轻，房子一定坏不了。"听他这么一说，木匠无话可说，就听从他的吩咐盖起了房子。高阳应的房子刚盖成的时候看起来还真不错，可后来果然倒塌了。

大道理

自作聪明，轻率逞能，不遵循客观规律的结果只能是以失败告终。

黎丘老丈

梁国的北面有个黎丘乡，那一带有个鬼怪，经常装扮成乡人的子侄、兄弟的模样。有一天，一位老人在集市上喝醉了酒往家走，在半路上碰到了扮作自己儿子模样的黎丘鬼怪。那鬼怪一边假意搀扶老人，一边左推右晃，让老人一路上受够了罪。

第二天，老人酒醒之后，想起自己醉酒回家时在路上吃的苦头，他气愤地对儿子说："我是你的父亲，我平日对你不够慈爱吗？你在路上那样折腾我，是为什么呢？"

他的儿子一听这话，感到十分委屈。他流着眼泪，伏在地上磕头说："这真是作孽呵！我哪能对您做这种不仁不义的事呢？昨天我到东乡找人收债去了。您如果不相信，可以到东乡去问清楚。"

老人相信了儿子的话。他左思右想，恍然大悟地说："对了，一定是人们常说的那个鬼怪干的！"他想：我明天还去集市上喝酒，再遇上那个鬼怪，我就杀了它。

第二天，老人在集市上又喝醉了酒，他一个人跌跌撞撞地往回走。他的儿子担心父亲在外醉酒回不了家，就沿着通往集市的那条路去接父亲。老人远远望见儿子向自己走来，以为又是上次碰到的那个鬼怪。等他的儿子走近的时候，老人拔剑刺了过去。这位老人由于被貌似自己儿子的鬼怪所迷惑，最终竟误杀了自己的亲生儿子。

大道理

人必须善于分辨真假，不要被假象所迷惑，假象带来的后果往往是最恶劣的。

多言何益

子禽问他的老师墨子说："多说话有好处吗？"

墨子回答说："蛤蟆、青蛙、苍蝇不管白天黑夜，叫个不停，弄得嘴巴干渴、舌头也很累，可是却没有人愿意听它们叫。可是你再看看雄鸡，在黎明时发出的啼叫，使全天下都惊醒了。这样看来，多说话有什么好处呢？重要的是话要说得切合时机。"

大道理

敏于事而慎于言是君子的处事原则。夸夸其谈，废话连篇，不但毫无益处，还会惹人厌烦，结果必是自讨苦吃。

不禽不兽

凤凰做寿，百鸟都来祝贺，唯独蝙蝠没有去。凤凰责问它说："你处在我的管辖之内，为什么这样傲慢无礼呢？"蝙蝠说："我有脚，属于走兽，为什么要朝贺你呢？"一天，麒麟过生日，蝙蝠也没有去。麒麟也责问它，蝙蝠说："我有翅膀，属于飞禽，干吗要来向你朝贺？"后来麒麟和凤凰见了面，说到蝙蝠的事，相互感叹地说："现在世上风气恶劣，偏偏生出这样一些不禽不兽的家伙，真拿它没办法！"

大道理

一定要小心身边"朝秦暮楚"的小人，他们为了达到自己的目的，会根据自己的需要不断改变身份、立场、原则。

东施效颦

越国有个名叫西施的美女，她有心口痛的毛病。因为病痛，她经常双手捂着胸口，皱着眉头。但就是这种病态，也使她显得分外妩媚。

同村有个长得很丑的女子，名字叫东施。她看到西施娇媚柔弱的样子竟博得这么多人的注目，便也学着西施的样子，一出门就手捂着胸口，紧皱眉头，装出一副弱不禁风的病态。丑女的扭捏作态，使她原本就丑陋的样子更难看了。同乡的富人看见了，立即关紧大门，躲在屋里；穷人见了，连忙领着妻子儿女远远地躲开她。

大道理

爱美之心人皆有之，可也要考虑一下自身的实际情况。像东施那样，装模作样，盲目模仿，生搬硬套，不但会适得其反，还会让人讨厌。

曲突徙薪

有位客人到某人家里做客，看见主人家的灶上烟囱是直的，旁边又有很多木材。客人告诉主人说，烟囱要改曲，木材须移去，否则将来可能会有火灾，主人听了没有作任何表示。

不久主人家里果然失火，四周的邻居赶紧跑来救火，最后火被扑灭了。于是主人烹羊宰牛，宴请四邻，以酬谢他们救火的功劳，但并没有请当初建议他将木材移走、烟囱改曲的人。

有人对主人说："如果当初听了那位先生的话，今天也不用准备筵席，而且没有火灾的损失，现在论功行赏，原先给你建议的人没有被感恩，而救火的人却是座上客，真是很奇怪的事呢！"主人顿时省悟，赶紧去邀请当初给予建议的那个客人来喝酒。

大道理

俗话说："预防重于治疗。"要防患于未然，否则酿成大患晚矣。由此观之，问题的预防，应该是先于问题的解决。

伯乐怜马

有一匹千里马老了，拉着盐车上山。它吃力地伸着蹄子，弯着膝盖，尾巴下垂，脚掌也烂了，口吐白沫，浑身汗水直流，在半山坡上挣扎，驾着车辕不能继续上山。正巧伯乐看到了，他赶忙跳下车，抚摸着这匹马心疼地哭起来，并脱下自己的衣服盖在它身上。这时，千里马低着头，喷着鼻子，仰起头长鸣了一阵，洪亮的声音直达天际，好像是从钟磬之类乐器发出的声音一样。为什么这匹马会这样呢？因为它感到伯乐是它的知己呀！

大道理 千里马常有，而伯乐不常有。这种之于才俊的悲哀，也造就了“英雄无用武之地”的悲剧结局。

许金不酬

济水南面有一个商人，渡河时他乘的船翻了，他抓着浮在水面上的枯木大喊救命。有个打鱼的人听到了，赶紧驾船去救他。

船还未开到，这个商人就大声呼叫：“我是济水一带的大富翁，你如果能把我救起来，我酬谢你 100 两金子。”

于是渔翁把商人救上了岸，商人却只给他 10 两金子。

渔翁说：“你起先答应酬谢 100 两金子，现在只给 10 两，这恐怕不行吧？”

商人听了勃然大怒，说：“像你这样打鱼的人，打一天鱼能得多少钱呢？而现在一下就得了 10 两金子，为什么还不知足？”渔翁没办法，只好十分沮丧地走了。

过了一些日子，这个商人从吕梁河顺流而下，船碰到石头上又沉了，恰好这个渔翁又在场，人们对渔翁说：“你为什么不去救那个商人呢？”

渔翁回答道：“这是一个口里许诺给酬金而实际上不肯给酬金的人。”说完袖手旁观，眼看着河水把商人淹死了。

大道理 如果把金钱置于信用之上，不但无法留住金钱，有时甚至还有性命之忧。只有诚信，才能得到别人的信任和支持，不然最终会被人抛弃。

第三篇

小幽默 大道理

父女对话

公共汽车上，一个不到六岁的小女孩很认真地对她的爸爸说：

“爸爸，我不想死。”

“好的，只要爸爸不死，就保证你不死。”

“可是爸爸会死吗？”

“只要爷爷奶奶活着，他们会保证爸爸也不死。”

“可是爷爷奶奶会死吗？”

“那是他们的爸爸妈妈的事了，爸爸可管不了……”

小女孩愣了神。孩子的父亲刚深吸一口气，还没有来得及为刚才的急中生智自得，问题又来了：

“爸爸，叫妈妈再给我生个小弟弟吧。”

“要小弟弟干什么？”

“有人陪我玩啊。”

“那你跟你妈妈说说吧。”

“妈妈说要我跟你说。”

“要弟弟干什么？爸爸穷，养不起他。”

“可是我就是想要个小弟弟啊。”

“那……你可要想好了，他可要跟你一起吃苹果、巧克力，还要一起喝可乐、雪碧。”

“可以啊，你买两份。我们一人吃一份。”

“什么？都说了爸爸穷了，你要把你的一份分给他一半。”

“那……那我还是不要小弟弟了吧。”

说到这里，做父亲的脑门上开始见汗，从女儿手里拿过可乐瓶子，刚想喝一口。女儿又说话了：

“爸爸，我不想生孩子。”

“啊？为什么呀？”

“生孩子多疼啊。”

“你怎么知道的？”

“电视里演的，都是疼得直哭呢。”

“哦！只要你不想生就行，你不同意就没人能叫你生孩子。”

“可是我们班程程说不管想不想，女人都得生孩子。”

“你信他说的干什么？”

“爸爸，程程说了，他长大以后要跟我结婚。”

大道理

对孩子的教育不应该完全侧重在知识的灌输上。金钱、性、生死等严肃的问题也没必要避讳，而应该正确地去引导，毕竟这些事情孩子总有一天要亲自去面对。

捉糊涂虫

有个地方官常常胡乱断案，老百姓称他“糊涂虫”，还到处张贴嘲笑他的诗：“黑漆皮灯笼，半天萤火虫。粉墙画白虎，青纸写乌龙。茄子敲泥磬，冬瓜撞木钟。天昏与地暗，哪管是非公。”

他看到后，立即传令差役说：“人们都在怨恨糊涂虫，本官限令你们三天内捉三个来，少一个不行！”

差役只得喏喏退下，硬着头皮出去办案。忽见路上有个人头顶着包骑着马走，便问：“喂，为啥不把包放在马上？”

回答说：“顶在头上，马可以省力些。”

差役说：“这人可算糊涂虫了。”立即将之拿下。

来到城门边，又见有个人擎着一根竹竿进城，竖拿着，比城门高；横拿着，比城门宽。横竖不得进门，便站在那里干着急。差役想："这人也是个糊涂虫！"也立即把他拿下。捉了两个，还差一个，寻来寻去寻不到，只得先把两个带回。

地方官马上升堂问案。对第一个，他判断说："你头顶着包骑马，还说省马力，真是糊涂！"对第二个又下判断："你手拿竹竿进城，竖进，城门矮；横进，竿长。为什么不把竹竿锯断？可见也是糊涂虫。"

差役连忙跪上前禀告："老爷，第三个糊涂虫也有了！"

地方官问："在哪里？把他带上来！"

差役答道："只等下一任老爷到来，小人马上把他捉来。"

大道理

世人皆醉我独醒。你醉，他醉，就是看不到自己的醉态。这样的人其实是最可怜的糊涂虫。生活工作中，总是用一种挑剔的目光看别人的错，就是看不见自己的毛病，这样的人又怎能进步呢？

被抛弃的人

曾有一个被女朋友抛弃的男子，对好友数落了一大堆前女友的不是，连各种不堪入耳的难听话都骂出来了。

过了没多久，他们居然复合，而且很快结了婚。

后来再遇到好友，这位男子很不好意思地说，当时他讲的都是气话，希望对方能忘掉。

"只是我不懂，你当时为什么那样恨她？"好友不解地问。

"我不去恨，又怎能忘得了她呢？"

大道理

"恨"是一剂毒药，非但不会医治好你的创伤，反而会将你人生的乐趣一点点地吞噬干净。

母子对话

“宝儿，你怎么现在就放学了？”

“妈，我刚才往家里打电话，怎么没人接？”

“我和你爸都在洗澡间里。又发生了什么事？”

“王老师这个老眼镜，今天又诬蔑我！”

“到底是怎么回事？”

“今天上历史课，王老师一进教室就问我圆明园是谁烧的。我摇摇头，说反正不是我烧的。他就生气了，将我赶出教室。”

“天哪！这王老师怎么总跟我儿子过不去啊？我家又没和他结仇。上回问我儿子是谁烧的鸦片，也就是白粉，一克白粉值那么多钱，谁舍得烧？后来查出是一个姓林的傻老头烧的，不然我儿子可要背大黑锅了！今天又怀疑我儿子把谁的什么园子也烧了。你想，这不是掉脑袋的事儿嘛。宝儿他爸，你这个百万富翁当得真够窝囊，连一个穷教书的也敢欺负你！”

大道理

有时候，面对那些口袋满满脑袋空空的人，心里真是有好多种说不出的滋味。在领会过他们诸如幽默中那样对子女“独特”的教育方式后，各种滋味就只剩下了一种：苦涩！

先放盐还是先放油

邻居新婚，家庭设施十分豪华，应有尽有。只是小两口乃现代派青年，以前从不沾厨房琐事，婚后一日三餐，牛奶、蛋糕、下馆子，生活过得十分洒脱和惬意。

一天，新娘休息，欲试试烹饪手艺。瓜菜想当然地洗切一番后，刷净钢锅，点火，打开油瓶盐缸。此时她才想到一个小问题，那就是她不清楚炒菜先放盐还是先放油。这可难倒了新娘。眼看锅已烧热，如何是好？幸亏新娘聪明，柳眉一皱，想到了妈妈。

急忙拨通电话：“张阿姨，我妈妈在吗？”

“她在开会。”

“快帮我叫她出来，我有急事！”

当妈妈的慌慌张张出来接过话筒：“宝贝儿，怎么了？”

大道理

不经过磨炼的翅膀，飞不上万里高空。过分地依赖于别人，永远掌握不了生活的真谛。

“妈妈，急死人了。我正要炒菜，锅都烧红了，不知是先放盐还是先放油？”

做妈妈的擦了擦额前冷汗，舒了口气：“唉，先放油嘛。”

“好的，谢谢妈妈。”

新娘拿起油瓶就倒，油一接触已经烧红了的铁锅后烟火聚起。新娘大惊，连声尖叫，好在倒出的油不多，燃烧一阵也就灭了。

新娘芳魂稍定，寻思：妈妈肯定说错了，不能先放油，那会着火的。

她站在离锅远远的地方，将一勺盐扔到锅里。还好，仅仅“噼啪”响了几下，再把菜倒入，举铲翻炒。一会儿，倒入油，竟未起火。

“哦，这就对了。”新娘恍然大悟，不禁娇嗔道：“妈妈真是，白做了几十年饭菜，连炒菜先放盐都不懂。”

当然不吵

“大夫，我和妻子都是脾气很暴躁的人。我们一天不吵架日子就过不下去。我应该怎么办？”

“我认为，根本原因是你们精力过剩。先生，我建议你一天至少要步行 10 公里。两星期之后打电话给我，告诉我事情有什么进展，好吗？”

半个月之后，那位先生又打电话给医生。他兴奋地通过话筒对医生喊道：“谢谢你，大夫，这一切简直太了不起了。”

“和夫人怎么样？还吵架吗？”

“当然不吵了，要知道我已经离家 150 公里远了。”

大道理

在解决问题前，听取他人的意见是必要的。但对于别人说的话，要领会实质，而不能单从表面上去理解。那样，不但不能解决问题，反而会离要解决的问题越来越远。

想离婚的女人

一位女士愤愤不平地告诉心理医生，说她恨透了自己的丈夫，因此非离婚不可。心理医生向她建议："既然已经走到这个地步，我劝你先尽量想办法恭维他，讨好他。当他觉得不能没有你，并且以为你深爱他时，你便断然跟他离婚，让他痛苦不堪。"

女士觉得心理医生不愧为专家，给她出的点子倒蛮新鲜的。

几个月过后，女士又回来找医生，说一切进行得都很好。医生说："行了，现在你可以办理离婚了！"

"什么？"女士说，"离婚？才不呢！现在我从心底里爱着我的丈夫哩！"

大道理

如果恨不能解决你的问题，何不试试用爱？在爱中你或许会有更大的发现和收获，而且你将真正明白那才是最有效的途径。

报　复

小丁酷爱看侦探剧，从戏开幕的第一分钟起，他就在找寻凶手，不漏过一个可疑的词，不放过一处伏笔。这天小丁又去剧院，戏名叫《公园街谋杀案》。当包厢侍者引他到座位上时，大幕正好拉开。

“您对座位满意吗？先生。”

“当然，谢谢。”

“我把您的帽子送到衣帽间好吗？”

“不，谢谢。”小丁想他该走了，但是并没有。

“您要一份节目单吗？”

“不，谢谢。”

“那上面带剧照。”

“不，谢谢。”

“或者一个望远镜？”

小丁生气地拒绝了。侍者又问要不要巧克力饼，要不要一瓶香槟……剧情开始紧张了，小丁又气又急：“不，什么也不要，你忙你的去吧。”

他终于发现在小丁这儿赚不到一文小费，于是给了小丁一个可怕的报复——他伸手指着舞台，用充满神秘的声调在小丁耳边说：“告诉你吧，凶手就是那个园丁。”

大道理　所谓的怨恨，有时只是因为自己付出的劳动没有得到回报。而报复，往往又都披着友善的外衣。

请妻子圆梦

一个新婚丈夫知道妻子非常相信梦，想戏弄她一下，便对她说：“昨晚我做了一个梦，梦见自己在村头的河里洗澡。不知那是什么预兆？”

“哦，洗澡可是个好梦，意味着你将成为一个大官。”妻子高兴地说。

“有可能，我洗澡的地方不是正好在村头，而是在离村头稍微远一点的河上游。”

“如果是那样，预示着你将当百户长。”妻子高兴地说。

“有可能，不过我说的还不很正确，因我洗澡的地方还得往上游一点。”丈夫说。

“哦，你还有可能当上县官。”妻子兴高采烈地说。

“还得往上点。”。

“哦，那是当宰相的征兆。”妻子惊喜地说。

“如果是再往上一点呢？”

“哦，你就可能当国王了！”妻子跳了起来。

“太好了，到时我就可以娶 40 个妻子了对吗？”丈夫问。

“该死的，胡说些什么呢？”妻子不高兴地说。

大道理

贫贱夫妻恩爱久，富贵伴侣是非多。幸福是一个很怪的东西，经常会嫌富爱贫。她喜欢隐藏在夫妻间相互依赖同舟共济的艰辛当中，起伏于风雨中的跋涉。而彩虹当空时，如果把握不好，幸福便会悄然隐退。

大事与小事

妻子："亲爱的，要让我们今后的生活甜甜蜜蜜，以后所有的大事都由你来决定，而所有的小事都听我的安排，怎么样？"

丈夫："那么，具体讲哪些小事听你的安排呢？"

妻子："我决定应该申请什么样的工作、应该住在什么样的房子里、应该买什么样的家具、应该到哪里度假诸如此类的事儿。"

丈夫："那么哪些大事由我来决定呢？"

妻子："你决定谁来当总统、我国是否应该增加对贫穷国家的援助、我们对原子弹应该采取什么样的态度，等等。"

大道理

一位婚姻专家曾经说过：夫妻之间无大事，夫妻之间也无小事。家庭中任何事只要是在相互尊重、关爱对方的基础上，都会变得容易解决。

学会结婚

一男子提出想结婚，但不知道结婚有哪些仪式，该如何进行，于是他向父亲求教。

父亲说："你去找礼仪司，他怎么说，你照着做就行了。"

于是男子找到了礼仪司。礼仪司问他："兄弟，有什么事吗？"

"兄弟，有什么事吗？"男子学着问。

"喂，你怎么这样回答我的问题？"礼仪司说。

"喂，你怎么这样回答我的问题？"男子还是学他。

"你疯了吗？"礼仪司怒斥道。

"你疯了吗？"男子学他问道。

礼仪司还以为男子在愚弄他，怒不可遏地举起手狠狠地打了男子一巴掌。男子也愤怒地还了礼仪司一记耳光。

于是，二人扭打起来。

……

大道理

知识不是机械从别人那里学来的，需要自己用心去学习。不要轻易过早地下结论，只有用灵活的头脑去学习，才会学到真正的知识。

当男子垂头丧气地回到家时，父亲急忙问："孩子，你学会结婚了吗？"

"如果结婚是你骂我、我骂你，你打我、我打你的话，我已经领教了，我不敢结婚了。"男子摇晃着脑袋说。

动手术的地方

在公共汽车上，一青年男子目不转睛地盯着一个穿迷你短裙的美女。等到车上乘客稀少时，他鼓起勇气上前搭讪说："小姐，你的腿漂亮极了，我给你1000元，你再将裙子拉高3厘米，好吗？"

"这很容易。不过，既然你要付钱，干脆给我2000元，我让你看到我动盲肠手术的地方。"

"好呀，太棒了！"男子兴奋得近乎手舞足蹈，痛快地将2000元交给美女。这时公共汽车刚好停在一家医院门前。美女手指窗外说："喏，你看，就是这里。这里就是我动盲肠手术的地方。"

大道理

面对矛盾和危机，聪明的人首先会选用迂回策略避其锋芒，巧妙运用"四两拨千斤"的办法予以化解。

最后一个故事

有三个人一同到纽约度假。他们在一幢高层酒店的第45层订了一个套房。这天晚上，大楼电梯出现故障，而三人此时正在底层用餐，于是服务人员就安排他们在大厅过夜。他们商量了一番后，决定徒步爬楼梯回房间，并约定大家轮流说笑话、唱歌或讲故事，以减轻登楼的劳累。

笑话讲了，歌也唱了，好不容易爬到第40层，大家都已感觉精疲力竭。

"好吧，彼德，现在该轮你来讲个幽默故事了。"

彼德说："故事不长，却令人伤心至极：我把房间的钥匙忘在大厅了。"

大道理

人生不如意之事十有八九，命运总是不经意地和我们开着不大不小的玩笑，关键看你怎样去面对。许多事既然已成事实，懊悔远不如一笑置之。

把牛赶走

一天晚上，三个校长一起散步，交流工作经验。突然间，有一头牛挡住了去路。怎么办呢？

甲中的校长说："我来吧，肯定把它赶走！"他对牛大声说："你这个打靶仔，敢挡住我去路，我放烂仔打死你！"可是那头牛听完他的话无动于衷。

乙中的校长说："你不行的，我来吧，它一定走。"就听他对牛说："乖，如果你能让一下，我包你就读最好的大学。"那头牛仍然无动于衷。

丙中的校长说："你两个都不行的了，还是看我的吧。"只见他对那头牛小声说了几句，那头牛马上跑开，转眼就无影无踪了。

甲中和乙中的校长都羡慕不已，马上问丙中的校长刚才对牛说了什么。

丙中校长说："没什么，我只是告诉它说它可以不走，但要跟我回丙中去读书。"

大道理

现在有好多孩子厌学，个中原因不尽相同，如压力过大、学习方法枯燥乏味，等等，这里不再列举细说。我们总说关心孩子的身心健康，但却往往只重视身体方面而忽略了心理，现在更多的时候，我们已经不再把孩子真正当成"孩子"来看待和要求了。

作　业

老师拿出作业本对张三说："张三，我要把你的作业拿给你的爸爸看，让他知道你的作业究竟有多糟，让他给你一个沉重的教训，让你知道什么是难为情。"

张三满不在乎地说："我才不会难为情，我爸看了以后自己才会难为情呢！"

老师很奇怪地问道："怎么回事？"

张三说道："那是我爸做的！"

又过了几周，老师发下作业本后对张三说："张三，这次你的作业全对了，是怎么回事？"

小张三很气愤地回答："我爸昨晚打麻将，整夜都没回来，我只好自己做了。"

大道理

我们可以像爱惜自己的双手一样爱惜我们的孩子，但绝不能总是充当孩子的双手。

肉麻的情书

有一个女孩子收到一封情书，就在客厅朗诵其中的诗句给家人听。起初父亲装作专心看报，后来他实在受不了了，大声地说："真是太肉麻、太虚伪！"

妈妈悄悄把女儿叫到自己房间，母女俩关上房门嘀咕了一番。等两人回到客厅时，当爸爸的还在生气："真是太荒唐，拿肉麻当有趣！"

女孩子笑着说："这里还有一封信呢！"接着她就高声地念："你是我冬天的怀炉、夏天的凉爽冰，带来我无数的温暖和凉快；听到你美妙的声音，让我知道什么叫做黄莺出谷；看到你迷人的嘴唇，让我知道什么是幻想。啊！我的爱，我痴痴等你这么长时间，但是，我愿意再等下去，直到你给我嫣然一笑！亲爱的，我要永远和你长相厮守！即使石门水库干涸，日月潭没水，我也永远不变心……"

"哇！果真够恶心，使其他情书都相形失色。太荒唐，肉麻透顶！肉麻透顶！"爸爸对女儿说，"就凭这种无耻的信，你也绝对不要去约会，再不要理那臭小子！"

女孩子笑笑，然后把那封情书递给爸爸。就见情书的落款日期是 1965 年 3 月 6 日，收信人是妈妈，寄信人是爸爸！

大道理

每个人都有过激情燃烧的热恋季节。不要轻易地去责怪别人，多一分宽容，这世界就会多一丝光亮。

换个地方

霍森先生和他的妻儿们开着一辆老爷车去郊游，车子竟在铁路的交岔道口上抛了锚，而远处已经见到一列火车正向这边开过来！

妻儿们都呼喊着要赶快弃车逃命，但霍森却坚决不肯。他说：“把值 6000 块钱的汽车留在铁轨上，我不干！你们如果能保持镇静，我可以让车子重新发动……”

弄了好一会儿，汽车依然不动，而火车越来越近了。妻儿们不顾一切地翻身跳出汽车逃命，霍森却不为所动。

眼看就要撞上火车了，霍森突然高叫：“罗丝，万一我死了，记住保险箱的钥匙在我书房的莎士比亚全集后面……”

火车及时刹车，霍森幸免一死。他自语道：“现在我又要另找一个藏钥匙的地方了。”

大道理

当生命都不复存在时，要金钱又有何用呢？有位专家说得好：“1”是健康，婚姻、事业、金钱就是后面一个又一个的“0”。当“1”在时，后面的“0”越多代表你的人生越丰富；而前面的“1”不在了，后面的“0”再多，你的人生也还只是一个“0”。

鬼　火

在一个漆黑的夜里，有个人赶夜路，途经一片坟地。

微风吹过，周围风声簌簌，直叫人汗毛倒竖，头皮发麻。就在这时，他忽然发现远处有一点红色的火光时隐时现。他首先想到的就是“鬼火”。于是，他战战兢兢地捡起一块石头，朝亮光扔去。只见那火光飘飘悠悠地飞到了另一个坟头的后面。他更害怕了，又捡起一块石头朝火光扔了过去，只见那亮光又向另一个坟头飘去。此时，他已经接近崩溃了。于是，又捡起了一块石头朝亮光扔去。

这时，只听坟头后面传来了声音：“这是谁呀？上个厕所都不让人痛快。一袋烟工夫竟砸了我三次。”

大道理

恐惧由心而生。我们往往是在自己吓唬自己的同时，做出有悖常理的事情。

治疗失眠

有一对夫妇经营着牧场。由于过度操劳，丈夫患上了失眠症。

丈夫常常整夜睡不着觉。于是妻子告诉他，睡不着觉时就躺在床上默默地数羊，便会慢慢地睡着。

他依法试了，仍不奏效。妻子便出主意：

“你准是太心急了，必须专心一意地数，并且数到 1 万才会有效。今晚你再试试。”

第二天早晨，丈夫恨恨地说：“仍是一夜没睡着！我数完了 1 万只羊，剪了羊毛，梳刷妥当了，纺织成布，缝制成衣，运往美国，全都卖出去了，整笔买卖赚了 3 万元！”

大道理

要学会变通，不要钻牛角尖。一条路跑到黑不一定会有好的出路，如果一个方法行不通，那我们就不妨换另一种方法，用另一种思维去思考，这就是为什么聪明人总能找到解决问题的办法的原因。世上只有想不到的办法，没有解决不了的问题。

大学法律课

法律老师有个癖好，喜欢提问，提问之前必高声重复一遍问题。有一次正在上《民法通则》，突然老师又提高声音开始提问，所有同学都恐惧地盯着老师，唯恐被喊到。

“1 班 25 号！”老师喊道。

一片沉默（张三正在发呆）……

“25 号张三！来了没有？”老师重复道。

刷！整个教室的人都看着张三。

“没来！”张三大叫。

全班人都愣了！不过很快又开始佩服张三的勇气和聪明。

“因为什么没来？”老师又问。

“他病了！”张三无奈只得撒谎，全班一阵哄堂大笑。

“你是他宿舍的吗？”对于莫名其妙地大笑，老师也被搞糊涂了。

“是的！”面对老师的盘问，张三脸都绿了。

“太不像话了。回去告诉他，让他下午到办公室来找我！”全班同学又是一场大笑。

“好。”张三头皮都开始发麻了，心想下午找谁替我去挨骂呢？就李四吧，唉，又得请那小子吃一顿了。

张三正在为逃过一个问题而庆幸，老师又补充道：“那这个问题你替他回答吧？”

“啊？”张三极不情愿地站起来，郁闷之情可想而知。

“老师，能不能重复一下您问的问题？”

“这个问题我已经重复了三遍了，你怎么上课的？”

“不好意思，我没听清！”张三额头上已经有汗珠了。

“那好我再重复一遍……”

“我，报告老师，这个问题我不会回答。”张三想反正是一死，何必死得那么窝囊呢，于是理直气壮起来。

“那好，下午两点钟你和张三一起到我办公室来！”

大道理

是福不是祸，是祸躲不过。该自己面对的时候，要勇于承担所面临的问题！逃避无法解决问题，只会使问题越来越复杂。

寄包裹

王排长按照女友“指示”选购了好几样得意礼物。星期天，他打算给女朋友寄去，于是精心做了一个木盒子，还伏案写了一封深情的信。

吃完早饭，他匆匆来到邮电局。可是按规定，所寄的包裹中不能夹带信件，但他觉得把信和物品放在一起，意义不一样。邮局的服务员小姐检查过木盒子后，便吩咐他如何把木盒子钉好，自己则专心致志填写包裹单了。

王排长的心一直很紧张，越是紧张，手就越不听使唤。他的眼睛死死盯着服务员小姐，生怕她发现秘密。他趁小姐埋头书写时，迅速从裤袋掏出那情书放在盒子里，直到把盒子钉好，没露蛛丝马迹，他才松了一口气。

一切都办妥了，他心情格外舒畅，哼着歌儿，连蹦带跳跑回部队。晚上，王排长洗澡换衣服，掏裤袋时，他纳闷儿了，信怎么没有寄走呢？细细一想，他直拍大腿：“该死，把上厕所的手纸塞到里面寄走了。”

大道理

情急之下最容易办错事，在日常生活中并不少见，也闹出过不少的笑话。粗枝大叶的人，往往会把一件好事弄成一件坏事。

钓　鱼

一个酒鬼喝醉后，突发奇想要去冰上钓鱼。他带上工具出发了。很快他便找到一片很大的冰，于是坐了下来，开始凿洞。

突然他听到有个声音传来：“你在下面不会找到鱼的。”

酒鬼四下里看了看，没有人嘛，他又开始凿冰洞。

那个声音又再次响起来：“我已经告诉你了，那下面没有鱼。”

酒鬼上上下下张望，还是看不到人，他又埋头苦干。

第三次声音响起来：“我已经警告过你三次了！那里没有鱼！”

酒鬼火了：“你怎么知道没有鱼？你以为你是上帝吗？跑来警告我？”

“不！”那个声音回答，“我是这家溜冰场的经理。”

大道理

醉酒后神志不清难免会干蠢事，惹来嘲笑。有些人即使没醉酒也总是可以找出歪理，为自己辩解。世上最可怜的莫过于愚蠢而不自知的人，别忘了，我们的一切行为都在别人的监督中。

往头上爬

有一个县太爷的老婆姓伍。一天，她设宴招待县里官吏的眷属。席间，她问县丞老婆："尊姓？"

县丞老婆答道："姓刘。"

县官老婆一听，心里很不高兴。她想，我男人比你男人官儿大，你的姓怎能比我的大呢？她勉强压住火气，又扭头问主簿老婆的姓氏。

主簿老婆答道："姓戚。"

这一下县官老婆的火可压不住了，一拍桌子，拂袖而去。

她跑到自己男人那儿告状说："我姓伍，她们偏说姓六、姓七。再问下去，说不定还有姓八、姓九的呢。这不是有意要往我头上爬吗？"

大道理

别把他人当作是自己的对手。往往很多时候，我们都在很牵强地为自己树立着敌人，结果把自己弄得很累。把一切看得单纯些，不要自己和自己过不去。

接受任务

海军陆战队队员吉姆被叫到总部接受任务。

"下一步，总部决定对 20 年以来的文件进行一次彻底的清理，所以将会需要多名打字员，希望你能够胜任这项光荣的工作，不过首先我要考一考你。来，把这篇文章打一遍。"长官说完递给吉姆一页文稿。

吉姆接过文稿坐到打字机前，心里琢磨着：自己要是考试合格，接下来的日子可就完了，每天在办公室里做这不是大老爷们做的活儿，真是比挨敌人枪子儿还难受。

于是，吉姆便慢慢腾腾地在那儿敲，短短的一篇文稿足足敲了一个多钟头，而且还故意敲错很多地方。敲完后吉姆把稿子交给长官。

长官扫了一眼稿子后高兴地说道："很好，你被录用了，明天早上 8 点来总部正式报到。"

"可……可是……可是你还没有仔细看过我打的这份稿子呢。"吉姆着急地提醒道。

"不必了，坦白地说吧，当你走到打字机前坐下的时候，你就已经通过考试了，因为你至少还分得清什么是打字机。"

大道理

很多事情在很多时候并不会按照我们主观的愿望发生发展。始终保持一颗平常心，随遇而安是智者的选择。

飙　车

有一个人，去郊外办事，为了看风景，他选择了骑车。

于是便向朋友借了一辆“二八车”。他骑着骑着有些累了，心想干脆搭一辆车走吧！这时开过一辆保时捷，他把这车给拦了下来。

他对司机说：“拉我一程好吗？”司机点了点头。他接着又说：“那我的车怎么办？是向朋友借的，还要还呢。”

司机说：“这么着吧，我车上有绳子，我拉上你。”

“那怎么行，你的保时捷不把我拉飞了？”

“没事的，我只开30迈，如果快了你就摇铃。”

“好吧！”

开始还真的一直开30迈。后来一辆宝马车“嗖”的一下超过了保时捷。

保时捷司机说：“过分！宝马也敢超我！”说完他就踩足油门开足马力去追宝马。

过一个十字路口时，一个警察醒过神后向上级汇报说：“我站了一辈子岗，从来没见过一辆保时捷和一辆宝马飙车，后边还有一辆二八自行车摇着铃要超车。”

大道理

一时心血来潮的争强斗勇，人皆有之，而很少有人能看破“无争即是胜”的道理。

接 班

这天晚上下班，张强骑着摩托车往家赶。路过一座大桥的时候，无意中发现一个乞丐提着一个鼓鼓囊囊的破包走到桥下。张强心想，这个乞丐到桥下干什么呀？就故意放慢了速度。就见那个乞丐来到一个桥洞里，东看看，西望望，然后拆下一块桥砖，从破包里一把一把往桥洞的一个大窟窿里装东西。装完了，又把砖放回原位。张强明白了，这个乞丐准是把一天要来的钱全存在这里了，这是他的私人银行！想着，就骑着摩托车走了。

第二天晚上下班，张强又看见了那个乞丐，还和头天一样，仍然往桥洞的大窟窿里放东西，放完后，看看四下无人，就上桥走了。张强心说，这家伙把钱放这儿也不怕别人给拿走？准是钱不多！想着，张强又回家了。

第三天，那个乞丐还跟以前一样，往桥洞里放完东西就走。张强的心里不免有些痒痒，这么多天了，那窟窿里得存多少钱了呀？要不到桥底下看看去？

张强一看那个乞丐走远了，就下了摩托车，把摩托车锁好，悄悄来到桥下，仔细一看，桥洞上有一块砖是活动的，用手把那砖抠出来往里一摸，好家伙，里边满满当当一大堆纸币。张强心怦怦直跳，四下看看，没人，就跑到摩托车上拿来自己的包，把那些钱都从大窟窿里掏出来往包里装。正装着，公路上传来一阵汽笛响，吓了张强一大跳，赶紧躲到桥洞深处。不一会儿，一辆摩托车从桥上开了过去。张强一直等到没了动静，这才把洞里最后一张纸分币放到包里，走出桥洞回到公路上。

出来一看，他新买的那辆一万多块钱的摩托车没了！低头见地上有张纸条，捡起来一看：谢谢哥们儿，我终于有接班的了，桥底下这大窟窿归你了，到时候还会有人给你送摩托车来，不过你可得看准喽，别弄个水货骑回家！

张强当时就瘫下了。

大道理

贪小便宜吃大亏，“人为财死，鸟为食亡。”这些道理我们都明白，但若真能做到“君子生财，取之有道”就不是一件容易的事情了。

好　奇

有个乡下人到纽约，发现到处都立有一种大柜子，只要往柜子上的一个孔里塞入25美分的硬币，机器下面的洞里就会掉出很多的东西——有时是一罐可乐，有时是一包香烟。

乡下人觉得这东西很神奇，于是每次见到都忍不住要塞上个硬币试试，结果他很高兴。由于他喝了太多的可乐，需要找个厕所，令他惊讶的是，连厕所的门也是可以塞上个硬币就自动打开的。完事后无意中他发现厕所边上还有一个很不起眼的机器，上面也有个看来是塞硬币的孔，却没有像别的机器能掉出东西的那种洞。机器前方半人高的地方只有一个手状的东西。

乡下人不禁浮想联翩，很想试试，可搞不明白这机器怎么用。正发愁时，有个男人急匆匆地捂着裤子拉链向机器走来。乡下人灵机一动，决定走开一点偷看这人是怎么做的。

只见那人站到机器前，使劲把腹部贴近机器，好像仔细地在把什么东西放进了那个形状奇怪的东西旁，然后塞了个硬币。很快，那人系好裤子，满意地走开了。

乡下人不假思索，马上冲上去如法炮制。放入硬币，机器停了两秒钟。然后就听"砰"的一声，乡下人跳了起来，低头一看，终于发现投币孔下面的一行小字：本钉扣机使用7号黑色纽扣……

大道理

新奇的事物总能勾起人们的兴趣，让人跃跃欲试。人们总是被神秘所吸引，有一种了解的渴望。一般人却只看到皮毛，而看不见精髓。

比　富

在一列开往欧洲的火车上，同一车厢里坐着一个俄罗斯人、一个古巴人、一个美国商人和一个美国律师。途中，俄罗斯人取出一瓶伏特加酒，逐个给大家斟酒，然后将剩下的半瓶酒往窗外一甩。

"你这样不是太浪费了吗？"美国商人惊奇地问。

"俄罗斯有的是伏特加，"俄罗斯人非常骄傲地说，"我们根本喝不完。"

过了一会儿，古巴人拿出几根哈瓦那雪茄分给同伴，他自己也点燃了一根，可没吸几口就把它扔出了窗外。

美国商人又奇怪地问："我想古巴的经济并不怎么景气，为何这么好的雪茄就给扔了呢？"

古巴人满不在乎地说："在古巴，我们有的是雪茄，怎么也抽不完。"

美国商人沉默了一会儿，突然站起来，抱起身边的律师，硬把他塞出了窗外。

大道理

无论何时何地，人的攀比之心不可有，它会引诱你走向绝地，做出失去理智之事。攀比，会令你在欲望的牵制下一步步落入陷阱。

傻子学父

很久以前，有个傻子的邻居死了一头牛。牛是庄稼户的宝，所以邻居很伤心，失声痛哭。傻子的父亲就劝他说："牛死了又不能复活，哭有什么用？倒不如把牛皮剥下来，做鼓皮；把牛肉卖了，这样就有钱再买牛了。旧牛换成新牛，不是很好吗？"

邻居听了，觉得有道理，就依照傻子父亲的话去做，并送他一块牛肉表示谢意。傻子看了这件事，很佩服父亲，决心要学父亲的样子。

一天，傻子外出，看到有个人死了父亲，伤心得号啕大哭。

傻子就走过去劝他："人死不能复活，哭有什么用？倒不如把人皮剥下来，做鼓皮；把人肉卖了，这样就有钱再买个父亲了。旧父换新父，不是很好吗？"

傻子说完话后，还自以为得意，准备得到奖赏，没想到那人立即赏给他一顿拳头。

大道理

照猫画虎、生搬硬套别人的经验是可笑的。别人的经验，并不能成为你猎取成功的信条。对时刻发生变化的周围环境不掌握，若还是一味依赖于别人的经验，不灵活对待，势必会走进死胡同。要知道，在某些时候，经验往往是陷阱。

不能久等

妈妈走进房间，叫两个女儿帮她准备午餐。这时候，姐姐娜塔莎正在看一本有关非洲的书，妹妹奥莉姬正在玩耍。奥莉姬听见妈妈呼唤，就走进了厨房。过了几分钟，她回到房间里，叫娜塔莎去帮忙。

娜塔莎回答说：“我不在家！现在我身处非洲。这里棕榈树盛开着花朵，美丽的鹦鹉自由自在地飞翔。”

奥莉姬听了这话，转身走回厨房。过了一会儿，她又回到房间里来玩耍。

娜塔莎见妹妹嘴里嚼着东西，连忙问道：“你在吃什么？”

“我在吃冰淇淋，这已是第二块了。刚才我吃的是我自己的一块，现在吃的是你那一块。”

娜塔莎一听，生气地说：“为什么要吃我的冰淇淋？”

奥莉姬说：“妈妈说，不知你什么时候才能从非洲回来，时间长了，冰淇淋是会融化的。”

大道理

有好多时候，我们自己错过了机会。因为，我们全神贯注地被一种事物吸引，而忽视了其他。面对机遇，要学会分析，及时抓住，为己所用。

戒 烟

同事张某，为人认真，做事一丝不苟。他烟瘾颇大，日食香烟两包。一天他下决心开始戒烟。他认为做事要循序渐进，戒烟先从减少每天吸食香烟的数量开始。

他决定从星期一起每天限量一包，为了避免超量，他打开一包香烟用铅笔细心地在每根香烟上标上时间——这一根是早上 8 点吸的，写上 8：00；下一根应该在 8 点半吸，写上 8：30，等等。

看来效果不错，到上午 9 点 30 分的时候他只抽了 4 根烟。快 10 点钟了，他开始抓耳挠腮，几次想去摸香烟都强忍住了。

10 点整他痛痛快快地抽了一根烟，10 点

大道理

形式和内容是相辅相成的关系。形式给内容美容，但不能代替内容。所以，任何事情都要注重内容，不要在形式上下功夫。追求形式的人，到最后会发现那是自欺欺人。

10分又开始坐立不安。10点15分他终于下了决心，走过来向我说："小李，给我一根香烟抽。"

"你自己不是有香烟吗？"小李不解地问。

"我的香烟还没有到点。"他理直气壮地说。

南瓜和骏马

皇宫里着了大火，乱作一团，连伙食供应都出现困难。这时，有个好心的乡下人进城卖南瓜，便挑了个特大的送了进去。可巧，这个瓜被皇帝看见了，很高兴。为了报答乡下人，皇帝赏了一匹壮马给他。

不久，这件事被财主知道了。他想："这穷棒子一个瓜便得了匹马，我要是送一匹马进去，那还说不定得到多大的赏赐呢！"

于是，他从马房里挑了匹最壮的马，连夜送给了皇帝。皇帝想了想，把马收下，然后微笑着对随从说："为了报答这位好心的财主，就把那位庄稼人送我的南瓜赠给他吧！"

大道理 雪中送炭式的友谊最值得珍惜。我们与人为友，应当选择那些在危险时能够站在我们旁边作为同盟的人。

瞎争成癖

有个营丘人，虽学识浅陋，却总喜欢跟人家瞎争。

一天，他问艾子："大车下面和骆驼的颈项上，大都挂着铃，这是为什么？"

艾子说："大车和骆驼都是很大的东西，它们在夜里走，如不挂铃，狭路相逢就来不及避让，铃声可提醒对方早做准备。"

营丘人又问："塔上面挂铃，难道也是为了叫人准备让路吗？"

艾子笑他无知，回答说："鸟雀喜在高处做巢，鸟粪很脏，塔上挂铃。风一吹铃响起来，鸟雀就给吓散了。"

营丘人还问："鹰和鹞的尾巴上也挂着铃。哪有鸟雀到鹰和鹞的尾巴上去做巢的？"

艾子大笑，说："你这个人呀，不通事理太奇怪了！鹰鹞出去捉鸟雀，它羽上缚着的绳子，会在树枝上缠住。假使它一扑翅膀，铃就会'叮铃当啷'响起来，人们就可以循声而找到它。你怎能说是为了防鸟雀来做巢呢？"

营丘仍旧问道："我曾见过送丧的挽郎，手上摇着铃，嘴里唱着歌，难道也是为了怕给绊在树枝上吗？"

艾子有点气恼了，说："那挽郎是给死人开路的，就为了这个死人生前专门喜欢跟人家瞎争，所以摇摇铃让他乐一下啊！"

大道理

打破砂锅问到底，精神可嘉，但要分什么事情，有没有意义。无聊的事只能让人摇头，无可奈何。生活工作够紧张的了，何苦把时间浪费在一些无聊的事情上呢？

愚蠢的酋长

某酋长有爱听故事的嗜好。

一天，他大宴宾客。在他的再三请求下，一位外地客人讲了一个有趣的故事。

这位客人在城里遇见过一个自命不凡的人。客人对他说："请你猜猜我口袋里到底放了些什么。要是你猜到了，我就把这些鸡蛋的一半送给你；要是你能猜出鸡蛋的个数，我就把这 10 个鸡蛋全给你。"

那人想了半天说："朋友，我虽说不笨，但不可能事事皆知。我猜不出。"

客人说："再猜猜，这东西外面白，里面黄。"

"猜到了！"那人大声说，"那一定是一堆白萝卜，中间藏了一个土豆。"

听到这里，客人们都笑了，那个酋长更是大笑不止。最后他问道："朋友，现在请你告诉我们，你在口袋里到底放了些什么？"

大道理

人要会掩饰。但掩饰自己的缺点不要像《皇帝的新装》中的那些大臣一样，弄巧成拙，更加显露出自己的无知和可笑。

上帝的父亲

话说有一天，上帝没事干，就走到了天堂的大门口。他见那里正排着长长的队伍，天使彼得正坐在一张桌子前，给那些要进天堂的人做登记。

彼得一看到上帝就喜出望外地大叫起来："你来得正好，我要去上厕所，你先帮把手吧。"然后彼得就离开了。上帝便在桌子旁边坐了下来。

这时桌子前正站着一个老人，上帝看着这个老人花白的头发和枯瘦沧桑的脸，不知为什么有了一种很熟悉的感觉。

上帝温和地询问老人说："您生前的职业是什么？"

"木匠！"老人回答。

上帝心里很受震动，连忙问："您是不是有一个儿子？"

老人的脸一下子变得很悲伤："是的，可是他在很多年以前就离开了我，我再也没有见过他。我可怜的孩子。"

上帝一下子站了起来："那么……您的儿子，他……他的手脚上是否都被人钉了钉子？"老人惊讶地望着上帝："是的，可是，天啊，您是怎么知道的？"

上帝抱住老人，激动得热泪盈眶："哦！爸爸，我终于找到你了！"

老人的脸上也立刻焕发出欢喜的光彩："哦，我真不敢相信，你长得这么大了啊！真的是你吗？匹诺曹？"

大道理

"有奶便是娘"可要不得。要善于识别，之后要有选择。选择对了，你就幸福；选择错了，只能痛苦。

口渴

爸爸把儿子哄上床后，回到自己的卧室准备睡觉。

“爸爸！”儿子叫道。

“什么事儿？”

“我口渴，给我拿杯水好吗？”

“你刚才不是喝过了嘛！快睡觉，我已经关灯了！”

5分钟后。

“爸爸！我口渴，你就不能给我拿杯水吗？”

“我刚才不是说过了嘛！你再叫小心我揍你！”

又过了5分钟。

“爸爸！”

“又怎么啦？”

“你过来揍我的时候一定要带杯水！”

大道理

问题不解决，你总不会安生。即使你不耐烦，问题依然存在，而且还会越来越麻烦，逐渐升级。唯一的办法就是从根上解决，不回避，不怕麻烦。

为富不仁

慈善机构的一名工作人员前来拜访一个非常富有的阔人。

募捐者：“我们的记录表明，尽管你家财亿万，但是一分钱都没捐过。”

阔人：“你们有没有记录我早年丧父，母亲生活艰难？你们有没有记录我弟弟身有残疾、无法工作？你们有没有记录我姐姐孤儿寡母、入不敷出？”

募捐者：“对不起，对于您说的这些我们全没有记录过。对您的不幸我深表同情。”

阔人：“就是，连他们我都不会给一分，我为什么要给你呢？”

大道理

或许你会想起巴尔扎克笔下的《欧也妮·葛朗台》。对于此种吝啬之人，我们除了一声轻蔑的叹息以外，也还真的就没有什么可给予他的了。有钱而不会给自己和他人带来方便和快乐，等同于一只牛，虽身负黄金，自己却仍觅草而食。

窗帘上的洞

我这人睡觉有个毛病，就是夜里醒了爱看表，所以枕头边总是放个小手电。去年国庆节，我突发灵感：我家住在二楼，邻着路边，窗户外正好有盏路灯，何不在窗帘上挖个洞，借路灯的光看挂墙上的石英钟呢？我把这个创意告诉老婆，当即被她否决："什么破主意，亏你想得出来！"

但我心痒难忍，后来只要有机会，我就大谈在窗帘上挖洞的好处：第一可以不用手电，省了电池钱；第二在被窝里抬抬眼皮就可以看到表，省力；第三窗帘晚上才拉，白天收拢在一起，有洞也看不到，不影响美观。

一大堆歪理轮番轰炸，再加上每晚只要我想看表，就大张旗鼓、翻来翻去地找手电，成心把老婆吵醒。一个月下来，备受煎熬的老婆终于同意了。其实挖的这个洞也不大，也就一根粉笔粗细。

过了一阵子，老婆说她夜里起来上洗手间，黑咕隆咚的找不到拖鞋，建议在窗帘上找个合适的角度挖个洞，让路灯的光照在她的拖鞋上。我能说什么呢，只好依了她。

没多久，儿子也闹着要在窗帘上挖个洞，因为他关灯后玩一会儿玩具才能睡，他要一束光照在他的玩具上。于是窗帘上开了第三个洞。

今年元旦，小侄女到我家来住，得知我们的习惯后，她也吵着要在窗帘上挖一个洞，理由是她的仙人球要进行"光合作用"……

昨天，一个老同学前来拜访，觉得我家窗帘的料子很别致，就把窗帘拉上。他看看窗帘上四处分布的小洞，再透过窗户瞅瞅路对面的派出所，若有所思地说："看来，跟有枪的单位当邻居，还真是危险呀！"

大道理

缺点或错误有时也和窗帘上的小孔洞一样，初时小倒不引人注目，也就很难使人引以为戒。如果不及时改正任凭其泛滥，发展到最后，难免会"千疮百孔"，悔之晚矣。所谓"集腋成裘"，说的就是这个道理。

白衣女子

半夜，一位计程车司机由于工作了一整天，觉得很累，所以就准备开车回家。刚好他行经市第二殡仪馆，心里觉得毛毛的，想着要赶快离开这里。

这时，路旁突然有一位身着白衣的女子招手挡车。司机在犹豫要不要停车的时候，车子就刚好熄火在那女子前面。

司机觉得好奇怪，怎么会这样呢?

这时，那女子无声无息地上车了。

“我要到松山机场。”那女子开口说话。

司机觉得更加恐怖，而车子偏在这时又可以发动了。

“好的，松山机场是吧？”司机用颤抖的声音说着。

“……”

车子行驶途中，司机用后照镜看了那女子几眼，越来越觉得那女子面无表情，脸色苍白，觉得自己好像碰到了……

为了让自己不去胡思乱想，司机拿出一个苹果来啃，用来消除内心的不安。

这时，后座的女子说话了：“我生前最喜欢吃苹果了。”

司机一听，咬了一口苹果的嘴巴不但张大不动，连头发都竖起来了！

那女子继续道：“可是我生完小孩后就不喜欢吃了。”

大道理

人常常受环境和地点的影响，被它左右理智，不同的环境有不同的心态。

机场柜台人员

某日在丹佛机场，一架联合航空班机因故停飞，机场柜台人员必须协助大批该航班的旅客转搭其他飞机，柜台前排满了办手续的人。

这时候有一个老兄从排队的人群里一路挤到柜台前，将机票甩在柜台上并说："我一定要上这飞机而且是头等舱！"

服务小姐很客气地回答说："先生，我很乐意替你服务，但我要先替这些排在前面的人服务。"

此时，这位仁兄很不耐烦地说："你知道我是谁吗？"

只见这位柜台小姐从容地拿起麦克风广播道："各位旅客请注意，23 号柜台前有一位先生不知道自己是谁，如果有哪位旅客能帮他辨识身份的话，烦请到联合航空 23 号柜台，谢谢！"

此时排在后面的旅客都忍不住笑了出来。

只见这位仁兄把脸一拉，瞪着那位小姐并说："××××"（骂人的粗话）

只见那位柜台小姐露出和气的微笑回答说："那您也得先排队才行！"

大道理

不亢不卑是一种威力强大的武器，在它面前，任何权势和傲慢都会低头。

骗不骗由你

老张和小侯是好朋友，但二人从未见过对方的妻室。这一天，老张办事恰好路过小侯家，便登门拜访。叩门三声，门"吱扭"一声打开半扇，一个少妇出现在老张面前。在那一瞬间，老张搜肠刮肚也没找出个词儿来能描绘出他眼前这个妇人的美！

"先生，您找谁？"这声音也好甜。

老张收收神，咽了口唾沫后说："我是小侯的朋友，今天路过此地，正好来拜访一下。"

“噢，原来是贵客临门。 先生您请进来坐。”

进屋后，那妇人做自我介绍：“我是小侯的内人。他出远门，再过些时候才能回来。先生您贵姓？”

“免贵姓张。”

“您姓弓长张，还是立早章？”

“是弓长张。”

说话间，香喷喷的茶已端在老张面前。

“张先生，您用膳了没有？”

“已经用过了。”

“张先生，您到这儿就像到自己家一样，千万不要客气。好在我这儿下酒菜常备，炊具也很齐全。”说完这话，妇人已进厨房开始淘米切菜。老张阻拦一番，稍叙片刻，起身告辞。

回家路上，老张心里不禁开始嘀咕：瞧瞧人家的老婆，长得漂亮不说，还会接人待物。一口一个“您”“请”的，还知道什么是弓长张，什么是立早章，多有文化。想自己的老婆只会说“吃饭”，人家老婆却知道什么是“用膳”！……

回到家里，老张一直闷闷不乐。在老婆不断询问下，老张才将小侯老婆接待他的过程一五一十地全部道了出来。

女人不以为然：“嗨！这有什么了不起的。你老婆我再笨，这几句话总还会说吧。等着瞧吧，你的朋友再来咱家，我也要给你争个脸。”

且说小侯回家后，得知老张来过，自己没有在家相陪甚觉过意不去，决定次日回访老张。说来也巧，第二天，正赶上老张也出远门了，不在家。开门的是老张老婆。

“你找谁？”

“大嫂，您好。我是老张的朋友，拜见大嫂！”

“他不在家。我是他的……那个什么人。你进来坐吧。”

小侯进了屋内，老张老婆转身就进了厨房。小侯刚坐下，一壶茶嘭地放在桌面上。

“谢谢大嫂。”

“你姓什么，叫什么？”

“小弟姓侯。”

“是公猴，还是母猴？”

“大嫂，您真风趣。是公猴，公猴。”小侯边说边将头点个不停。

“你那什么……‘骗’了没有？”老张老婆实在想不起来“膳”前面的那个字是什么了。

小侯愕然，心想难道大嫂想阉割我不成？

“大嫂，您真会开玩笑。小弟还没有骟。”

“来到这儿就是家。就在这儿……骟了吧。我这儿什么家伙都有，一会儿就完事儿。”

话音未落，老张老婆撸胳膊挽袖子就进了厨房。未等小侯想清楚怎么回事儿，厨房里传来阵阵磨刀声，直令小侯头皮有些发麻。一分钟不到，小侯便夺门而逃。

老张老婆追了出来，手里还握着把菜刀。望着远去的小侯的背影，她不解地叨咕道：“还是个有知识的人呢，怎么说跑就跑，也不打声招呼。得，骟不骟由你！”

大道理

我们总是鼓励自己去学习一些别人的优点，殊不知，有些东西，放在别人身上是优点，放在自己身上就不一定是优点。譬如衣服，别人穿起来漂亮，并不一定自己穿起来就适合。学习的目的是为了去其糟粕，取其精华，如果只是一味地生搬硬套，就难免有东施效颦的嫌疑了。

如此逃票

3个工程师和3个会计师乘坐火车去参加一个会议。在火车站，3个会计师每人都买了一张票，但他们却看见3个工程师总共只买了一张火车票。

“为什么你们3个人只买一张票乘车呢？”一个会计师问。

“一会儿你就会明白了。”一个工程师回答。

6个人都上了火车。会计师们都各自坐到自己的座位上。但3个工程师都挤进厕所里，并把门关上。一会儿，列车开动了，列车员开始挨个座位查票。他敲敲厕所的门：“喂，请你拿出你的车票。”

门开了一道小缝，从里面伸出一只胳膊，把票交给了列车员。

列车员拿过票，看了看，又递了进去。3个会计师看到此情此景，认为这是一个非常好的做法。于是在开完会后他们决定在返回途中照搬工程师的做法，这样就可以省下一笔大钱。

他们到了火车站后，只买了一张返程车票。但令他们惊讶的是，3个工程师一张票也没买。

“你们为什么一张车票都没买呢？”一位会计师百思不得其解地问。

“等一会儿你就会明白的。”一位工程师回答。

上了火车之后，3 个会计师都挤到一个厕所里，而 3 个工程师也挤到他们附近的另外一个厕所里。火车开动了一会儿，其中一位工程师从厕所里走出来，走到 3 位会计师藏身的厕所那里，敲了敲门说：“把你的票拿出来看看。”

大道理

人活在世上，还是脚踏实地些好，千万别存着侥幸的心理而去投机取巧，有时候往往在想“钻空子”时却“赔了夫人又折兵”，得不偿失，后悔不已。

传　令

营长对值班军官发出指令：“明晚大约 8 点钟左右，哈雷彗星将可能在这个地区上空划过，这种彗星每隔 76 年才能看见一次。命令所有士兵届时着野战服在操场上集合，我将向他们解释这一罕见的现象。如果下雨的话，就在礼堂集合，我为他们放一部有关彗星的影片。”

值班军官打电话给连长：“根据营长的命令，明晚 8 点哈雷彗星将在操场上空出现。如果下雨的话，就让士兵穿着野战服列队前往礼堂，这一罕见的现象将在那里出现。”

连长对排长说：“根据营长的命令，明晚 8 点，非凡的哈雷彗星将身穿野战服在礼堂中出现。如果操场上下雨，营长将下达另一个命令，这种命令每隔 76 年才会出现一次。”

排长对班长说：“明晚 8 点，营长将带着哈雷彗星在礼堂中出现，这是每隔 76 年才有的事。如果下雨的话，营长将命令彗星穿上野战服到操场上去。”

最后班长对士兵是这样传达的命令：“在明晚 8 点下雨的时候，著名的 76 岁的哈雷将军将在营长陪同下，身着野战服，经过操场前往礼堂。”

大道理

“耳听为虚，眼见为实”。一条消息经过的人越多，消息的可信度打折扣的可能性就越大。日常工作生活中我们遭遇到的所谓“小道消息”还少吗？道听途说不可信，还是多用自己的头脑想问题为好，千万不要被流言蜚语所左右。

没有那么聪明的毛驴

一个聪明人在乡下散步，看到磨坊里面一头毛驴在拉磨，脖子上头挂着一串铃铛。于是聪明人问磨坊主道："你为何要在毛驴的脖子上挂一串铃铛呢？"

磨坊主回答："我打瞌睡的时候，毛驴常常会偷懒；挂上铃铛以后，如果铃铛不响了，我就知道这个畜生又在偷懒了。"

聪明人想了一下，又问："如果毛驴停在原地不动，只是摇头，你又能听到铃声，它又没有干活，那怎么办呢？"

磨坊主愣了一下，说："先生，我哪能买到像您这样聪明的毛驴啊！"

大道理

好多简单的事情都被我们人为地复杂化了，结果弄得大家都很累。简单，会带给我们更多的轻松。

勇敢的消防队

油井起火，公司经理叫来了消防队，可是由于火势太大，消防队员无法靠近，只能在 2000 米以外活动。

公司管理员请的一支业余消防队这时也赶来了，消防车勇敢地一直开到离大火只有 50 米的地方才停下，消防队员迅速抓起水枪，动手救火，很快就把火扑灭了。

第二天公司经理给这支业余消防队发了 2000 元奖金。

有人问那队长，2000 元如何安排？

队长不假思索地回答说："首先要办的是把消防车的刹车修好。真见鬼，昨天那辆破车差点把我们送进大火里去！"

大道理

歪打正着，坏事变好事。很多时候有很多事情是你不能左右的，好和坏都蕴涵在其中。

误　会

等车是件很浪费时间的事，好在候车室里人不是很多，也不怎么嘈杂。小方找了一个靠角落的座位坐下来，拿出刚买的《小说月报》，开始品读其中小方喜欢的一位作家的新作。

正读得入迷时，面前有一男人和小方说话，他是在向小方询问旁边的座位是否有人。小方抬头看了他一眼，见是一位西装革履文质彬彬的男人，长得很秀气很白净。“没有人，你坐吧。”小方简单地回了他一句，然后低头继续读小说。

“你好吗？”身边的那个男人坐稳后开始说话了。

“很好，谢谢。”出于礼貌，小方不好一句话也不说，应付一下也是应该的。

“我还要等一个多小时才能上车，你呢？”那人不紧不慢地说。

小方读书时特别讨厌别人打扰，更何况是在读他喜欢的小说，中断以后原来紧凑的节奏就变味了。他想，这人也真是，自来熟，搭讪也不看看火候，我和你认识吗？就没看到我正忙着吗？

“我还得等半个多小时。”小方依旧是头不抬眼没睁地回答了他一句，声音里多少含带着些不满。

“你乘坐的是哪趟车？”那人说起话来还是那么慢声细语。

“516。”小方真是有些不耐烦了，他想这人怎么这样啊！难道他就听不出我不愿意和他多说话吗？谁知他接着又说道：

“这一分开我们就是天南海北了，下次见面不知道要等到何年何月呢！”

这不是有病吗，难道我稀罕再和你见面不成？

“嗯，我会想你的，我对你的印象非常好。”

听完这话小方心里着实地吃了一惊，心想莫非我遇到了同性恋？真是的，女人我还恋不到呢，哪有闲心和一个男人玩恋爱的游戏啊！想想都恶心。小方忍不住抬脸白了他一眼，发现他略微低着头，一副很羞涩的样子，可能正为他刚才说过的话不好意思吧。遇到这种人也是没办法，不搭理他就是。

“下次再来北京你找我好吗？提前给我打个电话，我到车站接你……”

真是越说越不像话，小方终于有些忍不住了，冲他恶声说：

“我认识你吗？你是谁呀？”

那人也不看小方，就好像他从来没有做过什么一样。小方气哼哼地盯着他，等着他向自己解释一番，并在心里酝酿着如何抢白他。他支吾了一阵后说：

“对不起，我身旁那个人总接我的话茬，一会儿我再打给你好吗？……”

听他这么说小方的脑袋“嗡”的一下，再细打量一下眼前的这个人，这才发现他的另一侧耳朵上正挂着一个耳机，耳机线蜿蜒曲折地一直延伸到他腰部的手机上……

大道理

尴尬谁都会遇到，最重要的是学会化解尴尬的方法。

机智测验

在一次选美比赛当中，评委问一位小姐：“假如你一丝不挂，正在淋浴，一个陌生男人闯进来，请问你要先遮盖哪一部分？”

她想了一会儿回答说：“先遮住他的眼睛。”

大道理

人先有眼睛，然后知羞耻。世上善恶同行的原因，在于人类总是睁一只眼，闭一只眼。

撬车门

小林和妻子兴致勃勃地到汽车经销商那儿取新买的轿车，却被告知由于职员的疏忽，新轿车的钥匙被锁在了车里。在经销商左一句道歉右一句对不起的陪伴下，他们来到了新车面前，见有一个满头大汗的开锁技师正在用特殊工具开锁。于是，小林他们站在一旁静静观看。过了好久也不见车门打开。小林等得有些不耐烦了，但又不好意思说什么。百无聊赖之际伸手拧了一下另一边的车门，车门竟出乎意料地开了。

“嘿！”小林惊喜地叫道，“这个门开着哪！”

“我知道，”技师一边忙着继续开车门一边不屑一顾地说，“你那边我早已经弄开了。”

大道理

一切行动都有自身目标，不可只顾追求“开锁”而忘记了“开锁”的目的。

我们的船呢

有一个魔术师，他的一生都在一艘船上表演，他的老板养了一只鹦鹉（是会说话的那种）。因为这个魔术师表演的时间长了，鹦鹉看透了魔术师的把戏，所以当魔术师把手里的一束花或其他东西变没了的时候，这个多嘴的鹦鹉总给大家说："在他的衣服里啊。"这个魔术师每次都很生气，不喜欢那只多嘴多舌的鸟。

有一天船进了水，结果船翻了。魔术师爬上了一块船板，正好鹦鹉也在上面，鹦鹉用疑惑的眼神看着魔术师，魔术师也看着它。

就这样过了三天三夜，终于鹦鹉忍不住开口了，它问魔术师：

"好了，这次我算真的服你了，你快说你把船变到哪去了啊？"

大道理

假作真时真亦假。当谎言变成了习惯，有时候往往连自己都不知道什么应该是真的了。

违法行为

开往日内瓦的快车上，列车员正在检票。一位先生手忙脚乱地寻找自己的车票，他翻遍所有的衣袋，终于找到了。他自言自语地说："感谢上帝，总算找到了。"

"找不到也不要紧，"旁边一位绅士说，"我去过日内瓦 20 次了，都没买车票。"

他的话正巧被站在一旁的列车员听到，于是快车到达日内瓦车站后，这位绅士被带到了拘留所，受到严厉的审问。

"你说过，你曾有 20 次无票来到日内瓦？"

"是的，我说过。"

"你可知道这是违法行为？"

"不，我并不这么认为。"

"那么，你如何说服法官，证明你无票乘车是正当的呢？"

"很简单，我是自己开汽车去的！"

大道理

话有前因，语有后果。闻者当充分了解话外因由，做出适当分析判断；言者也要多考虑话出口后的效果，避免招致不必要的误会。

在精神病院里

卫生部的一位官员到一所精神病院里参观，前来陪同的院长告诉他，这里有些病人很危险，但管理得很好。

参观快要结束时，在病房外边的走廊里，有一个女人迎面走过来。官员发现她的眼睛里露出一股凶光，便连忙退到一边，还好，那个女人只是狠狠地瞪了院长一眼就过去了，什么事情也没发生。

等她走远了，官员才转过脸来批评院长："看来你们这里的管理还需要加强。"

院长一个劲儿地点头。

事后，有人告诉那位官员，那个女人并不是这里的精神病人，而是院长的妻子。

大道理

不要轻易发言表态，要在调查研究之后再说话，尤其是一个领导，这点非常重要。一定要审时度势，让自己的话语有千斤重，掷地有声，这样，你才会提高自己的威信。

巧妙对答

张三最怕老婆，但又好面子。有一天，他的朋友李四在外人面前取笑他，说他怕老婆。

张三说道："才不会呢，在家里我老婆什么都听我的。"

李四不信，就和张三约好第二天到张三家里去。张三回到家里求老婆道："老婆，明天李四要来，你就给我一个面子吧。到时候李四来了，我叫你做什么你就做什么。等他走后，你想对我怎样就怎样，行不行？"

刚开始的时候张三的老婆还不答应，但张三死皮赖脸地求，就答应了。

李四来了后，张三的老婆果然很听话，李四大为感动，玩了老半天才走。李四前脚一出门，张三的老婆就拿出一根木棍，叫张三趴在板凳上要打他屁股。

谁知李四突然想起忘了拿草帽，回来一见，大吃一惊，问张三道："这是怎么回事？"

张三说："她要把这条板凳劈了当柴烧，说是晚上要给我煮饺子下酒，可这板凳是我家的祖业，哪怕她把我打死，我也不能让她劈掉。"

大道理

面子就是脸，就是一个人的尊严，对一个人十分的重要，尤其是男人。但维护自己的面子要有方法。有时候，为了面子，嘴上说点谎话也是可以的，但关键是别穿帮，即使在穿帮前，也要学会补救。

不当读者

某文学院招生，一青年前来应考。

主考人问他："你看过托尔斯泰的作品吗？"

"没有，这人的作品我从来不看。"

"读过莎士比亚吗？"

"没有，我不读他的书。"

"屠格涅夫呢？"

"也没有。"

"那你为什么还来报考？"主考人惊奇地问道。

"我就想做个作家，不愿当读者。"

大道理

无论做什么事情，都不要狂妄自大。很多的机会就在你的狂妄中失去了。狂让你不正常，妄让你不真实，这样的人有谁还敢接近？你的口出狂言，暴露了自己知识的欠缺，品位不高，又容易使人对你心存疑虑，反倒误事。聪明的人知道节制，与其言过其实，不如言之未尽。

没有首长肥

首长视察部队，来到四连猪圈。圈里有 30 头猪，头头滚瓜溜圆膘肥体壮，十分讨人喜欢。首长看了，感叹不已，大声问话："谁是饲养员啊？"

"报告首长，我就是！"身扎围裙的战士立正回答。

"猪养得不错，头头都很肥！"首长表扬战士说。

"养得不好，没有首长肥！"战士在表扬面前，一时不知说什么好，慌乱中冒出一句不得体的话。

"嗯，不会说话。"陪同首长视察的团长怕收不了场，赶忙补充一句。没想到战上突然举手敬礼，正正规规地回答："是！首长不会说话。"

大道理

眉毛越描越黑，事情越解释越不清。事情也好话语也好，解释有时更容易添乱，因为有的时候，话说得越多损失就越大。让对方自己去理解反倒效果会更好。

狗教书

一个人惯于说谎话。有一次他对亲家说自己家里有三件宝：有头牛，能日行千里；有只鸡，每个更次啼一声；还有只狗，能读书认字。

亲家听了很吃惊，说："有这样的新鲜事，过些日子我一定到府上看看。"

说谎人回到家，对妻子讲了经过，并说自己一时说了谎，亲家又要来看，不知如何应付。

妻子说："不要紧，我自有办法。"

第二天，亲家果然来了。说谎人赶紧躲出去，他妻子对亲家谎称丈夫早上到北京去了。

亲家问几时回来，女主人说："七八天就回来。"

亲家又问怎么能那么快，女主人道："骑了我们家的牛去的。"

亲家说："您家还有报更的鸡，怎么大中午的也叫？"

女主人说："这就是，它不仅夜里报更，白天听到生客来也报。"

亲家听了说："听说还有能读书的狗，可否让我看看？"

女主人答道："不瞒亲家说，只因为家里穷，让它出外教书去了。"

大道理

谎言像空气一样无处不在，有时候一个谎言连着一个谎言。善意的谎言让人免受伤害，可以谅解；而那些恶毒的谎言却让人深受其害，让你痛恨不已。

此乃天机

有三个读书人上京赶考，路过一处高山，听说这山上住着一位"半仙"，能推算一个人的功名爵禄，于是便上山去求教。半仙见来了三个人，便紧闭双目，端坐不动，听三人说明来意后，便马上伸出一个手指头，闭口不言。

三人不解其意，请他做解说。

半仙摇头说："此乃天机，怎可泄漏。"

三人无奈，只得下山而去。

当晚，半仙的徒弟悄悄问师父："你白天对三人只伸出一个手指，究竟是什么意思？"

"笨徒，这个诀窍你还不懂吗？告诉你吧，来者共有三人，如果一个考中，那一个手指就表示只考中一个；两个考中，那一个手指就表示其中有一个没考中；三个都考中，那一个指头就表示一齐都考中；三个都没考中，那一个指头就代表一道都落榜了。"

大道理

对无法回答的问题保持沉默，因为，沉默是金。人们无法了解到你内心深处的真实想法，把自己封闭起来，起到一种保护作用。这样可以增加你的神秘感，掩饰了自己的不足，个人的威望也会因为沉默而得到提升。

翁婿宴饮

从前有个富翁生了三个女儿，长女、次女都嫁了个秀才，只有小女嫁了个村夫。

富翁生日这天，三个女婿都来给岳父祝寿。富翁见长婿、次婿言谈斯文，心里很是喜欢；又见小婿说话粗俗，心中颇为不快。

在宴席上，富翁特意说："今天我来陪你们三人饮酒，席间不许胡言乱语。"说这话时，他还故意瞅了小婿一眼。

酒过数巡，富翁举起筷子请大女婿吃菜，大女婿斯斯文文地欠身说："君子谋道不谋食。"富翁一听大女婿出口就是孔子圣言，心里高兴极了。

酒至半酣，富翁又举起酒杯劝二女婿饮酒，二女婿也斯斯文文地欠身答道："惟酒无量，不及乱。"富翁一听，又是《论语》之言，心里更高兴了。

丈母娘在一旁见老头子只劝大女婿、二女婿吃菜饮酒，却冷落了小女婿，就坐不住了。她连忙举起杯子斟满了酒请小女婿饮酒。

小女婿也大大方方地欠起身来对丈母娘说："我和你是酒逢知己千杯少。"

富翁听到刺耳，就骂道："这畜生竟如此无礼，哪有点斯文？"

小女婿把酒杯往地上一扔，拍案而起，还口道："我与你是话不投机半句多。"

大道理

祸从口出，往往是说话之人不顾及当时的环境和讲话对象所致。三缄其口，要比自作聪明的"满嘴跑船"好得多。

等火车

一位中年妇女刚搬进新居不久，便打电话给物业的管理人员，说每当火车经过时，她的睡床就会摇动。

"这怎么可能呢？"管理员回答说，"我来看看。"

管理员到了以后，中年妇女建议他躺在床上，自己体会一下火车经过时的感觉。

巧的是，管理员刚上床躺下，女人的丈夫就回来了。他见此情形，便厉声问管理员："你躺在我妻子的床上干什么？"

管理员战战兢兢地回答："我说是在等火车，你会相信吗？"

大道理

有些话是真的，听上去却很假；有些话是假的，却令人深信不疑。

森林猎鹿

两个人租用了一架小飞机和机师飞到森林猎鹿，几天下来，打到 6 只鹿。这天，飞机按计划飞来接他们，但飞行员只允许他们带 4 只鹿回去。

“太沉了，超重！”

“怎么会？去年我们也是带了 6 只鹿，和你这架飞机型号功能一模一样，那个飞行员让带，你怎么就不让？”被吵得没办法了，飞行员只好让他们带上所有猎物。

但飞机确实太重了，起飞不了。低低地滑了一阵，终于在一个山腰撞毁。两人从飞机里爬出来，一个问：“这是哪儿？”

另一个答道：“我认得路，我带你出去，去年我们也是坠毁在这儿！”

大道理

吃一堑，长一智。在坑前跌倒一次没什么，若在同一个坑前重复地摔跟头，那就未免有些可笑了。

约　会

某城市有两个城区，相隔 18 公里，由一条大道连着。大道的南端，有一个火葬场。大道的北端，有一座“天堂公墓”。二者都紧靠马路，都很出名。

一天，一位朋友坐在车上给另一位朋友打电话，恰巧两人一个的车靠近火葬场，一个的车靠近“天堂公墓”。

"喂，老吴吗？你在哪里？"靠近火葬场的人首先发问。

"老李吗？我快到'天堂公墓'了。你现在在哪里呀？"对方回答。

"我在火葬场。你等等我，我马上就到！"

大道理

言语中谐音或巧合的事情我们经常会遇到，关键是看你如何去面对：是哈哈一笑而过？还是耿耿于怀？

飞机上的奇遇

一人在飞机上向空姐要一瓶矿泉水，怎么等也不见空姐送来，正在懊恼，听见身后有人喊："老子要的 XO 呢？还不送来？"

这人心想："谁这么牛啊？"回头一看，原来是只鹦鹉。

只见空姐急忙忙地地跑来，嘴里不住地说道："对不起，对不起，马上就来。"果然，没一会儿她就拿了瓶 XO 过来。谁知鹦鹉又喊："去你的，你耳背吧，我要的可是矿泉水！"

空姐忙说："对不起，马上给您换。"

此人心想："怪不得不给我拿矿泉水，原来她们怕横的啊！"于是站起来冲着空姐喊道："我要的矿泉水你什么时候拿来？"

空姐说："请稍等。"

一会儿，空姐带了一个壮汉过来。空姐朝那人一指："就是他！"壮汉就把这个人扔出了飞机。

此人一边下落一边想："我一大老爷们，还没鹦鹉面子大。"越想越窝火，突然看见鹦鹉也被扔了下来。

鹦鹉经过他身边时说："你不会飞就别跟我学，这下傻了吧？"

大道理

是呀，"不会飞"干吗要跟别人学呢？每个人都有自己的长处，处理问题要善于扬长避短，不可生搬硬套别人的做法。

站住不要动

有一个个性鲁莽率直的士官接到消息，他属下一个士兵的祖父死了。点名的时候他粗声地对那名士兵说："喂！你的祖父死了。"

士兵听后，当场昏了过去。

过了一个星期，另一个士兵的祖母死了，士官又把他的部下集合起来，当众对那名士兵说："你的祖母昨天夜里死了！"

那个士兵听了，号啕大哭！

后来有人向上校投诉说那名士官冷酷无情，上校便告诫他说："以后部下家里有丧事，要婉转一点通知他们。

过了一个星期，士官又接到通知，他的一名部下刚死了祖母。

他记得上校的话，便把所有的士兵集合起来宣布道："凡是祖母仍健在的，向前走一步……

然后士官指着一名士兵："喂，你站在那里不要动！"

大道理

说话是一门艺术，也是一种能力，也是需要学习的。同样一件事，有的人表达出来温暖人心，有的人说出来却让人如坠冰窟。

开餐馆

一家陕西人在纽约唐人街开了家餐馆，儿子当服务生，老妈管收钱，老爸做大厨。

某一天，店里来了个老外，点了个套餐，吃到一半时不小心把汤碗打了。

儿子跑过去看了一下说："碗打了！"

老外道："one dollar……"

老妈听见声音，也过来看，见地上有个破碗问："谁打的？"

老外道："three dollar？"

儿子说："他打的！"

老外道："ten dollar？"

老妈又说："还得给他盛一碗！"

老外想："hundred and one？"

老爸正在厨房切菜，听见外面的声音，赶忙跑出来看怎么回事。忙乱中，忘了把菜刀放下。五大三粗的老爸，手持菜刀站在餐厅里，老外一看，心跳加速，血压急升，但更让他心碎加崩溃的是老爸的一番话。老爸对着正在加热炉上舀汤的儿子大声说："烫，少盛点儿！"

老外："thousand？！！……"

老外以惊人的速度从口袋中掏出钱包，把里面所有的钱倒在了桌上，然后疯了一样往门口奔去。

大道理

误会有时是因为我们缺乏沟通或是语言交流不便。所以避免让人误解最好的办法，就是尽可能地了解对方，也让对方尽可能多地了解你。

牛下驴

有个小伙子骑驴去赶庙会，迷了路，好不容易遇上了一老汉，就在驴背上吆喝道："哎！赶庙会去该怎么走？"老汉见他一不称呼，二不下驴，便假装没听见，接着赶路。小伙子又嚷道："你耳朵聋啦？"

老汉停了下来："别见怪，我有急事哩——我的驴下了头牛。"

"驴下了头牛？它为什么不下驴？"

"啊！小伙子，没想到你还知道下驴。"

小伙子这才醒悟是自己的过错。

大道理

抓住对方的话柄反击，让对方有口难辩，变成哑巴吃黄连——有苦说不出。

变化奇妙

“假如遇上狮子追捕……奔迪，要是您在沙漠里被狮子追上了，请您老实告诉我，您会怎么办？”

“啊，这太简单了，我就把步枪拿出来，向它扫射一阵子。”

“但是，要是您没有步枪呢？”

“那我就把手枪拿出来呀。”

“要是手枪也没有呢？”

“我还有短刀呀，我就把短刀拿出来，向它刺去。”

“但是，要是您连短刀也没有呢？”

“这也简单得很，我可以把皮袄脱下来塞在它嘴里。”

“但是，奔迪，您仔细地听我说吧，您在沙漠里，在那酷热的沙漠里，您会有皮袄吗？”

“那您也听我说说，先生，您是站在我这边呢，还是站在残暴的野兽一边？您究竟愿意谁赢？”

大道理

追求事物的结果，也要讲究方法、会表达，否则会遭人误解。

忏　悔

从前，有一个人去教堂忏悔。他对神父说：“神父，我有罪。”

神父说：“孩子，每个人都有罪。你犯了什么错？”

那人回答：“神父，我偷了别人一头牛，我该怎么办？神父，我把牛送给你好不好？”

神父回答：“我不要，你应该把那头牛送还给那位失主才对。”

那人说："但是他说他不要。"

神父说："那你就自己收下吧。"

结果，当天晚上神父回家后，发觉他家的牛不见了。

大道理 小偷不对，神父也不正确。教育感化一个人不应用"刮肉喂鹰"的方式，而是要为之拨开迷雾指明方向。

不得要领

"救火！救火！"电话里传来了紧急而恐慌的呼救声。

"在哪里？"消防队的接线员着急地询问。

"在我家！"

"我是说失火的地点在哪里？"

"在厨房！"

"我知道，可是我们该怎样去你家呀？"

"你们不是有救火车吗？"

大道理 越是情急之下越要注意分辨言谈话语的实质，越是要向对方言简意赅地表达清楚自己的意思。

金色沙龙

一名男子喝了12罐啤酒，肚子挺得老大，东摇西晃走到家门口，刚好被老婆逮到。相当不悦的她，猜想老公一定在外面又和哪个野女人鬼混。

"你整个晚上死到哪里去了？"她质问道。

"在新开的那家很棒的沙龙啊。"他说，"金色沙龙，那里的一切都是金色的。"

"胡说！哪有这种地方？"

"当然有！金色的门，金色的地板，连尿壶都是金子做的！"

老婆当然不相信他的鬼话，第二天拿了电话本，找到叫金色沙龙的地方，就打电话到那里查证老公头天的经历。

“这里是金色沙龙吗？”她向接电话的酒保问道。

“没错。”

“你们有金色的地板吗？”

“可以这么说。”

“那金色的尿壶呢？”

停顿了好一会儿，然后女人听到酒保大吼：“嘿，公爵！我想我逮到那个往你萨克斯管里撒尿的家伙了！”

大道理 人要有理智，一旦过于放纵自己就和失去控制的猛兽没什么两样，难免做出诸如这般“酒后无德”的蠢事来。

巧遇麻将痴

两个贼赌输了钱，回家途中见一门洞开，遂生窃取之念。

他俩蹑手蹑脚进门，先看见墙上的精致挂钟，正欲拿时，突听有人说：“别动，碰红中！”贼惊，屏住呼吸鼠眼四顾，但见墙角床上醉卧一人。

甲贼见状对乙贼小声说：“拿了墙边的气筒吧。”

床上人像是耳特灵：“别忙，我碰七筒！”

贼大惊，互耳语：“这定是麻将坛上的瘾君子，我们拿点与牌无关的东西吧。”正说间，乙贼碰响了桌上的酒碗，甲贼急道：“小心酒碗！”床上人梦中道：“碰九万！”

乙贼许是气昏了头，忘记自己是来做贼的了，冲酣睡的那人喊道：“叫你碰，叫你碰，九万老子和牌！”

床上人立即争辩：“不可能，不可能！我有三个九万，四个七万，你怎么和牌？”一急便从梦中醒来，见房中有两个人，便又怒道：“怎么又是三缺一！不是叫你们再去约一个吗？”

大道理 不良嗜好容易使人产生心瘾。世上的事分三种：该做的；不该做的；可做可不做的。比如麻将，就是可做可不做的事。可做可不做的事做得越少，成功的概率就越高。

智取威虎山

杨子荣同志打虎上山，在威虎厅和三爷座山雕较劲儿，比着打吊灯。

三爷一枪打灭一盏油灯，众匪徒叫道：“好！好！”

然后杨子荣同志将胳膊一甩，一枪打灭两盏灯，众匪徒又叫道：“好，一枪打俩！”

有一回，一地区文工团演出《智取威虎山》。就见扮演三爷的一枪出去，道具一不小心，关了两盏灯，众匪徒叫道：“好哇，一枪打俩。”

道具同志一听，心说不好，这可咋办哪？英雄人物可不能输给座山雕，这可是个原则问题。等到杨子荣振臂一甩时，他把个总电闸给关了。

众匪徒也不含糊，齐嚷道：“好哇，一枪就把保险丝都打断了。”

大道理

捧场也要会捧，灵活机动，不同场合说不同的话，见什么人说什么话，话因人而说，因地而表。

过感恩节

旧金山的约翰给在纽约工作的儿子戴维打电话。

“我也不想让你感到难受，但是我不得不告诉你这个消息……我和你母亲已同意离婚，45 年的煎熬我们受够了。”约翰的话音中有一些失落感。

“老天！你在说什么呀，老爸？”戴维大吃一惊。

“这也是没有办法的事，我们现在甚至连看一眼对方都不愿意。”约翰叹了口气，接着道，“我们彼此讨厌对方，我也讨厌再提这事，苏姗那边就由你告诉她吧。”说完，约翰便挂断了电话。

戴维马上给芝加哥的妹妹打电话：“苏姗，你一定要冷静，听着，老爸老妈想离婚，怎么办？”

“什么？上帝呀，我们得回去阻止他们！”苏姗在电话那边尖叫。

挂断哥哥的电话后，苏姗立刻拨通了家里的电话，是她父亲接的电话。

“你们不许谈离婚！不许乱来！一切都要等我和戴维回来再做打算，我们明天就到，到时再做打算，千万不要冲动！听见没有？”苏姗一口气嚷完就挂了电话。

约翰放下电话，转身对妻子说：“好了，他们能回来过感恩节了，但圣诞节我们还该怎么说呢？”

大道理

是啊，到圣诞节时老约翰还能编出怎样的谎话呢？儿行千里母担忧，可怜天下父母心，常回家看看吧！

送醉鬼回家

一个好心肠的人路过一幢楼房，在楼梯口处，他看到一个家伙醉得很厉害，坐在台阶上，似乎等着有人来帮他一把。

于是他走上前去问他：“你住这儿吗？”

“是的！”醉鬼回答。

“你要我帮你回家吗？”

“是的！”

于是他扶起那个家伙，把他拽到二楼，然后他问：“你住这层楼吗？”

“是的！”

听到他这么说，好心人打开了身边的门，把那醉鬼塞了进去，因为他不希望醉鬼的家里人以为是他把他灌醉的，所以就赶紧离开。当他下了楼之后，出乎他意料的是，他又看到一个醉鬼，跟刚才那人长得很像，只不过看上去他好像醉得厉害多了。

于是他又问他要不要帮忙送回家，然后把他拖到二楼，问清楚他是住在这一层之后，他打开门，把他塞了进去。

可是，老天好像跟他开玩笑似的，当他到楼下之后，他又发现一个醉鬼，而且比前面两个人醉得更厉害。不过，他毕竟是个好心人，他还是像帮助前两个人一样把他背上了二楼，塞进了那个门里面。

但是，当他来到楼下的时候，他又看到一个醉鬼，他正想过去问问到底是怎么回事，那醉鬼却像见到鬼一样发疯地跑到不远处的警察跟前，对警察说："警察，请你管管，这家伙简直神经，不停地把我弄到二楼然后把我从电梯道里面给扔下来！"

大道理

人时刻要保持清醒的头脑，才能对身边变化的环境做出最恰当最准确的判断。这位好心肠的人估计也不比那位醉鬼清醒多少。

啰　唆

学生："老师，啰唆这个词怎么解释？"

老师慢吞吞地在黑板上写下"啰唆"两个字，然后不紧不慢地说："啰唆，啰唆嘛，就是说话拖泥带水，啰里啰唆，讲话不清楚，不利索；所谓啰唆者，麻烦也，麻烦也，令人心烦，令人讨厌……"

学生："老师，您这不是啰唆吗？"

老师很生气："什么，我这是啰唆吗？如果说我这是啰唆，那么我的啰唆就是很有必要的啰唆，非比寻常的啰唆，异常有用的啰唆，非同一般的啰唆！因为我啰唆的越多，你对啰唆就理解得越清楚，越透彻，越明白……"

大道理

人不能掉入到自己设置的沼泽，能一句话说明白的事，就不用两句话来说。有时"言简意赅"更让人明白。

从善如流

柯德希："律师先生，如果我在开庭之前送只肥鹅给法官，并附上我的名片，您认为怎样？"

律师："您疯了？您会立刻因贿赂法官而输掉这场官司的！"

开庭的结果是柯德希赢了官司。第二天他得意地告诉律师："我没听您的劝告，还是把鹅寄给了法官！"

律师满脸疑惑地说："这不可能啊！这个法官我非常熟悉，他绝对是一个廉洁的人！"

"可能的！"柯德希解释道，"只是我把对手的名片同鹅一起寄去了。"

大道理

柯德希的做法当然不值得提倡，但我们从这个故事中可以悟到这样一个道理：条条大道通罗马，在处理许多事情时只需我们换个角度去认识问题，便能取得事半功倍的效果。

谁的狗

达利先生听见有人敲门，连忙把门打开，原来是一位好友前来拜访，身后还跟进一只大黑狗。

两人开始交谈起来，这时，那只狗撞倒了台灯，带着脏爪子跳到了沙发上，接着又开始咬枕头。达利先生终于忍无可忍，他大声对朋友吼道："你怎么不管一管你的狗？"

"你说什么？我的狗？！"朋友惊奇地答道，"我还以为是你的呢！"

大道理

碍于情面使我们失去过许多可以挽回损失的机会，所以朋友之间还是坦诚相待的好。

立竿见影

有位犹太老人乘火车，一个傲慢的俄国军官坐在他的正对面。

俄国军官看了看正在吃青鱼的犹太人，得意扬扬地问：“为什么都说犹太人很聪明？”

“这是由于青鱼头的缘故。”犹太人说。

“您说青鱼头是什么意思？”

“我们是吃整个青鱼，也就是说连头都吃了。”

“我懂了。您能卖给我两个青鱼头吗？”

“非常愿意。要2个卢布。”犹太人回答。

军官虽然觉得很恶心，还是一下把两个青鱼头都咽了下去，突然他叫起来：“你骗我，你卖的青鱼头根本不值这么多钱。”

犹太人满意地点点头：“您看，马上起作用了吧。”

大道理

很多的时候，我们总是等到事情发生后，才恍然大悟，才知道后悔。只有保持冷静的心态，才能做到旁观者清，才能把一切都看透，不至于最后为结果而烦恼。

账单寄给姐夫

米洛头昏、恶心，卧床不起，睡了几天也不见好转。他只能硬着头皮来到住院处。

米洛对住院处的护士说：“我是个穷人，请你把我安排在三等病房好吗？”

“难道就没有人能帮助你一下吗？”护士问。

“没有！我只有一个姐姐，她是一个修女，也很穷。”米洛告诉护士。

护士听了后，生气地说：“修女可不穷，因为她和上帝结婚。”

米洛讲：“那好，就请您把我安排在一等病房吧。等我出院时，您把住院费的账单给我姐夫寄去就行了。”

大道理

顺水推舟，利用对方，让自己的行为由不合理变成合理，这是一种机智和谋略。

好　酒

英国人、俄国人还有中国人都说自己国家的酒好，口说无凭，于是决定当场比试一下。

英国人拿出一瓶威士忌，倒了一杯放在地上，只见一只耗子跑来，尝了一口便翻倒在地昏睡过去。

俄国人拿出一瓶伏特加，倒了一杯放在地上，只见一只耗子跑来，闻了一下便翻倒在地昏睡过去。

中国人拿出一瓶二锅头，倒了一杯放在地上，只见一只耗子跑来，闻了一下转身便跑。观者不解，问："这算什么？"

中国人笑答："再看便知。"

话音刚落，只见刚刚那只耗子手持一块砖由洞中冲出，直着舌头喊："猫呢？猫呢？我今天一定要拍死它！"

大道理

谁都说自己的孩子好，究竟哪个好，拉出来比试比试，看谁的本领大，由众人去评说。商品也是一样，你的广告叫得再凶、做得再美也没有用途，还要看真正的效果。正是：山外有山，楼外有楼；一山更比一山高，一楼更比一楼美。

刘大拜见上司

过去，有个叫刘大的人，家里很富有。当时有钱可买官做，刘大就花钱买了个官当。上任以后，去拜见上司。上司问道："你管辖的那个地方，风土怎样？"

刘大说："我们那儿并无大风，尘土就更少了。"

上司问："春花怎样？"

刘大答："今年春天的棉花每斤二百八。"

上司问："百姓怎样？"

刘大答："白杏只有两棵，红杏倒有不少。"

上司有些生气，说道："我问的是黎庶。"

刘大说："梨树很多，结果子却是很少。"

上司火了："我不是问什么梨杏，我问的是小民！"

刘大忙站起来说："是，大人！我的小名叫狗子。"

大道理

金钱可以买来许多东西，却买不来真才实学。即使钱把你推到最高处，窝囊蛋还是窝囊蛋。

儿子会做政客

威尔逊先生决定做个小试验，看看儿子长大后会成为什么样的人。他在桌上放了三样东西：一张 10 元的钞票，代表银行家；一本崭新的《圣经》，代表教士；还有一瓶威士忌，代表二流子。然后，他躲在窗帘后面偷看。

儿子吹着口哨进来了，一眼看见桌上的东西，连忙四下张望，证实室内无人后，先把钱对着亮处照了照，然后翻了翻新圣经，接着打开瓶塞闻了一下，随即敏捷地一把抄起三样东西：把钱塞进口袋，把酒瓶掖在胳肢窝下，两手捧住《圣经》，吹着口哨走了。

威尔逊不禁惊呼："天哪！他要做政客了！"

大道理

观察一个人，不要看其表面的表现，而是要注重其实质内容。要权衡体察人，尽量让你的态度保持不偏不倚。更要多想想现在会如何，因为我们是生活在现在的环境里。

尴　尬

小明是个爱看热闹的人，不管哪里发生什么事总要跑过去看，或是千方百计地打听。

一天，他听说西巷发生了火灾，就急忙跑到了西巷。到那儿以后只见一群人围在了一起，小明怎么挤也挤不进去。他听到有人在议论："都烧成这样了，太可怜了……"小明心里这个急呀，灵机一动有了主意，一边往里挤嘴里一边喊道："我是死者的亲友，大家让一让。"

这下终于挤了进去，来到近前。许多双眼睛都在看着他，小明也目瞪口呆，脸红一阵白一阵的。原来烧死的是一头老母猪。

大道理

要小聪明者往往能够得到一些实惠，但也常常会"聪明反被聪明误"，令自己陷入尴尬境地。

卖　药

某人开了一个药店。一天他要外出，临行前对儿子说："我要出去了，你有没有把所有的药品名称都记起来？"

儿子就说："都记起来了。"某人便放心地出门了。

过了一会儿有一位教授来了，他问儿子："令尊在吗？"

儿子说："没有令尊这种药。"

教授又问："那令堂在吗？"

儿子说："也没有令堂这种药。"

教授听后，气哼哼地走了。

某人回来就问儿子有没有人来买药，儿子就说："有，可是我找不到令尊和令堂这两种药！"

某人听了之后就打了他儿子一巴掌，然后跟他儿子说："令尊就是我，令堂就是你妈。"第二天某人出去后教授又来了，他又问儿子："令尊令堂在吗？"

儿子就打了教授一巴掌说："令尊就是我，令堂就是你妈。"

大道理

面对新知识，一定要理解透彻真正掌握，一味地机械照搬不求甚解和囫囵吞枣没什么两样。

为自己的女儿做媒

萨特想把自己的母牛卖掉，可他牵着母牛在集市上转了好久，也没有卖出去。一位朋友见了，接过他手里的牛缰绳，把牛牵到另外一个地方，放声吆喝道：“快来买呀，这是一头母牛，已经怀孕 6 个月了。”

一位急着要买怀孕母牛的顾主立刻跑来，出高价把母牛买走了。萨特又惊又喜，拿上钱谢过那位朋友，高高兴兴地往家里赶。

回到家里，萨特发现有几个媒婆正坐在家中。妻子急忙悄声对他说：“有人给咱们女儿说媒来了，这回让她们好好看一看咱们的女儿，咱们也夸一夸她如何能干，给她找一个好婆家！”

“闭上你的嘴，这事我来说，这回我可知道了怎样夸奖自己的货色了。”萨特说。

妻子还以为萨特有什么好办法，于是便恭恭敬敬地接待媒婆去了，还让女儿吻了她们的手。妻子对媒婆说：“请贵客稍等，让孩子她爸跟你们慢慢说吧！”

“为什么要慢慢说呢？”萨特走过来，急忙说道，“只有一句话，我们的闺女，已经怀孕 6 个月了！”萨特刚说完，媒婆们便吓得捂着脸逃走了。

大道理

什么事物都讲究具体问题具体分析。一个好办法，不能一用到底。因为，世界上没有两片相同的树叶。事与事不同，人与人不一样，牵着牛鼻子一走到底的人最后只能被牛踢。

牧师的讲话太长

在乡下工作多年的老邮递员约翰死了，葬礼办得很气派，整个地区的人都前来参加。这些年来，约翰一直辛辛苦苦地为这个地区的人服务，牧师觉得应该再讲点什么，以向约翰表示感谢，于是他站在棺材旁念了一首诗：

“冬天，当大雪纷飞、寒风刺骨的时候，他来了；春天，当道路泥泞、沼泽为患的时候，他来了；夏天，当尘土飞扬、太阳灼热的时候，他来了；秋天，当秋雨绵绵、寒气袭人的时候，他来了。”

从教堂出来，在回家的路上阿尔宾对他的邻居奥洛夫说：“奥洛夫，牧师今天的讲话很不错。”

“是的，很不错，但是没必要那么长，实际上他只需说，约翰在各种鬼天气里都来，就够了。”

大道理 有时候，简洁要比冗长更有力。在当今快节奏的生活里，一切都需简洁，短更容易用上力，长则易断，中间环节容易出问题。

看腿识鸟

某大学在做一次动物学考试，主考官宣布试题：“在教室前面放着10只鸟，每只鸟都用布袋罩着，只有腿露在外面。请大家认真观察每只鸟的腿，然后说出它们各自的俗名、习性、类属……”

一位同学观察了每只鸟的腿，但这些鸟在他看来，似乎没什么不同，他越看越气恼，起身对考官说：“这样的考试太无聊了，谁能做到看腿识鸟？”

考官对他的言行感到吃惊，急忙问道：“你是哪班的？叫什么名字？”

恼怒的学生走到讲台上把裤管往上一提亮出小腿，向考官吼道：“你猜猜我是谁啊？”

大道理 恼怒的学生以其人之道还治其人之身。本来嘛，己所不欲，勿施于人。

收电费的

老王退休后买了一只鹦鹉，这只鹦鹉虽然只会讲一两句简单的话，却也能时常逗得老王哈哈大笑。于是老王头就把这只鹦鹉宝贝似的藏着，轻易不给外人瞧见。

一楼住着的老李也是退休在家，这老李整天说在家闲得难受，街道就给他安排一些力所能及的活干。

这天，老李负责挨家挨户收电费，来到老王家门口举手敲门。就听见屋里有个声音问："谁呀？"老李连忙说："是我，收电费的！"半天不见开门。老李很纳闷儿，屋里明明有人说话嘛，于是又敲。还是那个声音在问："谁呀？""是我，收电费的！"仍不见开门，老李越想越气，"咚咚咚"地使劲擂门，心想："就这点电费钱你还想赖账不成！"依旧是那个声音在问……反复几次，老李气得血压上升，眼前一黑晕倒在门旁。

不多时老王买菜回来了，看见门口躺了个人，吓了一跳，高声喊道："这是谁呀？"

就听屋里有个声音说："收电费的！"

大道理

门里门外两个世界。遇事须将心放得平和一些，戒急勿躁，退一步海阔天空，忍一时风平浪静。

让　座

有个精力旺盛的老婆婆去搭公车。上了公车，一个彬彬有礼的少年起身让座给老婆婆，老婆婆说："你坐好，我还很年轻，不需要你让座给我的！"

过了一会儿少年又站了起来，老婆婆拍拍他的肩膀说："没有关系的，你不用让给我坐，我没那么老，我还年轻呀！"

就这样经过数次后，那少年哭了起来。

少年哭着说："老婆婆，我已经过了好几站了，你为什么不让我回家啊！"

大道理

常常有这样的人，按照自己的意愿来行事，以自己的眼光来判断对方，结果让人哭笑不得，误人误事。

加倍处罚

有个县官老爷问一有功随从道："你要我赐你些什么？"

随从说："我想请你写个命令，让每一个怕老婆的人都向我缴纳一头驴。"

县官老爷照办了。随从怀揣着命令到处转，打听到哪儿有人怕老婆，就向他出示县官的命令，并征收他一头驴。

没过多久，随从赶着一大群驴回来了，县官老爷见了大吃一惊，心想："在我的管辖区里怎么会有那么多的人怕老婆呢？"

第二天，随从去晋见县官老爷，向他汇报情况，并陈述沿途的所见所闻："老爷！这次出门我遇见了一个绝色的美人，她面似满月，唇红齿白，体态轻盈，妩媚多姿，又多才多艺，温柔典雅。我已经瞒着人偷偷给你带回来了。"

县官老爷喜得眉开眼笑，连连用手示意随从说："轻点！我太太就在隔壁，她若听见我们的谈话，一定会大闹的。"

随从站起来说："哈哈，老爷，你也是个怕老婆的，不过你立令违令，罪加一等，对你的处罚应该加倍，快给我两头驴吧！"

大道理

有些事，放在别人身上就是笑话，而落在自己身上却成了悲剧。

书生求亲

一穷书生爱上了财主家的小姐，一天他去提亲，可财主让他做成三件事之后才可以娶他的女儿。他看见门边有一头牛，就说：“你先让牛摇头，再让牛点头，然后让它跳到河里去，就算你赢。”

书生走到牛的跟前，跟牛说了几句话，只见牛先摇了摇头，后点了点头，最后扑通一声跳到了河里。

财主很奇怪，问他是怎么做到的。

书生说：“我先问牛认不认识我，牛摇了摇头；我问它‘你很牛吗’，牛点了点头；然后我用火烧它的尾巴，它就跳到河里去了。”

财主气坏了：“我刚刚说错了，是先让牛点头，后让牛摇头，不许用火烧它再让它跳到河里去。哼哼，这下你没办法了吧？”

只见书生又走到牛的旁边，跟牛说了几句话，牛点头摇头后，又跳到河里去了。

财主很奇怪，问他怎么又做到了。

书生说：“我先问它，‘你认识我吗’？牛点了点头；我又问它，‘你很牛吗’？牛摇了摇头；最后我说，‘那你知道该怎么做了吧’？结果它自己就跳到河里去了，我也没办法！”

大道理

若想成功，机智灵活必不可少。

智斗强盗

有一次，卓别林带着一大笔现款走在路上。突然，从路旁草丛里跃出一个蒙面强盗。

强盗威胁着要卓别林交出钱款。卓别林答应了，并对他说："请在我帽子上开两枪吧，我好回去向主人交代！"

强盗"叭叭"两声，照他的话做了。"再在我的衣襟上开两枪吧！"卓别林又说。"叭叭"两声，强盗又照做了。

"最后，请您再在我的裤腿上打两个洞，拜托了！"

强盗一听，不耐烦地提起枪，又在裤腿上打了两枪。

卓别林知道强盗的手枪里再也没有子弹了，便一脚把他绊倒，飞也似的跑了。

大道理

遇到危险时，处于劣势而强硬反抗只会无端送命，而若能开动脑筋，依靠智取，则可能会全身而退，毫发无损。所以，遇到危险时一定要冷静地想办法。

翻　译

一名美国警察费尽周折，终于将一名阿根廷抢劫犯缉拿归案。

为了从抢劫犯口中得知他把抢来的钱放到哪儿去了，他为这个会讲西班牙语的抢劫犯叫来了一名翻译。

警察："老实交代，钱放在哪里？"翻译如实对抢劫犯翻译了。

抢劫犯："我死也不说！"翻译一字不漏地传达。

警察大怒，拔出手枪对抢劫犯吼到："你如果不说，我就一枪毙了你！"翻译面无表情地对抢劫犯翻译着。

抢劫犯大惊，忙说道："我说我说，你千万别开枪。钱全部都放在住宅外面的那辆汽车里面。"

翻译面不改色地对警察译道："你打死我吧，不管怎样我都不会告诉你的。"

大道理

这就是所谓的"螳螂捕蝉，黄雀在后；道高一尺，魔高一丈"。

不知道是谁的

一乡亲进城办事。中午吃饭喝多了酒，浑身热乎乎的。吃完饭晃晃悠悠往家走。初春的太阳照过来，令他觉得身上穿着大羊皮袄实在是热，就将之脱下来搭在肩上。

不久大皮袄从肩上滑下来，绊在脚下。他不知是什么，低头一看，心中大喜：谁的大皮袄丢在路上，正好被我捡到。随即捡起大皮袄搭在肩上继续向家里走。不久大皮袄又从肩上滑下来，绊在脚下。他低头一看不禁又是一阵高兴：又是一件大皮袄，我也把它捡起来吧。就捡起大皮袄又搭在肩上向家里走。……一路上那件大皮袄也不知掉下多少次。

这位乡亲到家后，他妻子问："你的大皮袄呢？"

他高兴地说："你不问我倒忘了，我在回来的路上捡了好多好多大皮袄，也不知是谁丢的。我嫌它们太重，所以最后一件我就没捡。"

大道理

一路糊涂着捡了很多件皮袄，却把自己的皮袄弄丢了。平时我们做事时也会犯这样的错误，看似做了许多工作，但关键之处却没有把握好，最后导致失败。

喝醉的超人

一家位于摩天大楼顶端的酒吧生意兴隆。这一天某甲心情不佳，在这里借酒消愁喝闷酒。从外面走进来一个醉汉，满身的酒味。他走到吧台那里，向酒保要了一杯烈性酒，喝完后二话不说，走到一扇没关的窗户前，毫不犹豫跳了出去。

某甲看到吓了一大跳："怎么当场跳楼自杀呢？"

没想到过了一阵子，那名醉汉又从门口走进来，毫发无伤。他走向酒保那里，又要了一杯酒，然后又是喝完就从窗户跳出去……同样的情形又发生了好多次，某甲越看越觉得不可思议，就趁醉汉喝酒的时候，问他怎么回事。

醉汉说："这酒有强烈的挥发性，在体内作用，可以使人产生浮力，慢慢飘落到地面上。"

这实在是太神奇了，令人觉得不可思议，但是因为亲眼看见，某甲也就不加猜疑，马上和他点了一样的酒，一仰头一饮而尽，然后学醉汉也从窗户跳出去，结果某甲被摔死了。

酒保把这一切都看在眼里，只见他看着那个醉汉，摇了摇头，有一点生气又无奈地对他说道：“超人，你喝醉的时候简直就是欠扁。”

大道理

处事最当熟思缓处，熟思则得其情，缓处则得其当。盲目跟风只会为自己留下遗憾。为了不使自己上当受骗，人就应该在生活面前学得更加聪明，三思而后行。

全体禁闭

因为军舰上禁饮酒类饮料，所以部分好酒的士兵们便只能在餐厅里偷偷地喝。

一天，士兵们正在喝酒，忽然听到有人向餐厅走来，而且脚步声越走越近。于是，士兵们立即把餐桌上的酒瓶都藏了起来。

“少尉你好！”士兵们和来人打招呼。

少尉从餐桌下面找到了酒瓶，可是他是个见酒没命的人，所以拿起酒瓶就想喝，没想到酒瓶刚送到嘴边，舰上的执勤军官走进餐厅。

少尉立即开口打破了餐厅的寂静：“一点不假，确实是酒，罚你们全体禁闭！”

大道理

我们不得不为少尉的机敏而叫好。莎士比亚说过：智谋出于急难。一个本领超群的人，越是在困难或挫折面前，越能显示出他不同凡俗的身手。

事与愿违

牧师讲道，发现听众中有人打呼噜，就决定教训他一番：“你们当中，愿意上天堂的请站起来。”牧师对大家说。

除那个睡着的人外，全都应声起立。

众人坐下后，牧师继续问：“谁愿意下地狱，请站起来。”

这时，那个睡觉的人被惊醒了，他茫茫然连忙站了起来。

众人顿时偷偷发笑。

"先生，"他睡眼惺忪，左顾右盼，然后问牧师，"干吗只有我和你站着？"

大道理

在评论别人之前，是不是应该多想一想自己是否做得够好呢？至少应该这么要求自己：批评不要尖酸刻薄，不要冷嘲热讽，而是怀着诚心帮助别人改正缺点。

我的棉袄怎么不见了

一小偷晚上进入一户人家偷东西，这家夫妻两人已入睡。小偷摸索了半天也没啥可偷，摸到了桌子下面有个坛子，里边有半坛子米。

这家男人听见有动静，就不动声色地看小偷会偷什么，见小偷脱下自己身上的棉袄铺在地上，准备把坛子里的米偷走。当小偷钻入桌下抱坛子的时候，男主人轻轻伸手把小偷铺在地上的棉袄抓起扔在床上。

小偷把米倒在地上后不见了自己的棉袄，就在四周摸呀摸的。这时女人醒来了，推了推身边的男人说道："哎！有小偷吧？"

男人装作没事地说："睡吧，哪有小偷！"

这时小偷接言道："没有小偷，我的棉袄怎么不见了？"

大道理

男主人的聪明就在于他不用和小偷发生正面冲突就能避免财产损失；小偷的愚蠢就在于忘记了自己身居何处，"偷鸡不成反蚀把米"。有许多妙招可以化解身边的矛盾，关键看你肯不肯动脑筋去想。

头上的绿蝴蝶

玛丽今年 12 岁了，可她还像小时候那样害羞和内向，因为她一直有个心结解不开：她觉得自己不漂亮。

某天下午放学后，她慢慢地沿着街边往家走，心情很沉重。忽然，一家商店门口的牌子吸引了她，只见那上面写道："新到魅力饰物。"她走进去一看，原来商店里摆着许多颜色鲜艳的大蝴蝶结。

玛丽站在柜台前看了好久，却一直犹豫不决，因为她不知道自己戴上会有什么效果。

“亲爱的，这个对你来说再合适不过了。”女售货员忽然从柜台下拿出了一个绿色的蝴蝶结，“它很配你草绿色的裙子。”

“噢，不，我不能戴那样的东西。”玛丽立刻拘谨地摇了摇头，虽然她是那么渴望试一试。

女售货员故作惊讶地说道：“天哪，为什么不呢？你有一头这么可爱的金发，又有一双漂亮的大眼睛，我看你戴什么都好看！”

也许正因为女售货员的这几句话，玛丽把那个蝴蝶结戴在了头上。

“再往前一点。”女售货员提醒她道，并开始亲自为她佩戴，“亲爱的，你要记住，不管你戴上什么东西，都要像没有谁比你更合适戴它一样，所以，你应该自信一点，抬起头来。”

说着，女售货员轻轻地托起了玛丽的下巴。结果，镜子里出现了一个脸蛋红扑扑、眼睛亮晶晶的小姑娘，她看上去是那么迷人。

“这个我买了。”玛丽说道，然后，她便为自己这么快就做出决定暗自惊奇起来。

付过钱之后，兴奋得有些无法自控的玛丽迅速跑出了商店，以至于差点被一位正在进门的妇女撞倒。

来到大街上，玛丽想象着刚才镜子里的自己，高高地抬起了头，并在不自觉间露出了一丝微笑。她悄悄地看了看四周，感觉大家似乎都在看她。

“他们一定是觉得我很漂亮。”玛丽有点得意地想。

“玛丽，今天你有点与众不同呢。”刚来到家门口，邻居比尔便恭维她道。

玛丽高傲地一昂头：“当然，以后我会越来越与众不同的。”

“玛丽，今天看起来好精神啊，是不是遇上什么开心事了。”进入房间后，妈妈也这么说她。

“当然是有开心事啦。”玛丽一边高兴地自言自语着，一边走到了镜子面前，她想再欣赏一下自己戴着绿蝴蝶的样子。

“啊！”她惊讶地叫了起来——头上居然什么都没有！后来她才知道，她的蝴蝶结早在跑出商店门口被撞时就掉了。

大道理

美丽是自信的副产品。记住：美丽并不来源于长相，而是来源于自信，只有你自信自己并不缺少美，美丽才会真的来到你的世界。

题　字

某领导字写得特别差，很是拿不出手，但由于平时批文件总是写“同意”，所以这两个字写得特别好。

一次，他带团到日本参加交流会。考察结束后，接待方提出请每一位与会人士写一幅字，作为纪念保留下来。

这位领导一听心里就急了，心想这可如何是好，我只有“同意”二字写得不错，但这种场面，不写又不合适。正在为难之计，突然灵机一动：“有了！”

轮到他题字时，他便从容不迫地说道：“大家知道，日语里有很多汉字，但他们的读音和含义与汉语中的汉字是不一样的，我就以此为题写一首小诗。”

于是这位领导挥毫写了起来，写完之后，大家一看，连声称好，原来他写的是：“同字不同意，同意不同字；字同意不同，意同字不同。”

大道理

避短扬长，随机应变。一个机智的人，总是能轻松自如地面对任何挑战。

俩老抠

老王和老李都很抠门。老王在镇上住，老李家住农村。

一天，老王到乡下老李家串门，一直快聊到晌午头了，可老王却丝毫没有一点走的意思，明摆着一副准备蹭饭的架势，这下可急坏了老李。

老李正发愁用啥法赶老王走呢，忽然听到墙上的挂钟“当当当”地响了起来。老李眉头一皱，叉着腰盯着墙上的挂钟瞅了老半天，就是不说一句话。直到老王扯着他的衣襟问他到底咋了，他才缓过神儿来，扭头冲老王说：“咦？我这挂钟咋不走了呢？”

老王挺纳闷儿：“刚才挂钟明明在响啊，咋会不走了呢？”他抬头看了一下墙上的挂钟，迷惑地回答道：“走着的呀！”

老李不相信地又问：“真走？”

老王斩钉截铁地答道：“真走！”

老李一听，喜出望外，连忙站起来，装作一副遗憾的神情说：“你瞧你咋不吃饭就走呢？”

老王这才明白过来，老李这是变着法在赶自己走呢。可话都说到这份儿上了，咋还好意思赖着不走呢，只好悻悻地告辞回家。

又过了几天，老李到镇上赶集，就想到老王家串门混顿饭去。这老李是个鬼机灵，会挑时间，一直在街上逛到过了晌午头，约莫着老王家这个时候说啥也该吃中午饭了，老李这才夹着自己赶集时买的两条香烟进了老王家。一进屋，就看见老王一家正围在饭桌上吃饭，老李心里这个高兴啊，心想：“这回可要蹭你老王一顿饭了。”

老王一见老李大中午头吃饭的时候登门，不但丝毫没有生气，反而乐哈哈地迎上去，把老李胳膊里夹着的烟接过来，放到桌上，扭头热情地握住老李的手，亲切地说了一句：“老李，你瞧你咋还是吃过饭来的？来就来呗还送两条烟干啥？”

老李：“……”

大道理

“物以类聚，人与群分。”是怎么样的人，就能交到怎么样的朋友。赤胆英雄之人只能交天下的豪客友，而鸡鸣狗盗的只能交到市井无赖之徒为友。所以交结朋友要谨慎。“君子之交淡如水，小人之交甘若醴。”

你要打赌吗

有一男子走到酒吧，向酒保说：“你要打赌吗？ 50 美元，打赌我能咬我的眼睛！”酒保认为不可能，就接受了打赌。

那男子把假眼球拿出来，放在嘴里咬。酒保只得乖乖赔了 50 美元。

不一会，男子又说：“要不要翻本？ 50 美元，打赌我能咬我另一个眼睛！”

酒保看那人没用导盲犬，也没拿拐杖，不可能两眼都是假的，于是就接受了。

那男子把假牙拿出来，咬另一个眼睛。

酒保只得又乖乖赔了 50 美元。

男子喝完啤酒，走出酒吧。不久又回来了……

他对酒保说：“好了，这次让你有机会翻本，100 美元，打赌我能尿进 20 英尺外的啤酒杯，一滴也不漏！”

酒保心想：“这怎么可能？”于是就接受了。

那男人拉开裤头就尿了起来，但撒得满地都是，一滴也没尿进酒杯。

酒保高兴极了，拿回 100 元，吹起口哨清理残局。

此时，他看见那男子笑眯眯地在一旁抽烟，他感到很惊讶。于是就问：“老弟，我不明白为什么你那么开心，你不是已经把赢来的钱输回给我了吗？”

那人笑眯眯地指着窗外道：“老兄，看到那边的三个人吗？我和他们赌 500 美元，说我能在你的酒吧里撒尿，而你会笑眯眯地吹着口哨清理残局！”

大道理

看到胜利的人不一定是胜利者，因为事情的结果常常是始料不及，出乎意料；骗者有术，高明的骗子往往是利用别人来达到自己的目的。

到家了

小张喜欢喝酒，常醉。有一次，他喝醉之后上了出租车，司机缓缓开着车等他告知要去哪里。等了半天也没见动静，回头一看，见小张正脱衣服呢。司机吓了一跳，连忙问：“先生，您这是干什么？”

小张说：“可算到家了，我要睡觉。”

司机赶紧告诉他：“这是我的车，不是你的家。”

小张呆呆地想了一会儿，突然大声喊："快，快回到我上车的地方去！"

司机问他为什么，小张说："我刚才以为已经到家，把鞋脱在门口了。"

大道理

"一时糊涂"人皆有之，更为可怕的是那些在糊涂之时做下的自以为是的事情。

酒鬼聊天

两个爱尔兰人坐在一个酒吧间里喝酒。

甲问乙："你是哪里人？"

乙答道："我生在科克郡。"

"不是开玩笑吧？我也生在科克郡！……咱们再来一杯吧！你生在科克郡什么地方？"

乙答道："我生在萨克村，门前有一条小河从萨克村南边流过。"

"上帝保佑，"第一个人叫道，"你能相信吗？我也生在萨克村。为了咱们的亲近，来，我们再干一杯！……那么你是在哪个学校上学呢？"

"我是在镇上的圣母受难学校上的学。"另一个答道。

这时第一个人已经兴奋得不能自已，他大声叫了起来："天啊！太不可思议了，我也是在那个学校上的学，这个世界真是太小了！老板，再给我们每个人来上一杯！"

这时，酒吧里的电话铃响了，老板接电话："克兰酒吧……噢，今天晚上没有什么新鲜事，就是奥哈拉家的那对双胞胎又喝多了。"

大道理

酒多误事，这或许谁都知道。少量饮酒即兴小酌有益健康和交流，没有节制地喝得烂醉如泥，那酒就成了惹事之源、穿肠毒药。

王八的话多

有一年，韩老大到刁碎嘴家扛活。他见这个财主专门在吃饭时在长工们面前叨咕个没完，使长工们饭都吃不消停，就想找个机会捉弄捉弄他。

一天，吃晌午饭，刁碎嘴又到长工屋里叨咕起来。

韩老大越听越生气，趁刁碎嘴点烟的工夫，他讲了一个故事：

从前，有个人，朋友请他吃了一顿饭。他就想回请这个朋友。恰好有一天，他钓了一只王八。他向妻子要钱，打算到集市上买点菜。

妻子说："有啥算啥呗，何必破费？"

他说："那咱们也不能用王八肉请朋友哇！传扬出去，我的脸面也不好看呀！"

妻子说："唉，你不会别说这是王八肉！就说是'话肉'。"

第二天，他把朋友请来，妻子端上一碗王八肉，朋友吃了一块觉得味道不错，问："这肉好鲜美，是啥肉？"

他说："这是话肉。"

朋友又夹了一块，一边品味一边赞扬："这肉真好吃！"说完，又夹了一块放进嘴里。不一会儿，就把一碗王八肉吃了个精光。妻子又端来一碗，一转眼又吃光了。

主人叫妻子再盛一碗话肉来，妻子急了，用手一比画，说："就这么一个大王八，哪儿有那么多话？"

听到这儿，长工们都捧腹大笑起来。刁碎嘴先是一愣，眨着眼，半天才琢磨过味儿来：噢，闹了半天，韩老大是在贬斥我啊！

大道理

这是直与弯的应用。有时候不能直说的话可以拐个弯，让对方去悟，有时会比直言效果好。

大副醉酒

一艘商船上的大副由于久未回家，心情苦闷，于是就在餐厅借酒浇愁，没想到一喝就醉倒了。

船长依据职权，不客气地在当天的航海日志上写下：“大副今天喝醉了酒。”

第二天，大副醒酒后看到了船长写的日志，十分不安，请求船长将之涂掉，船长不肯，坚持说这是事实不能随意更改，大副非常无奈。

下一星期轮到大副记航海日志，他写道：“船长今天没有醉酒。”

大道理

同样的状况，用不同的言语文字表达，往往就会产生极大的出入。言语的力量由此可见一斑，能不慎乎？

礼尚往来

中尉走到一名二等兵面前，二等兵没有按军规向中尉敬礼。中尉大怒，命令二等兵：“你现在向我敬 200 次礼，这是对你的惩罚。”

正巧有一名将军路过。问明事由，将军微笑着说：“这很好，不过按照军规，他每敬一次礼，你必须回一次礼。”

大道理

己所不欲，勿施于人。我们在给别人带来麻烦的时候，应该仔细考虑一下：同样的事情如果发生在我们身上，我们会怎么想。

建设速度

旅游者乘坐着一辆大型游览车在华盛顿城观光。到五角大楼的时候，司机告诉大家，这栋大楼花了好几百万美元，用了一年半的时间才建成。

一位矮小的老妇人失声说："在我们得克萨斯，建造这么一座楼房，不用花这么多钱，也不用这么长时间。"

游览车到了司法部大楼前，司机又解说道："这栋大楼花了数百万美元，几乎用了两年的时间才建成。"

那位矮小的老妇人又把刚才说过的话重复了一遍。

最后，汽车经过华盛顿纪念碑时，司机特地把车速放得很慢，一句话也不说了。

矮小的老妇人憋不住了，对司机大声嚷道："喂，这是什么？"

司机头也没回，就说："对不起，太太！这个我可不知道。因为昨天这里还没有它！"

大道理

人千万不要牵强附会竭尽拍马奉承之技，但也不能不懂装懂打肿脸充胖子满足自己的虚荣心，人是用内在的品质来使人敬佩，而非靠外在的加冕来使人信服。

缺点和优点

房产经纪人对他的顾客说："诚实待客是我们公司的一贯宗旨。我们将向您介绍所有房子的优缺点。"

"那么这座房子的缺点是什么呢？"

"哦，首先这座房子的北面三英里的地方是一个养猪场。西面是两个污水处理厂，东面是一个化工厂，而南面则是一个酱制品公司。"

"那么，它又有什么优点呢？"

"那就是，您随时都能断定，今天刮的是什么风。"

大道理

所谓的强词夺理就是无论怎样看待问题，是"一分为二"也好，是"一分为三"也罢，分出来的永远是优点和正确的。

计程车

有一位计程车司机开车开得很快，他车上的乘客很怕，就请他开慢些，那司机就说："没关系的，我大哥也是这样子开计程车，都开了十几年了也没什么事！"

然后计程车跟旁边开跑车的人赛起车来，乘客又很害怕，请他不要跟人家赛车，那司机又说："没关系的，我大哥也是这样子开计程车，都开了十几年了也没什么事！"

后来司机又频频闯红灯，那乘客又很害怕，请他不要再闯红灯，那司机又说："没关系的，我大哥也是这样子开计程车，都开了十几年了也没什么事！"

忽然，来到了一个十字路口，前面是绿灯，那司机忽然刹车停了下来，那乘客就很好奇地问："为什么你现在反而要停下来？"

那司机很尴尬地说："没什么的，就是怕我大哥从红灯那边闯过来！"

大道理

遵守规则，社会便会秩序井然；反之就会混乱不堪。

秀才过沟

从前，有一位秀才上京赶考，途中有一条水沟挡住去路。行至沟旁，他的仆人把肩上的行李背稳，一跃而过。可是这位秀才没有过沟的本领，呆立沟旁，十分焦急。

仆人看见，就大声喊道："相公，把胆子放大点，跳！"

于是，这位秀才就两腿并齐，用力一跳。但他没有跳过沟，却"扑通"一声，掉到水里成了个"落汤鸡"。

仆人埋怨他说："哎呀，相公！你怎么把两腿并在一起跳呢？"

秀才答道："跳者，乃双脚并用也。"

弄得仆人哭笑不得。

大道理

具体问题要具体分析，知识要活学活用，要不然你真的会被知识捆缚，跌入沟底。

第四篇

小文章 大道理

致加西亚的信

如果你为一个人工作，以上帝的名义：为他干！

如果他付给你薪水，让你得以温饱，为他工作——称赞他，感激他，支持他的立场，和他所代表的机构站在一起。

如果能捏得起来，一盎司忠诚相当于一磅智慧。

在一切有关古巴的事件中，有一个人最让我忘不了。

美西战争爆发后，美国必须立即跟西班牙的反抗军首领加西亚取得联系。加西亚在古巴丛林的山里——没有人知道确切的地点，所以无法带信给他。然而，美国总统必须尽快地获得他的合作。

怎么办呢？

有人对总统说：“有一个名叫罗文的人，有办法找到加西亚，也只有他才找得到。”

他们把罗文找来，交给他一封写给加西亚的信。关于那个名叫罗文的人，如何拿了信，把它装进一个油纸袋里，封好，吊在胸口，3 个星期之后，徒步走过一个危机四伏的国家，把那封信交给加西亚——这些细节都不是我想说明的。我要强调的重点是：美国总统把一封写给加西亚的信交给罗文，而罗文接过信之后，并没有问：“他在什么地方？”

像他这种人，我们应该为他塑造不朽的雕像，放在每一所大学里。年轻人所需要的不只是学习书本上的知识，也不只是聆听他人种种的指导，而是更需要一种敬业精神，对上级的托付，立即采取行动，全心全意去完成任务——“把信送给加西亚”。

加西亚将军已不在人间，但现在还有其他的加西亚。凡是需要众多人手的企业经营者，有时候都会因一般人无法或不愿专心去做一件事而大吃一惊。懒懒散散、漠不关心、马马虎虎的做事态度，似乎已经变成常态，除非苦口婆心、威逼利诱地叫属下帮忙，或者，除非奇迹出现，上帝派一名助手给他，否则，没有人能把事情办成。

不信的话我们来做个试验：你此刻坐在办公室里——周围有 6 名职员。把其中一名叫来，对他说："请帮我查一查百科全书，把某某的生平做成一篇摘录。"

那个职员会静静地说："好的，先生。"然后就去执行吗？

我敢说他绝不会，反而会满脸狐疑地提出一个或数个问题：

他是谁呀？

他过世了吗？

哪套百科全书？

百科全书放在哪儿？

这是我的工作吗？

为什么不叫查理去做呢？

急不急？

你为什么要查他？

我敢以 10 ∶ 1 的赌注跟你打赌，在你回答了他所提出的问题，解释了怎么样去查那个资料，以及你为什么要查的理由之后，那个职员会走开，去找另外一个职员帮助他查某某的资料，然后，会再回来对你说，根本查不到这个人。真的，如果你是聪明人，你就不会对你的"助理"解释，某某编在什么类，而不是什么类，你会满面笑容地说："算啦。"然后自己去查。这种被动的行为，这种道德的愚行，这种心灵的脆弱，这种姑息的作风，有可能把这个社会带到三个和尚没水喝的危险境界。如果人们都不能为了自己自动自发，你又怎能期待他们为别人采取行动呢？

你登广告征求一名速记员，应征者中，十之八九不会拼也不会写，他们甚至不认为这些是必要条件。这种人能把信带给加西亚吗？

在一家大公司里，总经理对我说："你看那职员。"

"我看到了，他怎样？"

"他是个不错的会计，不过如果我派他到城里去办个小差事，他可能把任务完成，但也可能就在途中走进一家酒吧，而当他到了闹市区，可能根本忘了他的差事。"

这种人你能派他送信给加西亚吗？

近来我们听到了许多人，为"那些为了廉价工资工作而又无出头之日的工人"以及

“那些为求温饱而工作的无家可归的人士”表示同情，同时把那些雇主骂得体无完肤。

但从没有人提到，那些老板一直到年老，都无法使那些不求上进的懒虫做点正经的工作，也没有人提到，有些老板长久而耐心地想感动那些他一转身就投机取巧的员工。

在每个商店和工厂，都有一个持续的整顿过程。公司负责人经常送走那些显然无法对公司有所贡献的员工，同时也吸引新的进来。不论业务怎么忙碌，这种整顿一直在进行着。只有当公司不景气，就业机会不多，整顿才会出现较佳的成绩——那些不能胜任、没有才能的人，都被摒弃在就业的大门之外，只有最能干的人，才会被留下来。为了自己的利益。使得每个老板只保留那些最佳的职员——那些能把信送给加西亚的人。

我认识一个极为聪明的人，他没有自己创业的能力，而对别人来说也没有一丝一毫的价值，因为他老是疯狂地怀疑他的雇主在压榨他，或存心压迫他。他无法下命令，也不敢接受命令。如果你要他送封信给加西亚，他极可能回答：“你自己去吧。”

当然，我知道像这种道德不健全的人，并不会比一个四肢不健全的人更值得同情。但是，我们也应该同情那些努力去经营一个大企业的人，他们不会因为下班的铃声而放下工作。他们因为努力去使那些漠不关心、偷懒被动、没有良心的员工不太离谱而日增白发。如果没有这份努力和心血，那些员工将挨饿和无家可归。

我是否说得太严重了？不过，当整个世界变成贫民窟，我要为成功者说几句同情的话——在成功机会极小之时，他们导引别人的力量，终于获得了成功；但他们从成功中所得到的是一片空虚，除了食物外，就是一片空无。

我曾为了三餐而替人工作，也曾当过老板，我知道这两方面的种种甘苦，贫穷是不好的，贫苦是不值得推介的，但并非所有的老板都是贪婪者、专横者，就像并非所有的人都是善良者一样。

我钦佩的是那些不论老板是否在办公室都会努力工作的人，我也敬佩那些能够把信交给加西亚的人。静静地把信拿去，不会提出任何愚笨问题，也不会随手把信丢进水沟里，而是不顾一切地把信送到。这种人永远不会被解雇，也永远不必为了要求加薪而罢工。文明，就是为了焦心地寻找这种人才的一段长远过程。这种人不论要求任何事物都会获得。他在每个城市、村庄、乡镇，以及每个办公室、商店、工厂，都会受到欢迎。

世界上极需这种人才，这种能够把信送给加西亚的人。

（阿尔伯特·哈伯德）

大道理

“忠诚”“敬业”“服从”“信用”之类的话题虽显老套，但是它们却能让你顺利前行，毋庸置疑地获得成功。

生活是不公平的

比尔·盖茨写给即将走出学校、踏入社会的青年一代的11点忠告：

1. 生活是不公平的，你要去适应它。

2. 这个世界并不会在意你的自尊，而是要求你在自我感觉良好之前先有所成就。

3. 刚从学校走出来时你不可能一个月挣6万美元，更不会成为哪家公司的副总裁，还拥有一部汽车，直到你将这些都挣到手的那一天。

4. 如果你认为学校里的老师过于严厉，那么等你有了老板再回头想一想。

5. 卖汉堡包并不会有损于你的尊严。你的祖父母对卖汉堡包有着不同的理解，他们称之为“机遇”。

6. 如果你陷入困境，那不是你父母的过错，不要将你理应承担的责任转嫁给他人，而要学着从中吸取教训。

7. 在你出生之前，你的父母并不像现在这样乏味。他们变成今天这个样子是因为这些年来一直在为你付账单、给你洗衣服。所以，在对父母喋喋不休之前，还是先去打扫一下你自己的屋子吧。

8. 你所在的学校也许已经不再分优等生和劣等生，但生活却并不如此。在某些学校已经没有了“不及格”的概念，学校会不断地给你机会让你进步，然而现实生活完全不是这样。

9. 走出学校后的生活不像在学校一样有学期之分，也没有暑假之说。没有几位老板乐于帮你发现自我，你必须依靠自己去完成。

10. 电视中的许多场景绝不是真实的生活。在现实生活中，人们必须埋头做自己的工作，而非像电视里演的那样天天泡在咖啡馆里。

11. 善待你所厌恶的人，因为说不定哪一天你就会为这样的一个人工作。

（比尔·盖茨）

大道理

生活是不公平的，你要适应它。只有这样，你才有资格拥有它，改变它，否则就要被它抛弃。

敢于冒险

柯林·鲍威尔是3个孩子的父亲。他一直认为孩子们才是最重要的，财富不能代替父母对孩子们的关爱和真心喜欢，同时财富也买不到孩子们的尊敬和成就感。儿子迈克是他的长了，从迈克开始，鲍威尔的孩子在年满16岁的时候都会收到父亲在百忙中抽空写给他们的信。下面就是迈克在16岁时收到的忠告——

我总希望能给你们每个人都写一封信，把我希望传授给你们的智慧，至少是我的正确决策和失误带给我的益处和教训都传授给你们。而你，就是收到我信的第一个人。

你现在已经远离了少年时代，开始走上成人之路了，你应该明确地知道要把自己塑造成一个怎么样的人了。

在你的一生中，至少还有50年甚至更长的时间，在这漫长的人生中，有许多不好的东西会带你走上歪路。愤怒会阻碍你前进的脚步，毒品、酒精会给你提供误入歧途的契机，所以你都应该远离它们，相信你应该能学会判断孰是孰非。对于你的判断，我十分有信心，在你今后的人生道路上，不要害怕失败，更不要害怕去尝试。要勇于承担风险，抓住机遇，别做有勇无谋的事情。虽然有很多事情，你很可能以失败告终，但尽管这样，你依然应该相信在未来会有更大的成功及回报在等着你。

你一定要时常记住，不管事情有多么糟糕，明天的天空一定是绚丽多彩的，正所谓明天总是美好的，又何惧黎明前暂时的黑暗呢！

（柯林·鲍威尔）

大道理

因循守旧只会故步自封，不要只看到眼睛所能及的地方，要敢于向眼睛看不到的区域挑战。别忘了巨大的成功总是存在于风险之中！

不要过早地涉足名利场

卓别林与第二个妻子、女演员林达离异之后，他很少与自己的两个孩子联系。在 1932 年的夏天，林达安排自己的孩子作为演员，和她一起在一部电影中出演角色。孩子在从法国回到纽约受到了记者的迎接。年龄不过六七岁的孩子都纷纷在记者面前表示要做伟大的演员。卓别林对此十分恼怒，立即提起法律诉讼，反对孩子们涉足动画片的拍摄。此举得到了法官和许多人的赞同。当孩子们听说法官宣判他们在动画片制作中的表演无效时，两个儿子失望地哭了，以下就是卓别林对此严肃的回应。并且在这以后，随着岁月的流逝，孩子们终于慢慢体会到父亲的良苦用心——

如果你们真的打算步入演员的行列，而在现在还这么小的年纪就开始步入，无疑对你们是有百害而无一利的。

你们现在是会被炒作成儿童演员，但当你们长大成人，再想登上表演舞台的时候，那些当年吹捧你们的人会把你们无情地抛弃。到了那个时候，你们不得不从头再来过，你们肯定会度过一段十分艰难的日子，因为在每个人的心目中，你们的形象应该一直都是讨人喜爱的小演员。但这一点，你们在长大以后是根本不可能做到的。

不要怪我现在不许你们涉足表演，实在是你们的年纪还不足以明了名利场上的一切。过早地经历这一切对你们没有任何的好处，只会让你们变得哗众取宠，像个小丑一般。而等到长大后，你们的心理上则会变得不平衡，这都会影响你们的一生。

如果你们在长大成人之后，仍要坚持步入演员的行列，那么我绝对不会再这样地干涉你们。最后希望你们都能健康快乐地成长。

（查理·卓别林）

大道理

过早地涉足名利场，只会让本不成熟的心灵变得更加虚荣。虚荣可不是什么好东西，虚荣的结果恐怕就如海市蜃楼一般，一点实惠也不会得到。

成功箴言

查尔斯·狄更斯有 10 个孩子，为了解决他们的问题，他可谓是费尽了心思。1868 年 5 月，狄更斯最小的儿子爱德华要去澳大利亚开始新的生活，此时年老体弱的狄更斯意识到此次儿子爱德华一走，自己恐怕是今生再也见不到他了，于是给儿子提出了最后的劝诫——

我无需用太多的言语来诉说自己是多么的爱你，在离别之际，我的内心又有多么的不舍和遗憾。但是生活有一半就是由这许多离别组成的，每个人在有生之年都必须经历和承受这样的痛苦。

但让我备感欣慰的是，我深信你即将开始的生活是非常适合你的。我想这样的生活带给你的自由与茫然将比你待在书房里或是办公室里搞实验更适合你。没有这样的锻炼，你什么也干不成……

在任何事情上都不要居心叵测地利用别人，也不要硬着心肠对待有求于你的人。多为别人着想，因为你也希望别人能如此地对你。即使有时，你的好心好意别人不领情，也不要灰心丧气。别人违背了救世主基督的教义，那是他们的事，只要你自己没有违背就好。

另外，我还想告诉你一句话：你用虔诚的心去感受的东西越多，你费尽心思想得到的东西就会越少。不要总是想方设法去得到许多东西，这样往往什么都得不到。你也千万不要停止每天做祷告的习惯，记得无论日夜都要坚持不懈，我自己也从未停歇过。祷告给人带来的安宁，我深有体会。

我希望在未来的某一天，你能够对别人说，你有一位好父亲，那么我就满足了。

（查尔斯·狄更斯）

大道理

生活就是这样，有痛苦，有幸福，该你经历的必须经历，一件也躲不过去。但是不管多么痛苦，都不要刻意地去伤害、利用别人，更不要有欺负弱小之心。只有这样，老天才会给你机会让你去感受幸福，得到你该得到的东西。

勇敢地渡过难关

以下就是曼德拉在被监禁时，克服重重困难，递送到小女儿手中的信：

……我很高兴地获悉，你已正式成为《挚爱》杂志的专栏作者。在你17岁的年纪，这是一项不小的成绩。写作是受人敬仰的职业，它可以把你直接推到世界的中心，而要成为第一流的作家，你就必须付出实实在在的艰苦劳动，追求美好而新颖的主题，简单明了的表达，不可更替的词汇选择。

关于你的那位男朋友，我对情况不了解，难以为你提供恰当的建议。生活中，很少有人能找到十全十美的男朋友或女朋友。一般来说，双方真诚相爱就足够了，剩下的就是相互谅解和相互影响的问题。坦率而求实的讨论可能使那些微妙的难题迎刃而解。

如果在做了最大努力之后，你仍然觉得你们的关系没有真正改善，那就毫不犹豫地结束这种关系。有一件事情你要永远牢记，永远不能允许任何人欺侮你，不管他是谁，不管你爱他爱得有多深。

现在，你的学业是第一位的，是最重要的事情，要不惜一切取得英语奖学金。这是妈妈和我所愿意看到的事情。

生活中总会有这样的时刻：

人们忘记了他们作为人的可贵天赋，忘记了使他们所到之处和任何困境中都闪耀着光辉的情操。

生活中也总会有这样的时刻：

永远自信的人开始犹豫不决，潜在的天才看上去还不及平庸之辈，本来强悍有力的男子汉在危难降临时瘫软无力。

当人们说生活并不是玫瑰花圃时，说的就是这层意思。相信你可以渡过难关。

（纳尔逊·曼德拉）

大道理

俗话说：困难像弹簧，你弱它就强。只要你足够坚强，就一定能渡过难关，到达成功的彼岸。

自强不息

在我 8 岁的时候，有一天，我从小学哭着回家。当时我满脸通红，刚刚挨了一顿打。我告诉我的母亲，有个小子打了我耳光，我尽力躲避，但是没有躲开。

她抚摸着我通红的脸，问我：“他们为什么要打你？”

我回答：“我没得罪他们，他们就是叫我‘黑鬼’，然后就打了我。”

妈妈的脸色突然变得非常冷峻，显然她非常生气。“你以后永远不要让别人叫你‘黑鬼’并且打你。嘿，听着，我要你反抗和斗争，为你应该拥有的一切而斗争。”

一个星期后，仍然在学校里，有一些小坏蛋跟我过不去，骂我骂得非常难听，然后就咯咯笑着跑了。我知道，他们就是希望我不痛快，但是我不。我感到非常愤怒，并没有试图躲避，而是勇敢地面对他们进行了应有的反击。我和那伙小坏蛋并没有谁输谁赢的问题，重要的是我不再躲避而是直面他们的挑战了。

从那时起，我做出了一个决定，我要反击那些欺负我的人，正如妈妈所说的那样，我一定会获胜。我一定不会再让自己难堪了。对我来说，至关重要的是，面对他人的不公正的待遇时，我不再躲闪，而是懂得要自强、要反击。这是我人生重大的转折点吧。

（黛安娜·罗斯）

大道理

人世中不幸的事如同一把刀，它可以为我们所用，也可以把我们割伤，关键是要看你握住的是刀刃还是刀柄，这取决于你如何看待苦难，如何自强不息。

创建自己的事业

每谋得一个职位，我从不把薪水的多少视为最重要的因素，我最关心的是新的职位与过去的职位相比是否前途和希望更为远大。

在我第一年来到建筑工地工作时，我就有了在同事中成为最优秀的人的决心。当我的同事正在为工作辛苦、薪水低廉而抱怨的时候，我则在努力学习建筑知识。正是因为这样，我才得以迅速提升为技师。

我不光是为了老板在打工，也不是为了单纯的一份俸禄，而是为了我自己的理想在努力。我要使自己工作所产生的价值，远远超过所得的薪水，只有这样我才能得到重用，获得机遇！我的格言是：

如果你认为你是在为别人工作，那你就永远只能为别人工作，如果你认为你是在为自己工作，那你终将会有自己的一番事业。

（查尔斯·齐瓦勃）

大道理

即便是给人打工，也应该尽心尽力地当作自己的事业去做。只有这样，你才会有所积累，才能为开创自己的事业打下坚实的基础。换个角度想一想，给别人创造利润的同时，也是在为自己的成长交学费，有什么不平衡的呢？但是如果你始终认为你是在为别人工作，那就永远不会有什么好结果了。

不要从众作恶

所有的人都没有从众作恶的理由，都不能那样去做。我的祖母这样告诫过我，并把这句话写在了送给我的《圣经》的衬页上，现在我也把这句话送给所有人。

众所周知，世界上存在着各种动机，爱国、爱自己的孩子、热心公益等值得我们赞美的动机；贪欲、权力欲或是虚荣心则是不良的动机。好人的行为总是源于好的动机，但即使一个人做了最坏的事，有时也不一定彻底地坏。

但对于一个人来说，对待道德问题来不得半点马虎，你必须严肃面对你身上所有的道德问题，并努力更正它们。一个人还应该具有无畏和热心公益的精神。就如同我的祖母，她对世俗的轻视以及不在乎多数人的意见，所有这些都留给我良好的印象，值得我效仿，我相信也值得年轻人效仿。

不要从众作恶！这条语录及其背后的用心良苦使我在一生中从不害怕站在少数人一边。我只站在我认为正确的一边。

（伯兰特·罗素）

大道理

从众行为本是一种天性，是人类不想孤独、害怕孤独的天性造成的。这本是无可厚非的，但从众作恶却是可怕，要不得的。因为，从众行为本身就足以使作恶概率、频率提高。可见，消除从众作恶这种行为的最好方法就是孤立恶行，抛弃恶行。只有这样，人们的从众行为才能与人为善。

坚持不懈地努力

爬山会使人筋疲力尽，但有意思的是，人们可以体会到凭借“呼吸恢复”（即在持续的体力消耗中，从最初的筋疲力尽，恢复到呼吸相对轻松的状态）能继续走多远。

每个人都可以从“呼吸恢复”的原理中获得重要的启示，这不仅仅适用于体力劳动，也同样适用于脑力劳动。

许多人在即将度过一生的时候，还从未发现拼搏的真正意义，不知道什么叫作“呼吸恢复”的原理。

不管从事脑力劳动还是体力劳动，大多数人在第一次感到筋疲力尽时就会放弃努力，这样，他们就永远体会不到不折不扣的拼搏所带来的豪情与振奋。

如果我们总是在最困难的时刻放弃，我们就永远不可能知道，原来筋疲力尽之后，我们还会恢复呼吸，获得另外一片天空。

（凯瑟琳·格雷厄姆）

大道理

世界上最难的事就是坚持做最简单的事，能把一件事坚持做到最好的人才可能有所成就。不过，说坚持容易，是因为只要愿意做，人人都能做到，说它难，是因为真正能做到的，总是一小部分人。

以心智战胜逆境

父亲是一位企业家，所以我们家的生活并不算差。但是父亲相信通过教育可以使孩子们明白艰苦劳作的真正价值。

记得我 11 岁的时候，为了赚取补贴，每周我必须为家里修剪草坪，这是父亲为了让我明白劳有所获而设定的。

当时我并不介意做这份工作，但是我毕竟还小，要出色地完成这份工作有点心有余而力不足。但为了使自己完成的工作能博得父亲的满意，我自己想出一个灵活的、随机应变的办法。我存了 4 个月的补贴，等终于有 35 美元的时候，向母亲预支了 25 美元，买了一台属于自己的割草机来修剪草坪。

对此，父亲开始时是非常气恼的，但随后又变得心平气和了。因为我的举措大胆而有创造性，他也的的确确教会了我一门非常有价值的学问，他告诉了我要用自己聪明的才智，在看似无可战胜的逆境之中来争取最后的胜利。

（乔治·卢卡斯）

大道理 有了智慧，懂得如何运用这些智慧，这还远远不够，同时还要对它们加以变通，这样才更容易接近成功。

做生活的强者

埃丽诺不仅是一位演说家、作家和社会活动家，同时也是一位出色的母亲。1948 年，她的女儿安娜知道自己十几岁的孩子得了小儿麻痹症，她给安娜写了一封情深意切的信：

如果我的外孙的情况有任何进展，请及时告诉我。我相信情况并不严重，熬过这段时间就会好。

每当发生这种几乎无法忍受的事情时，就是我们需要在人生价值准则上学到一些东西的时候。

试图让弱者学到什么是不可能的，只有强者才可能从人生的逆境中有所领悟、有所学习并有所长进。

现在你唯一重视的就是孩子的生命和快乐，别的损失对你来讲根本微不足道。但是你仍然要坚持努力工作。你努力工作是为了不给他人造成经济损失，因为你有着很强的自尊心和责任感；你努力工作是为了消除后顾之忧，不把负担转嫁给年轻一代。因为你知道，只有把工作做好，才能够使得你钟爱的人快乐，才能够使得我们获得慰藉。

我深深地爱你，你是生活的强者！

（埃丽诺·罗斯福）

大道理

人生，好像天生是跟弱者作对的，你越弱，它越把苦难强加到你的头上。所以，你就要做生活的强者，只有强者才能笑对生活的苦难，并且在不断和苦难抗争的过程中获得进步，直到成功。

公平对待他人

从我的经历之中，经过我的观察，我一直在思考这样一个问题，那就是：世界上罪恶最主要的起因之一就是种族之间毫无正当理由的反感。有两种人……在这个国家饱受不公平的对待和伤害，那就是犹太人与黑人。

在欧洲，各种歧视也同样盛行。法国人不喜欢意大利人，而意大利人又不喜欢奥地利人。至于巴尔干地区，似乎每个国家都互相反感，并且他们还共同反感土耳其人。这样来来回回，就形成了“恶性循环”。

孩子们，你们还非常小，还没有人群给你们个人带来什么伤害。我希望你们了解“公平”的价值和原则。在你们的人生之旅，你们应当学会公平地对待他人，给任何伙伴以公平的机会和公正的待遇。

我希望我们全家都能够坚定地支持生活中正确的、美好的、优秀的东西，而不是根据肤色、过去的背景等因素去判断他人，应当不带有偏见地对待他人。大的孩子做到了，小的孩子们也要跟着学习。

（俄比·奥尔德里奇）

大道理

上天是公平的，你公平对待他人，给他人以公平的机会和待遇，那么你得到的一定是更多的机会和更好的待遇。

有责任才有尊重

我的父亲戎马一生。他和母亲在童年时都正好遇上大萧条时期，所以他们很注意让自己的孩子得到那些他们自己在童年渴望得到但却没有得到的东西。

在我 9 岁的时候，父亲要做心脏手术，输血的血型配得不够好，结果产生输血反应。在最后的 5 天里，他意识到自己将不久于人世。他在去世的那一天打电话给我那当时才 3 岁的弟弟，对他说自己已经去世了，去了天堂。他说：“上帝让我打电话给你，跟你说声再见。你不要害怕，也不要难过，因为我很好。我是想让你知道我很想念你。”

父亲没有给我打电话，而是写了封信。他在信中对我说，他为我在学校里的成绩感到骄傲。他说他希望我有一天能上麻省理工学院——后来我果真上了麻省理工学院。他还对我说，他相信我无论做什么事，只要尽力肯定都会成功的。

母亲和父亲只为一件事真正争吵过，这事涉及钱。父亲想要为我们已经抵押出去的住房买份保险。他对母亲说：“这笔投资是省不得的。要是我有什么不测，你和孩子们还能保住这屋子。”

“我们没钱买保险。”母亲说。

6 个月后，父亲去世了。母亲想，这下我们要被扫地出门了。但在 3 星期后，保险公司的理赔员带来了一张支票，这笔钱正好是我们所欠的房款。原来父亲在去世前的几个月设法偷偷省着钱，买了抵押保险，一直在缴付保险费。现在他安静地躺在墓地里，却还在关怀和照料着我们。

我时常想起父亲说的那句话：一个男人，要赢得尊重，就必须承担起自己的责任。父亲用他自己的一生对这句话做出了最好的阐释。而这句话也已成为我的人生准则。

（詹姆斯·伍兹）

大道理

无论做什么事，只要尽力，肯定都会成功；一个男人，要赢得尊重，就必须承担起自己的责任。

我和天才的差别

教堂正在做礼拜，唱诗班正在唱着圣歌。这种赞美上帝的奇妙的音乐令虔诚的教徒们如痴如醉。

可是，在如痴如醉的人堆中却有一个不专心做礼拜的人，他此刻正目不转睛地注视着天花板上的吊灯。赞美诗，他充耳不闻，他甚至忘记了自己在教堂，在做礼拜。

那盏原本有三根绳索吊着的吊灯，由于一根绳索的断落而摇摆不定。摇啊，摇啊，越摇越慢。

那人异常专注地观察着这盏渐渐慢下来的灯，直到其完全停止不动。

他的血液沸腾了！他惊喜地发现尽管灯愈摇愈慢，可是每完成一次左右摆动的时间居然一样！为了确认自己的发现，在此后的几个月中，他又做了无数次的试验，终于得到了“在一定条件下，单摆振动周期与振幅无关”的“单摆等时”定律。

他就是伟大的物理学家伽利略。

其实，那天在教堂最早发现那盏摇摆的灯的人，是坐在伽利略身边的我。是我叫伽利略看那盏灯的，我对伽利略说：“瞧，那盏破灯，若砸下来可就有好戏看了！”然而，当我知道它没有砸下来的可能后便没再注意它了。

其实，过了一会儿，我看到伽利略对那盏灯那么有兴趣时，我也饶有兴趣地看了一阵子。可惜只有一阵子——什么也没发现的一阵子。

其实，当时伽利略还对我这么说了一句：“我发现每摆一次的时间好像一样长。”我怀着对他的话不相信的态度观察了那盏吊灯好一会儿，发现他说的好像没错，可我马上否认了眼前的事实，对伽利略说：“吊灯明明越摆弧度越小，越摆速度越慢，所用时间怎么可能一样长？”“可事实胜于雄辩，况且你也讲了弧度与速度均减小，也就是说……”我们的轻声交谈立即引来聆听赞歌、潜心做礼拜的人的不满，都对我们怒目侧视。我不觉有些气恼，对伽利略说：“让你的事实见鬼去吧，蠢货！”

其实……

其实……唉！

其实，就算当时我相信了伽利略，相信了自己看准的事实，也不可能会有什么发现。我也许会惊讶，也许会觉得有趣，但随着灯摇摆的停止，我对它的惊讶，对它的兴趣也会停止，不会再去做什么实验，不会再去加以思考，不会发现单摆那看似显而易见却在伽利略之前没人注意的等时性。其实，就算我思考了，注意到了等时性，我也会怀疑自己，我会对自己说：“不可能有所谓的等时性，是误差引起的，我可不能将这种没头脑的理论说出去，让人笑我是傻瓜。况且它等时又如何呢？没有任何意义！”

其实，发生在我身上的“其实”很多，然而后面却总是要加个“然而”。

不过，再想想，其实这也没什么，因为像我这样的人太多了，还有更多的人只知道听赞美诗呢！

（杨依依）

大道理

我们和天才的差别就在于“其实……然而……”。其实我们并非不具备成为天才的条件，只是我们为自己找了太多成不了天才的借口。

平静、含蓄、温和的感情方能持久（节选）

对终身伴侣的要求，正如对人生一切的要求一样不能太苛刻。事情总有正反两面：追得你太迫切了，你觉得负担重；追得不紧了，又觉得不够热烈。温柔的人有时会显得懦弱，刚强了又近乎专制。幻想多了未免不切实际，能干的管家太太又觉得俗气。只有长处没有短处的人在哪儿呢？世界上究竟有没有十全十美的人或事物呢？抚躬自问，自己又完美到什么程度呢？这一类的问题想必你考虑过不止一次。我觉得最主要的还是本质的善良，天性的温厚，开阔的胸襟。有了这三样，其他都可以逐渐培养；而且有了这三样，将来即使遇到大大小小的风波也不致变成悲剧。

做艺术家的妻子比做任何人的妻子都难；你要不预先明白这一点，即使你知道“责人太严，责己太宽”，也不容易学会明哲、体贴、容忍。只要能代你解决生活琐事，同时对你的事业感到兴趣就行，对学问的钻研等等暂时不必期望过奢，还得看你们婚后的生活如何。眼前双方先学习相互的尊重、谅解、宽容。

对方把你作为她整个的世界固然很危险，但也很宝贵！你既已发觉，一定要慢慢点醒她；最好旁敲侧击而勿正面提出，还要使她感到那是为了维护她的人格独立，扩大她的世界观。倘若你已经想到奥里维的故事，不妨就把那部书叫她细读一两遍，特别要她注意那一段插曲。像雅葛丽纳那样只知道love，love，love！的人只是童话中人物，在现实世界中非但得不到love，连日子都会过不下去，因为她除了love一无所知，一无所有，一无所爱。这样狭窄的天地哪像一个天地！这样片面的人生观哪会得到幸福！无论男女，只有把兴趣集中在事业上、学问上、艺术上，尽量抛开渺小的自我（ego），才有快活的

可能，才觉得活得有意义。

未经世事的少女往往会存一个荒诞的梦想，以为恋爱时期的感情的高潮也能在婚后维持下去。这是违反自然规律的妄想。古语说，“君子之交淡如水”；又有一句话说，“夫妇相敬如宾”。可见，只有平静、含蓄、温和的感情方能持久；另外一句的意思是说，夫妇到后来完全是一种知己朋友的关系，也即是我们所谓的终身伴侣 。未婚之前双方能深切领会到这一点，就为将来打定了最可靠的基础，免除了多少不必要的误会与痛苦。

（傅雷）

大道理

俗话说火无三旺，过于热烈的情感总会有冷下来的时候。所以，只有平静、含蓄、温和的情感才会长久。

做自己真正爱做的事

瓦妮莎·贝尔热爱自由并且富有激情，一生中不乏浪漫故事，但她仍然是一位好母亲，全身心地关爱着3个孩子。1935年，瓦妮莎·贝尔在罗马画画，就经常给她远在英国的儿子朱利安写信——

很高兴能看到你的长信，写得真好。从你信中看到你现在正过着一种心绪不宁的烦恼生活。不过不要紧。我想，只要你在做自己真的爱做的事，那才是最重要的。因为一个人的职业关系到一个人的一生，如果你的职业是你所喜爱的，那你就会努力去做好它。

我确信，所有这些新奇的编辑工作和其他工作会带给你许多有益的经验、朋友和名声，并最终将使你找到确实是你自己想做的事，去做这些事情。

上一次来信你显得很是精疲力竭，亲爱的儿子。我想，写作并不真的比绘画需要人们付出更多，但是，乍一看好像是这样，因为我想，写作需要全身心地投入，而绘画时人们似乎完全走进另一个世界，与通常的人类感情和思维隔绝开来，然而这恐怕只是一种幻觉。不管怎么样，它可能是有益的幻觉。有这样一个世界可以扎入其中好像是一种解脱。我是非常想看到你写的东西。

（瓦妮莎·贝尔）

大道理

只有对喜欢的事情，人们才会投入极大的热情和精力，并且还会有一定要做好的信心和愿望。所以，年轻人在选择自己的事业的时候，一定要先弄清楚自己的爱好和专长，极大地发挥自己的能力，极大地释放出自己的潜力，这样才会有望成功。

事在人为

我不相信风水，因为我从来就认同“事在人为”这句话。

1955 年，我首次扩张我的业务，成立了一家中型工厂，租了一家快要倒闭的厂子的厂房准备开工了。当时就有一位这个厂的老职工对我说这块地方的风水不好，没有一家商行在这里赚钱离开的。

我当时很感激他的真诚，但当时我就想起一位前辈对我说过的话：铁能变成金，金也能变成铁，关键看你怎么去做。

而且当时我订单也已经接了，机器也已经买了，我不能失信于人，所以我搬进了那家厂房。我非常小心地经营着自己的生意，甚至开工一个月就已经赚到了全年的经营费用。后来我把隔壁倒闭的厂也租了下来，一直到买了地皮盖了新房子才搬走。而那个所谓风水不好的地后来还有好多人抢着租。

风水这个东西，你要信也可以，但是最终还是事在人为。重要的是充实自我，做好自己的工作，眼光也要放远，在发展中不忘稳健，这就是我的哲学。

（李嘉诚）

大道理

世上无难事，只怕有心人。自我充实，尽自己最大的努力，会把许多不可能的事情转化为可能。

面貌并不严重

太太小姐除了培养内在美外，同时应该培养外在的优美线条和优美举止。所谓“美”也者，面貌占的百分比并没有想象中那么严重，一个曲线玲珑、体态婀娜的女孩子，就是面貌差劲一点，也同样有火热的魅力，而且还可以使差劲一点的面貌转为妩媚。

肥胖是太太小姐们第一大敌，有些人因为日渐发福而叫苦连天，但叫苦连天虽叫苦连天，一旦遇到八宝饭、冰淇淋，却照样狼吞虎咽，天作孽，尤可逭，自作孽，不可活，她自己要惩罚她自己，别人有啥办法哉？市面上也有卖减肥药的，我亲眼看到过肥婆同志，一面猛吃八宝饭、冰淇淋，一面猛吃该药，其聪明才智，使人脱帽。呜呼，减肥的唯一方法，迄今为止，恐怕仍只有一个，那就是节食。药物的功用只不过把肥婆同志口袋里的银子勾走而已，不能为之解决问题也。如果每天都要下肚五公斤油腻，而其腰竟纤不盈把，那还有天理乎哉？

美是可以培养出来的，任何一种体型，除非得了肥胖病，都可以借锻炼而得。日本花嫁学堂里，一半以上的功课都在训练女孩子如何走焉、如何坐焉、如何站焉，以及如何洒扫应对进奶。“雍容华贵”和“小家碧玉”似乎在此可看出分别。柏杨先生这辈子最害怕之物，就是小家碧玉，即令她受过相当教育，如果不特别下点苦工，也难以掩盖那种奇劲。好比吧，她跟你说话时，不像是跟你说话，而像是向你表演节目，不是乱摇其腰，就是乱踢其腿，再不然乱伸舌头舐嘴唇，哼哼唧唧，扭扭捏捏。你曰：“你真漂亮呀。”她不会大大方方说一声：“谢谢你。”反而急曰：“哪里哪里，开啥玩笑。”你曰：“你在什么地方读书呀？”她不会大大方方说一声：“某某学堂。”反而眼睛瞪地曰：“你问这干啥？”有的则索性摇头摆尾，以手掩嘴，笑得嘻嘻嘻嘻，却一言不发，甚至用棒子都打不出一个屁，教人受不了也，受不了也。

从前孔丘先生有过这么一段，他阁下正在廊檐下站着，他的儿子孔鲤先生大概刚从酒家回来，歪歪斜斜走过，老头就教他快去读《礼记》，并训之曰：“不学礼，无以立。”那就是说，如果不经过锻炼，连站都不会站。圣人到底有一套，不服气不行，小家碧玉就恐怕很少会站的。别看她小巧伶俐，一旦遇到正式一点的场合，不但脚没地方放，手没地方放，简直连头都没地方放。于是脚就拼命划地，偶然还会来一个缩腿式的金鸡独立。两只玉手更是发毛，一会摸摸头发，看被谁剃光了没有，一会绞绞手帕，看能不能绞出一块钱，一会插到口袋里乱掏，好像要掏出一包巴拉松，而其尊头更仿佛是随时都有掉下来的危险，以致她不得不随时调整。

内在美可以改变面貌，刻苦锻炼可以改变身材。不要以为电影明星的美丽胴体都是天生的，为了保持那个美丽胴体，一生似乎都活在半饥饿状态之中，有的每喝一口牛奶都要跑到磅秤上称一称，有的索性除了橘子汁之外啥都不敢吃。我们介绍这些，不是鼓励太太小姐一年四季饿得昏昏欲睡，而只是说明，美是可以争取得到的也。

十一年代，上海有一个女子学堂，校名偶忘之矣，对学生走路都有训练，那就是头上都要顶一本书，蹒跚而行时，以该书不掉下来为原则。那时风气未开，消息传出，全国哗然，尤其是正人君子，马上就认为世风日下，末日将至。可是哗然虽哗然，世风日下虽世风日下，而他们对该学堂的女学生，固心中奇痒。我有一位朋友，不知道怎么搞的，竟娶了一位该学堂高材生，全体朋友，无不羡妒交加。而该家伙不但不肯表示罪该万死，以安众心，反而曰：“想娶好太太，一定要祖宗有德，我能跟淑兰结婚，并不简单，盖我们刘家三代为官，绝不贪赃一文。”把众小子说得一愣一愣。

到了现在，头顶书本走路，已经最平常的啦——当然也有些人不耐受苦的。呜呼，“吃

得苦中苦，方为人上人”，天生丽质的固然有，但为数不太多也。而且即令真正的天生丽质，没啥可挑剔的，如果内在的再充实，外在的再锻炼，岂不更顶尖了乎哉也。

有好几位读者老爷来信问我“上空装”问题，我想关于这玩艺，似乎不必太过于认真，我敢跟你赌一块钱，它绝对流行不起来。这不是我顽固成性，因盼望它流行不起来，念念有词之余，就硬认为它流行不起来，而是它绝不会为绝大多数的太太小姐所接受。当然不是因为她们的道德高不可攀，盖露出不露出乳房，跟道德不道德十万八千里。太平洋若干群岛上的女人就是一年四季都露出乳房的，看惯了有啥稀奇？记得中日战争爆发的前两年，我在北方做事，全国运动会在上海举行，有一位同事在代表队中当了一名职员，前去观光。大会闭幕后，他随队回来，神色跟从前大异；问他发生了啥事，他紧张曰：“不像话，不像话。”问他为啥不像话，他曰：“上海的女人都是不穿袜子的。”话没有说完，大家已经笑得声震屋瓦，造谣也不是这种造法，天下哪有女人不穿袜子的？但他赌咒曰：“真的不穿袜子，谁说谎谁就是王八蛋。不但不穿袜子，还把十个脚趾甲抹得红红的哩。”

（柏杨）

大道理

“以貌取人”是浮浅者的行为。外表并不重要，重要的是内在。外表再美，也只是花瓶，除了能装些鲜花外，恐怕就别无它用了。

人生就是与困境周旋

困境不可能没有，艰难不可能彻底消灭，但是人与人之间的交流、沟通、宣泄与倾听，却可能使人获得一种新的生活态度，或说达到一种新境界。什么新境界？我先讲个童话《小号手的故事》。战争结束了，有个年轻号手最后离开战场回家。他日夜思念着他的未婚妻，可是，等他回到家乡，却听说未婚妻已同别人结婚，因为家乡早已流传着他战死沙场的消息。年轻号手痛苦之极，便离开家乡，四处漂泊。孤独的路上，陪伴他的只有那把小号，他便吹响小号，号声凄婉悲凉。有一天，他走到一个国家，国王听见了他的号声，叫人把他唤来，问："你的号声为什么这样哀伤？"号手便把自己的故事讲给国王。国王听了非常同情……看到这儿我就要放下了，心说又是个老掉牙的故事，接下来无非是国王很喜欢这个年轻号手，而且看他才智不俗，就把女儿嫁给了他，最后呢，肯定是他与公主白头偕老，过着幸福的生活。

可是我猜错了，这个故事不同凡响的地方就在于它的结尾。这个国王不落俗套……他下了一道命令，请全国的人都来听这号手讲他自己的身世，让所有的人都来听那号声中的哀伤。日复一日，年轻人不断地讲，人们不断地听，只要那号声一响，人们便来围拢他，默默地听。这样，不知从什么时候，他的号声已经不再那么低沉、凄凉了。又不知从什么时候起，那号声开始变得欢快、嘹亮，变得生气勃勃了。

所谓新境界，我想至少有两方面。一是认识了爱的重要；二是困境不可能没有，最终能够抵挡它的是人间的爱愿。什么是爱愿呢？是那个国王把自己的女儿嫁给小号手呢，还是告诉他，困境是永恒的，只有镇静地面对它？应该说都是，但前一种是暂时的输血，后一种是帮你恢复起自己的造血能力。后者是根本的救助，它不求一时的快慰和满足，也不相信因为好运降临从此困境就不会再找到你，它是说：困境来了，大家跟你在一起，但谁也不能让困境消灭，每个人必须自己鼓起勇气，镇静地面对它。

人生困境不可根除，这样的认识才算得上勇敢，这勇敢使人有了一种智慧，即不再寄希望于命运的全面优待，而是倚重了人间的爱愿。爱愿，并不只是物质的捐赠，重要的是相互心灵的沟通、了解，相互精神的支持、信任，一同探讨我们的问题。

大道理

人生就是从生到死的过程，艰难和困惑是与生俱来的，甚至终生不能消灭的，所以人生就是与困境周旋的过程。虽然消受起来有些痛苦，但如果没有了艰难和困惑，人生岂不就平淡如水了？

新境界的另一方面就是镇静，就是能够镇静地对待困境，不再恐慌了。别总想着逃避困境，你恨它、怨它，跟它讲理，其实都是想逃避它。可是困境所以是困境，就在于它不讲理，它不管不顾、大摇大摆地就来了，就找到了你头上，你怎么讨厌它也没用，你怎么劝它一边儿去它也不听，你要老是执著地想逃避它，结果只能是助纣为虐，在它对你的折磨之上又增加了一份自己对自己的折磨罢了。

（史铁生）

生命的化妆

我认识一位化妆师。她是真正懂得化妆，而又以化妆闻名的。

对于这生活在与我完全不同领域的人，我增添了几分好奇，因为在我的印象里，化妆再有学问，也只是在皮相上用功，实在不是有智慧的人所应追求的。

因此，我忍不住问她："你研究化妆这么多年，到底什么样的人才算会化妆？化妆的最高境界到底是什么？"

对于这样的问题，这位年华已逐渐老去的化妆师露出一个深深的微笑。她说："化妆的最高境界可以用两个字形容，就是'自然'，最高明的化妆术，是经过非常考究的化妆，让人家看起来好像没有化过妆一样，并且这化出来的妆与主人的身份匹配，能自然表现那个人的个性与气质。次级的化妆是把人突显出来，让她醒目，引起众人的注意。拙劣的化妆是一站出来别人就发现她化了很浓的妆，而这层妆是为了掩盖自己的缺点或年龄的。最坏的一种化妆，是化过妆以后扭曲了自己的个性，又失去了五官的协调，例如小眼睛的人竟化了浓眉，大脸蛋的人竟化了白脸，阔嘴的人竟化了红唇……"

没想到，化妆的最高境界竟是无妆，竟是自然，这可使我刮目相看了。

化妆师看我听得出神，继续说："这不就像你们写文章一样？拙劣的文章常常是词句的堆砌，扭曲了作者的个性。好一点的文章是光芒四射，吸引了人的视线，但别人知道你是在写文章。最好的文章，是作家自然的流露，他不堆砌，读的时候不觉得是在读文章，而是在读一个生命。"

多么有智慧的人呀。可是，"到底做化妆的人只是在表皮上做工夫！"我感叹地说。

"不对的，"化妆师说，"化妆只是最末的一个枝节，它能改变的事实很少。深一层的化妆是改变体质，让一个人改变生活方式。睡眠充足、注意运动与营养，这样她的皮肤改善、精神充足，比化妆有效得多。再深一层的化妆是改变气质，多读书、多欣赏艺术、多思考，对生活乐观、对生命有信心，心地善良、关怀别人，自爱而有尊严，这样的人就是不化妆也丑不到哪里去，脸上的化妆只是化妆最后的一件小事。我用三句简单的话来说明，三流的化妆是脸上的化妆，二流的化妆是精神的化妆，一流的化妆是生命的化妆。”

化妆师接着做了这样的结论：“你们写文章的人不也是化妆师吗？三流的文章是文字的化妆，二流的文章是精神的化妆，一流的文章是生命的化妆。这样，你懂化妆了吧？”

我为了这位女性化妆师的智慧而起立向她致敬，深为我最初对化妆的观点感到惭愧。

告别了化妆师，回家的路上我走在夜黑的地方，有了这样深刻的体悟：这个世界一切的表象都不是独立自存的，一定有它深刻的内在意义，那么，改变表象最好的方法，不是在表象下功夫，一定要从内在里改革。

可惜，在表象上用功的人往往不明白这个道理。

（林清玄）

大道理

三流的化妆是脸上的化妆，二流的化妆是精神的化妆，一流的化妆是生命的化妆。明白了这个道理，就不会再有人在表象上下功夫了。

爱你，不是害你

我刚来美国的时候，在弗吉尼亚遇见一位中国厨师。他是由医院请假出来的，左手腕仍然缠着厚厚的绷带，很客气地对我说：

“听说您代表国内出来做文化工作，按说应该做几道好菜请您品尝，偏偏手受了伤，医生说以后很难拿重的东西了！”

我问他受伤的原因，他说都是因为自己不注意，常用一只手端很重的炒菜锅，长时间下来，手腕关节变了形。

当我为他叹息时，他苦笑说，比起另一个中国留学生还好。那个学生到他餐馆打工，他叫学生去端炉上的一个锅子，话还没说完，学生便冲过去把锅端起来，这时才惊觉那锅里竟是滚滚的油，要松手，油必然泼在身上，咬着牙慢慢将锅放下，双手已经严重灼伤，而且伤到了筋骨，几乎半废了。

“怎么连热油锅表面不冒热气都不知道？”厨师叹气，“在家里娇生惯养坏了！像是笼里的鸟，放出去，自己没办法生活。可是来美国留学，谁能不打工呢？结果什么都不懂，出事的不止他一个啊！父母在家里不教他们做，岂不是害了子女吗？”

最近为我们装修的老板也说，曾有个留学生到他那里打工，他叫学生去拿石膏板。学生歪着身子，一次硬扛两块。岂知因为使力的方法不对，半边脊椎受到过大的压力，没多久就软骨突出，无法再干重活。于是改叫他铺地砖，却没铺多久，便旧伤复发，站都站不起来，只好把他辞了。

“据说这毛病会跟他一辈子！”老板说，“怪得了谁呢？人家一次扛四块都成，重要的是用力的方法要对，只怪他以前什么重活都没做过，所以连筋肉该怎么用都不懂，一定是家里宠坏了！”

“父母在家里不教他做！”“一定是家里宠坏了！”他们责怪的都是受伤者的父母，使我不得不检讨对你的教育方法。这也使我想起20年前，一件有意思的事：

那时候我们住在一个大杂院里，左邻右舍只是一板相隔，某日右邻夫妻吵架，丈夫吼道：“这是什么菜嘛！怎么连盐都不会放？！再不改进，我就跟你离婚！”

这时候便听见左边那家的父亲，对着自己正在念高中的女儿说：“学着点吧！要不然老公都抓不住！”

那位父亲当时的心情，是不是正如同我此刻的感觉呢？我们对你说：“好好念书，家里事不用你操心！”却可能忽略了一件事——有一天，你也得完全照顾自己，那可能会随着你到大学住校而突然发生。于是前一天还不知道洗碗清洁剂的瓶子怎么开，第二天却连床单都得自己洗，岂不是突然掉入另一个世界而难以适应吗？

最严重的是，你也要出去打工！如果在家什么重活都没做过，锅铲也没碰过，是否会发生我前面说的那种悲剧呢？

于是我不免要反省：“爱你，是否反而害了你？”

记得一位家境富裕的高中同学，在服兵役时对我说：

“天哪，我吃过尿！而且是那种结成黄色垢的尿，你能信吗？有一天长官叫我去刷厕所，这种事我从来碰都不曾碰过，但我还是捏着鼻子刷了。哪知道，长官去检查，他半声不吭，用大拇指甲在小便池里由下向上刮，居然刮下一层垢，然后往我嘴里一捅。天哪，我想到就要吐！”

但是他也说只怪他自己真不会刷厕所，否则也就不会受这种侮辱了！

如此说来，假使我要求，从现在开始全家的浴室、抽水马桶，全由你负责刷洗，能算过分的要求吗？

为了你的未来，为了你的安全，我们不能再一直把谷子送到你的嘴边，除非我们永远把你像鸟一样关在笼里。

你当然不希望被关，你当然想飞！

那么，请你学习飞翔、学习觅食、学习工作、学习受苦吧！

（刘墉）

大道理

对孩子而言，过分地溺爱则是害他。他总有一天要长大，要独自去面对这个社会。而没有经过风雨的小鸟怎么能变成雄鹰呢？

工作和娱乐

想要获得真正的幸福与平安，一个人至少应该有两三种业余爱好，而且必须是真正的爱好。到了晚年才开始说“我对什么什么感兴趣”是毫无益处的，这样的尝试只会增加精神上的负担。在与自己日常工作无关的某些领域中，一个人可以获得渊博的知识，但他几乎得不到实在的益处或放松。喜欢干什么就干什么是无益的，你得干一行爱一行。广义而言，人类可以分成三个阶层：劳累而死的人、忧虑而死的人和烦恼而死的人。对于那些体力劳动者来说，在经过一周精疲力竭的工作之后，周六下午给他们提供踢足球或打棒球的机会是没有意义的。对于政界人士、专业人士或商人来说，他们已为棘手的事务操劳或烦恼了 6 天，在周末再请他们为琐事劳神，同样是毫无意义的。

或者可以这么说，理智的、勤奋的、有用的人可以分为两类：第一类，他们的工作就是工作，娱乐就是娱乐；第二类，他们的工作和娱乐是合二为一的。当然，很大一部分人都属于第一类人。他们可以得到相应的补偿。在办公室或工厂里长时间的工作，带给他们的不仅是维持生计的金钱，还带给他们一种渴求娱乐的强烈欲望，哪怕这种娱乐消遣是以最简单、最朴实的方式进行。命运的宠儿则属于第二类人。他们的生活自然而和谐。在他们看来，工作时间永远不够多，每一天在他们看来都是假期；而当正常的假日到来时，他们总会抱怨他们正在全神贯注的休假被强行中断。然而，有一些东西对于这两类人来说是十分必要的，那就是变换一下视角，改变一下氛围，努力做一件别的事情。事实上，每隔一段时间，那些把工作看作娱乐的人们很可能最需要以某种方式把工作驱赶出他们的大脑。

（温斯顿·丘吉尔）

大道理

工作和娱乐是一对矛盾统一体，没有恰当地娱乐，工作也不会尽心尽力；没有努力地工作，也就丧失了娱乐的资本。

不要追求华丽的衣着

在我年轻的时候，有一次，因为看到其他年轻人都穿着时髦的衣服，觉得十分羡慕，很想自己也能拥有一套这样的时髦衣服，使自己成为众人瞩目的焦点，让别人都能羡慕自己。

但是母亲在听了我的要求后立即义正词严地拒绝了我。她告诉我说："孩子，一个人的价值在于他的品德和学识，而不是华丽的衣服。华丽的衣服只能装饰一个人的外表，但是不能掩盖他的内心。如果一个人的内在丑陋不堪，言行十分不得体，即使有再漂亮的外表和衣服都是没有用的，甚至反而会让人觉得不相称。"

母亲的这番话一直铭刻在我的心里，它指引着我去追求人生真正的价值。

（维克多·雨果）

大道理

虽然说"人靠衣装马靠鞍"，但如果过于注重衣着打扮，就会使人忽略对内在品德和学识的追求。如果缺少了内在的修养，外在的美不但不会长久，反而会黯然失色。

避免结交不良之人

随着你社交面的扩大，你结交的人也越来越多。在此，我想以一个过来人的身份给你提出些许建议。

我完全赞同你追求正直纯洁、品格高尚，因为这样可以促使你避开那些有不良习气之人。我尊重你的正确选择，而且会为你的正确选择摇旗呐喊……

有些人出言不逊，时常违背社会公德，你一定要努力避免与这样的人交往。同时，你也应当避开那些夸夸其谈的人、缺乏教养的人、招摇撞骗的人、搬弄是非的人。甚至还有一些人，为了追逐名利可以不择手段，而当他们的计划落空时，周围的人便成了他们仇视的对象，就是这些人，他们从来不知道克制自己的欲望，往往为了能满足自己的无止境的欲望不惜伤害自己的朋友。你越能避开这样的人，你就越让我感到欣慰。希望你能接受我的建议，避免结交那些不良之人。

（西多尼斯）

大道理

朋友就是我们的镜子，良友会让我们一生受益，而恶友有可能毁了我们一生，所以交友要慎重。

向光明走去

谁都喜爱光明的。虽然也许有些人和动物常要躲在黑暗之中，以便实行他们的阴险计划的，但那是贼，是恶人，是鸱，是蝙蝠，是狐。凡是人，是正直的人或物，总是喜爱光明，总是要向光明走去的。

黑漆漆的夜，独自走在路上，一点的星光，月光，灯光都没有，我们心里真有些怕。夏天的暴雨之前，天都乌黑了，无论孩子大人，心里也总多少有些凛凛然的，好像天空要有什么异样的变动。山寺的幽斋中，接连地落了几天的雨，天空是那样的灰暗，谁都要感到些凄楚之意。

但是太阳终于来了。接着夜而来的是白昼，接着暴雨而来的是晴光，接着灰暗之天空的是蔚蓝色的天空。那时，不知不觉的会有一阵慰安快乐的感觉，渗入每个人的心里，会有一种勇往活泼的精神，笼罩在每个人的脸上。

在黑暗中走着的人，在夏雨中的人，在灰暗的天空之下的人，总要相信光明的必定到来。因为继于夜之后的一定是白昼。夜来了，白昼必定不远的。继于阴雨之后的，一定是阳光之天。雨来了，太阳必定是已躲在雨云之后的。

那些只相信有阴雨之天，只相信有夜的人，且让他们去。我们是相信着白昼，相信着阳光之必定到来的。

现在，我们是什么样的时代呢？我猜一定不会错，每个人一听到这句问话，都必定要皱着眉头，在心里叹着气答道："黑暗时代！"

是的，是的，现在是黑暗时代。

政治上，社会上，国际上，家庭上，有多少浓厚的阴影罩着且不必多说，这许多许多黑暗的事实，一时也诉说不尽。

但是"光明"已躲在这些"黑暗"之后了！我们要相信光明一定会到来。我们不仅相信，我们还要迎着光明走去！譬如黑夜独行，坐在路旁等天亮，那是很可羞；如果惧怕黑夜而躲进小岩洞或小屋之内，那更是可耻。

我们相信光明必定会到来，我们迎上去，我们向着他走去！

在黑夜里，踽踽地走着，到了天亮时，我们走到目的地了，那是多么快慰的事呀！

那些见黑暗而惧怕，而失望的，让他们永躲在黑暗里吧；那些只相信有黑暗而不相信有光明的，也让他们的生活于黑暗之洞里吧。我们如果是相信"光明"的，我们便要鼓足了勇气，不怖不懈，向着光明走去。

我们不彷徨，我们不回顾，人类是永续不断的一条线，人间社会是永续不断的努力的结果。我们虽住在黑暗之中，我们应努力在黑暗中进行，但也许我们自身，是见不到光明的。人类全体永续不断地向着光明走去，光明是终于会到来的。

走去，走去，向着光明走去。

光明终于是要到来的！

（郑振铎）

大道理

飞蛾为了光明尚且敢用生命去扑火，难道人会甘愿生活在无边的黑暗中？恐怕只有卑劣的东西才见不得光亮。

朋　友

我的生命大概不会很长久罢。然而在短促的过去的回顾中却有一盏明灯，照彻了我的灵魂的黑暗，使我的生存有一点光彩。这盏灯就是友情。我应该感谢它，因为靠了它我才能够活到现在；而且把旧家庭给我留下的阴影扫除了的也正是它。

世间有不少的人为了家庭抛弃朋友，至少也会在家庭和朋友之间划一个界限，把家庭看得比朋友重过若干倍。这似乎是很自然的事情。我也曾亲眼看见一些人结婚以后就离开朋友，离开事业。……

朋友是暂时的，家庭是永久的。在好些人的行为里我发现了这个信条。这个信条在我实在是不可理解的。对于我，要是没有朋友，我现在会变成怎样可怜的东西，我自己也不知道。

然而朋友们把我救了。他们给了我家庭所不能给的东西。他们的友爱，他们的帮助，他们的鼓励，几次把我从深渊的边沿救回来。他们对我表示了无限的慷慨。

我的生活曾经是悲苦的，黑暗的。然而朋友们把多量的同情，多量的爱，多量的欢乐，多量的眼泪分了给我，这些东西都是生存所必需的。这些不要报答的慷慨的施舍，使我的生活里也有了温暖，有了幸福。我默默地接受了它们。我并不曾说过一句感激的话，我也没有做过一件报答的行为。但是朋友们却不把自私的形容词加到我的身上。对于我，他们太慷慨了。

这一次我走了许多新地方，看见了许多新朋友。我的生活是忙碌的：忙着看，忙着听，忙着说，忙着走。但是我不曾遇到一点困难，朋友们给我准备好一切，使我不会缺少什么。我每走到一个新地方，我就像回到我那个在上海被日本兵毁掉的旧居一样。

每一个朋友，不管他自己的生活是怎样苦，怎样简单，也要慷慨地分一些东西给我，虽然明知道我不能够报答他。有些朋友，连他们的名字我以前也不知道，他们却关心我的健康，处处打听我的“病况”，直到他们看见了我那被日光晒黑的脸和膀子，他们才放心地微笑了。这种情形的确值得人掉眼泪。

有人相信我不写文章就不能够生活。两个月以前，一个同情我的上海朋友寄稿到《广州民国日报》的副刊，说了许多关于我的生活的话。他也说我一天不写文章第二天就没有饭吃。这是不确实的。这次旅行就给我证明：即使我不再写一个字，朋友们也不肯让我冻馁。世间还有许多慷慨的人，他们并不把自己个人和家庭看得异常重要，超过一切。靠了他们我才能够活到现在，而且靠了他们我还要活下去。

朋友们给我的东西是太多，太多了。我将怎样报答他们呢？但是我知道他们是不需要报答的。

最近我在法国哲学家居友的书里读到了这样的话：“生命的一个条件就是消费……世间有一种不能跟生存分开的慷慨，要是没有了它，我们就会死，就会从内部干枯。我们必须开花。道德、无私心就是人生的花。”

在我的眼前开放着这么多的人生的花朵

了。我的生命要到什么时候才会开花？难道我已经是“内部干枯”了么？

一个朋友说过：“我若是灯，我就要用我的光明来照彻黑暗。”

我不配做一盏明灯。那么就让我做一块木柴罢。我愿意把我从太阳那里受到的热放散出来，我原意把自己烧得粉身碎骨给人间添一点点温暖。

（巴 金）

大道理

友情就像是一盏明灯，尤其是你处于黑暗之中的时候，它能让你的灵魂充满光亮，让你的生活充满色彩。

成 功

什么叫成功？顺手拿过来一本《现代汉语词典》，上面写道：“成功，获得预期的结果。”言简意赅，明白之至。

但是，谈到“预期”，则错综复杂，纷纭混乱。人人每时每刻每日每月都有大小不同的预期，有的成功，有的失败，总之是无法界定，也无法分类，我们不去谈它。

我在这里只谈成功，特别是成功之道。这又是一个极大的题目，我却只是小做。积七八十年之经验，我得到了下面这个公式：

天资＋勤奋＋机遇＝成功

“天资”，我本来想用“天才”，但天才是个稀见现象，其中不少是“偏才”，所以我弃而不用，改用“天资”，大家一看就明白。这个公式实在是过分简单化了，但其中的含义是清楚的。搞得太繁琐，反而不容易说清楚。

谈到天资，首先必须承认，人与人之间天资是不相同的，这是一个事实，谁也否定不掉。十年浩劫中，自命天才的人居然大批天才。葫芦里卖的是什么药，至今不解。到了今天，学术界和文艺界自命天才的人颇不稀见，我除了羡慕这些人“自我感觉过分良好”外，不敢赞一词。对于自己的天资，我看，还是客观一点好，实事求是一点好。

至于勤奋，一向为古人所赞扬。囊萤、映雪、悬梁、刺股等故事流传了千百年，家喻户晓。韩文公的“焚膏油以继晷，恒兀兀以穷年”，更为读书人所向往。如果不勤奋，则天资再高也毫无用处。事理至明，无待饶舌。

谈到机遇，往往为人所忽视。它其实是存在的，而且有时候影响极大。就以我自己为例，如果清华不派我到德国去留学，则我的一生完全不会像现在这个样子。

把成功的三个条件拿来分析一下，天资是由“天”来决定的，我们无能为力。机遇是不期而来的，我们也无能为力。只有勤奋一项完全是我们自己决定的，我们必须在这一项上狠下功夫。在这里，古人的教导也多得很，还是先举韩文公。他说：“业精于勤，荒于嬉；行成于思，毁于随。”这两句话是大家都熟悉的。

王静安在《人间词话》中说：“古今之成大事业、大学问者，必经过三种之境界：‘昨夜西风凋碧树，独上高楼，望尽天涯路。’此第一境也。‘衣带渐宽终不悔，为伊消得人憔悴。’此第二境也。‘众里寻他千百度，蓦然回首，那人正在灯火阑珊处。’此第三境也。”静安先生第一境写的是预期，第二境写的是勤奋，第三境写的是成功。其中没有写天资和机遇。我不敢说，这是他的疏漏，因为写的角度不同。但是，我认为，补上天资与机遇，似更为全面。我希望，大家都能拿出“衣带渐宽终不悔”的精神来从事做学问或干事业，这是成功的必由之路。

（季羡林）

大道理

天资、勤奋、机遇，三者结合就会达到预期的结果，再有“衣带渐宽终不悔”的精神，必能达到成功的顶峰。

读 书

说到读书，似乎是很明白的事，只要拿书来读就是了，但是并不这样简单。至少，这有两种：一是职业的读书，一是嗜好的读书。所谓职业的读书者，譬如学生因为升学，教员因为要讲功课，不翻翻书，就有些危险了。我想诸君之中一定有些这样的经验，有的不喜欢算学，有的不喜欢博物，然而不得不学，否则，不能毕业，不能升学，于将来的生计便是妨碍了。我自己也这样，因为做教员，有时即非看不喜欢看的书不可，要不这样，怕不久便会于饭碗有妨。我们习惯了，一说起读书，就觉得是高尚的事情，其实这样的读书，和木匠的磨斧头、裁缝的理针线没有什么分别，并不见得高尚，有时还很苦痛，很可怜。你爱做的事，偏不给你做，你不爱做的事，倒非做不可。这是由于职业和嗜好不能合一而来的。倘能够大家去做爱做的事，而仍然各有饭吃，那是多么幸福。但现在的社会上还做不到，所以读书的人们的最大部分，大概是勉勉强强的、带着苦痛的为职业的读书。

（鲁迅）

大道理

现在做不爱做的事，就是为了将来做爱做的事。所以，再怎么痛苦，也要坚持，也要勤勤勉勉地，哪怕是带着痛苦。

建立自信

我的母亲总是为我的口吃找一些完美的理由。她会对我说："这是因为你太聪明了。没有任何一个人的舌头可以跟得上你这样聪明的脑袋瓜。"事实上，这么多年来，我从未对自己的口吃有过丝毫的忧虑。我充分相信母亲对我说的话：我的大脑比我的嘴动得快。

那是一个糟糕的赛季的最后一场冰球比赛。当时我在塞勒姆高中读最后一年。我们分别击败丹佛人队、里维尔队和硬头队，赢了头三场比赛，但在随后的比赛中，我们输掉了所有的六场比赛，其中五场都是一球之差。所以在最后一场比赛，即在林恩体育馆同贝弗利高中的对垒中，我们都极度地渴望胜利。作为塞勒姆女巫队的副队长，我独进两球，我们顿时觉得运气相当不错。

那确实是一场十分精彩的比赛，双方打成2比2后进入了加时赛。

但是很快，对方进了一球，这一次我们又输了。这已是连续第7场失利。我沮丧至极，愤怒地将球棍摔向场地对面，随后自己滑过去，头也不回地冲进了休息室。整个球队已经在那儿了，大家正在换冰鞋和球衣。就在这时候，门突然开了，我那爱尔兰裔的母亲大步走进来。

整个休息室顿时安静下来。每一双眼睛都注视着这位身着花色衣服的中年妇女，看着她穿进屋子，屋子里正好有几个队员正在换衣服。母亲径直向我走过来，一把揪住我的衣领。"你这个窝囊废！"她冲着我大声吼道。"如果你不知道失败是什么，你就永远都不会知道怎样才能获得成功。如果你真的不知道，你就最好不要来参加比赛！"

我遭到了羞辱——在我的朋友们面前——但上面的这番话我从此就再也无法忘记，因为我知道，是母亲的热情、活力、失望和她的爱使得她闯进休息室。她，格蕾丝·韦尔奇，是我一生中对我影响最大的人。她不但教会了我竞争的价值，还教会了我胜利的喜悦和在前进中接受失败的必要。

如果我拥有任何领导者的风范，可以和大家和睦相处，我觉得这都应该归功于母亲。忍耐而又有进取心、热情而又慷慨是母亲的特点。她非常擅长分析人的性格特征。对于遇到的每一个人，她总是有所评论。她说她可以"在一英里外嗅出骗子的气味"。

她对朋友非常热情慷慨。如果一个亲戚或者邻居来家里玩，称赞橱柜里的玻璃水杯款式不错，那么母亲会毫不犹豫地将玻璃杯拿出来送给他。

但是另一方面，如果你得罪了她，那你就得多加小心了。她会怨恨任何一个辜负了她的信任的人。从某种意义上来说，我继承了母亲的性格特点。

除此之外，我的很多管理理念都可以从我母亲身上看到原型，譬如下面这些原则：通过努力奋斗去获得成功；面对现实；利用欲擒故纵的方式来激励别人；确定苛刻的目标；严格地追问别人以保证任务的顺利完成。她对培养我的洞察力从不放松。母亲总是坚持要面对现实。她的一句名言是：“不要欺骗你自己。事实上它就是这样。”

她总是警告我说：“如果你不学习，你将什么都不是，绝对什么都不是。学习没有任何捷径可言。不要欺骗你自己！”

这些就是每天萦绕在我脑海里的生硬而又坚定的忠告。每当我试图回避一笔交易或一项业务上将要出现的严重问题时，母亲的话总能帮助我渡过难关。

从我入学开始，母亲就告诉我优秀的必要性。她知道怎样对我严厉，同时也知道如何拥抱我，亲吻我。她让我确信自己是被需要和被爱的。如果我带回家的成绩单上有个A和一个B，我的母亲就会问我为什么得了个B。不过她最后总是会以祝贺我得了A来结束话题，然后给我一个热情的拥抱。

母亲总是不厌其烦地检查我是否在做家庭作业，就好像我现在总是要检查每天的工作一样。我还记得小时候在阁楼写作业的时候，老是听到母亲的声音从客厅里传来：“作业做完了没有？如果没做完，最好就别下来。”

（杰克·韦尔奇）

大道理

成功没有任何捷径，只要你有足够的韧劲，付出足够的努力，再有足够的自信和学习精神，离成功也就不远了。

摆脱不良习惯

布朗森·阿尔科特把为人父母看作是一件神圣的事情。当他第一个孩子安娜在1831年出生时，他立即在自己的日记中写道："我们家添了个孩子，可真称得上是件大喜事。愿我们作为孩子的父母，能够指导他们走上追求真理与幸福的道路；愿上帝永远福佑孩子；愿孩子的心灵永远纯洁、美丽、善良，并能得到父母的厚爱。"1839年，进入不惑之年的阿尔科特，在他的爱女安娜8岁生日的时候，把下面这些话送给了她——

你8岁的生日到来了。你现在已和你的爸爸、妈妈一起生活了8年，和你可爱的妹妹路易莎生活了6年，而且和你漂亮的小妹妹伊丽莎白生活了将近4年。你的爸爸知道你是多么爱他……

你的爸爸想看到他的小姑娘善良、温柔、文静、典雅，像春天绽放的花朵那样芳香宜人，像朝阳照射下的花朵上的露珠那样美丽可爱。你想知道你如何才能变得更加漂亮、甜美吗？这很容易。你只需集中精力，认真倾听你心灵中那位神圣老师的教诲。

每个生日都是人生新的一页，摆脱那些不良的旧习惯，就像你扔掉自己的旧衣服一样，永远也不打算再穿它们。我亲爱的女儿，从今天开始做起，翻开你人生新的一页，当你下个生日来临时，你看到自己一年来取得巨大的进步，该是多么高兴啊！

当你只有几周大的时候，你就爱冲着我们笑。你长大了，我有时还能在你脸上看到同样甜美的笑容，我打心眼里感到我的女儿善良、纯洁。噢，女儿，你可永远别失去善良和纯洁。

（布朗森·阿尔科特）

大道理

我们要摆脱那些不良的旧习惯，它们只会干扰我们，使我们远离自己的目标，变得懒惰、庸俗。克服不良习惯是走向成功的前提。

旅　行

旅行虽然夹杂着苦恼，究竟有很大的乐趣在。旅行是一种逃避——逃避人间的丑恶。“大隐藏人海”，我们不是大隐，在人海里藏不住。岂但人海里安不得身？在家园里也不容易遁迹。成年地圈在四合房里，不必仰屋就要兴叹；成年地看着家里的那一张脸，不必牛衣也要对泣。家里面所能看见的那一块青天，只有那么一大块。取之不尽用之不竭的清风明月，在家里都不能充分享用，要放风筝需要举着竹竿爬上房脊，要看日升月落需要左右邻居没有遮拦。走在街上，熙熙攘攘，磕头碰脑的不是人面兽，就是可怜虫。在这种情形之下，我们虽无勇气披发入山，至少为什么不带着一把牙刷捆起铺盖出去旅行几天呢？在旅行中，少不了风吹雨打，然后倦飞知还，觉得“在家千日好，出门一时难”，这样便可以把那不可容忍的家变成暂时可以容忍的了。下次忍耐不住的时候，再出去旅行一次。如此的折腾几回。这一生也就差不多了。

旅行中没有不感觉枯寂的，枯寂也是一种趣味。哈兹利特（Hazlitt）主张在旅行时不要伴侣，因为：“如果你说路那边的一片豆田有股香味，你的伴侣也许闻不见。如果你指着远处的一件东西，你的伴侣也许是近视的，还得带上眼镜看。”一个不合意的伴侣，当然是累赘。但是人是个奇怪的动物，人太多是嫌闹，没人陪着嫌闷。耳边嘈杂怕吵，整天咕嘟着嘴又怕口臭。旅行是享受清福的时候，但是也还想拉上个伴。只有神仙和野兽才受住孤独。在社会里我们觉得面目可憎语言无味的人居多，避之唯恐或晚，在大自然里又觉得人与人之间是亲切的。到美国落矶山上旅行过的人告诉我，在山上若是遇见另一个旅客，不分男女老幼，一律脱帽招呼，寒暄一两句。这是很有意味的一个习惯。大概只有在旷野里我们才容易感觉到人与人是属于一门一类的动物，平常我们太注意人与人的差别了。

真正理想的伴侣是不易得的，客厅里的好朋友不见得即是旅行的好伴侣，理想的伴侣须具备许多条件，不能太脏，如嵇叔夜“头面常一月十五日不洗，不太闷痒不能沐”，也不能有洁癖，什么东西都要用火酒揩；不能如泥塑木雕，如死鱼之不张嘴，也不能终日喋喋不休，整夜鼾声不已；不能油头滑脑，也不能蠢头呆脑，要有说有笑，有动有静，静时能一声不响地陪着你看行云，听夜雨，动时能在草地上打滚像一活鱼！这样的伴侣哪里去找？

（梁实秋）

大道理

旅行和人生一样，有欢乐、有孤寂、有失望、有收获，这就是旅行所拥有的同人生一样的趣味。

这也会过去

1954年，巴西的男女老少几乎一致认为，巴西足球队定能荣获世界杯赛的冠军。然而，天有不测风云，足球的魅力就在于难以预测。在半决赛时，巴西队意外地输给了法国队，结果没能将那个金灿灿的奖杯带回巴西。

球员们比任何人都更明白，足球是巴西的国魂。他们懊悔至极，感到无脸去见家乡父老。他们知道，球迷们的辱骂、嘲笑和扔汽水瓶子是难以避免的。

当飞机进入巴西领空之后，球员们更如心神不安，如坐针毡。可是，当飞机降落在首都机场的时候，映入他们眼帘的却是另一种景象：巴西总统和两万多名球迷默默地站在机场，人群中有两条横幅格外醒目：

“失败了也要昂首挺胸！”

“这也会过去！”

球员们顿时泪流满面。总统和球迷们都没有讲话，默默地目送球员们离开了机场。

球员们对“失败了也要昂首挺胸”的理解是比较深透的，可相比之下，对“这也会过去”的理解却不够深透……

4年后，巴西足球队不负众望赢得了世界杯冠军。

回国时，巴西足球队的专机一进入国境，16架喷气式战斗机立即为之护航。当飞机降落在道加勒机场时，聚集在机场上的欢迎者多达3万人。在从机场到首都广场将近20公里的道路两旁，自动聚集起来的人群超过了100万。这是多么宏大和激动人心的场面！

人群中也有两条横幅格外醒目：

“胜利了更要勇往直前！”

“这也会过去！”

球员们对“胜利了更要勇往直前”很容易理解，对“这也会过去”的理解依然蒙蒙眬眬……

后来，巴西足球队的队长断断续续向一些人请教，应该怎样理解“这也会过去”的含义。

真是无巧不成书。队长请教的一位老者微笑着说："这也会过去"的横幅都是他写的，他给队长讲了下面的故事：

据说，伟大的所罗门王有一天晚上做了一个梦。

一位智者在梦里告诉他一句至理名言，这句至理名言涵盖了人类的所有智慧，能使他得意的时候不会趾高气扬，忘乎所以；失意的时候能够百折不挠，奋发图强，始终保持勤勤恳恳、兢兢业业的状态。

但是，醒来之后却怎么也想不起来那句至理名言。于是，所罗门王找来了最有智慧的几位老臣，向他们讲了那个梦，要求他们把那句至理名言想出来，并拿出一枚大钻戒，说："如果想出来那句至理名言，就把它镌刻在戒面上。我要把这枚戒指天天带在手指上。"

一个星期过后，几位老臣兴奋地前来送还钻戒，戒面上已刻上了一句勉励人胜不骄、败不馁的至理名言：

"这也会过去！"

（蒋光宇）

大道理

胜利和失败都属于过去，荣耀和耻辱也会成为历史。一切都会过去，一切又将从头开始。

论求知

求知可以作为消遣，可以作为装饰，也可以增长才干。

当你孤独寂寞时，阅读可以消遣。当你高谈阔论时，知识可供装饰。当你处世行事时，正确运用知识意味着力量。懂得事物因果的人是幸福的。有实际经验的人虽能够办理个别性的事务，但若要综观整体，运筹全局，却唯有掌握知识方能办到。

求知太慢会弛惰，为装潢而求知是自欺欺人，完全照书本条条办事会变成偏执的书呆子。

求知可以改进人和天性，而实验又可以改进知识本身。人的天性犹如野生的花草，求知学习好比修剪移栽。实习尝试则可检验修正知识本身的真伪。

狡诈者轻鄙学问，愚鲁者羡慕学问，唯聪明者善于运用学问。知识本身并没有告诉人怎样运用它，运用的方法乃在书本之外。这是一门技艺。不经实验就不能学到。不可专为挑剔辩驳去读书，但也不可轻易相信书本。求知的目的不是为了吹嘘炫耀，而应该是为了寻找真理，启迪智慧。

有的知识只需浅尝，有的知识只要粗知。只有少数专门知识需要深入钻研，仔细揣摩。所以，有的书只要读其中一部分，有的书只需知其中梗概即可，而对于少数好书，则要精读，细读，反复地读。

有的书可以请人代读，然后看他的笔记摘要就行了。但这只限于质量粗劣的书。否则一本好书将像已被蒸馏过的水，变得淡而无味了！

读书使人的头脑充实，讨论使人明辨是非，做笔记则能使知识精确。

因此，如果一个人还要做笔记，他的记忆力就必须强而可靠。如果一个人只愿孤独探索，他的头脑就必须格外锐利。如果有人不读书又想冒充博学多知，他就必定很狡黠，才能掩饰他的无知。

读史使人明智，读诗使人聪慧，演算使人精密，哲理使人深刻，伦理学使人有修养，逻辑修辞使人善辩。总之，“知识能塑造人的性格”。

不仅如此，精神上的各种缺陷，都可以通过求知来改善——正如身体上的缺陷，可以通过运动来改善一样。例如打球有利于腰肾，射箭可扩胸利肺，散步则有助于消化，骑术使人反应敏捷，等等。同样，一个思维不集中的人，他可以研习数学，因为数学稍不仔细就会出错。缺乏分析判断力的人，他可以研习经院哲学，因为这门学问最讲究繁琐辩证。不善于推理的人，可以研习法律学，如此等等。这种种头脑上的缺陷，可都以通过求知来疗治。

（培根）

大道理

知识就是力量。但有的知识只需浅尝，有的知识只要粗知。只有少数专门知识需要深入钻研，仔细揣摩。

每一只小狗都有一个目标

有一对夫妇，有两个孩子，一个叫莎拉，一个叫克里斯蒂。当孩子还小的时候，父母决定为他们养一只小狗。小狗抱回来以后，他们就请朋友帮忙训练这只小狗。在第一次训练前，女驯狗师问：“小狗的目标是什么？”夫妻俩面面相觑，很是意外，嘟囔着说：“一只小狗的目标？当然就是当一只狗了。”他们实在想不出狗还有什么另外的目标。

女驯狗师极为严肃地摇了摇头说：“每只小狗都得有一个目标。”夫妇俩商量之后，为小狗确立了一个目标：白天和孩子们一道玩，夜里看家。后来，小狗被成功地训练成了孩子的好朋友和家的守护神。这对夫妇就是美国的前任副总统阿尔·戈尔和他的妻子迪帕。他们牢牢地记住了这句话——做一只狗要有目标，更何况是做一个人。

我们常常把别人的期待当成了自己的目标，孩童时，这几乎是顺理成章的。但是，你会渐渐地长大，无论别人的期望是怎样的美好，它也不属于你。除非有一天，你成功地在自己的心底移植了这个期望，这个期望生根发芽，长成了你的目标。那时，尽管所有的枝叶都和原本的母本一脉相承，但其实它已面目全非，它的灵魂完完全全只属于你，它被你的血脉所滋养。

我们常常把世俗的流转当成自己的目标。这一阵子崇尚钱，你就把挣钱当成自己的目标。殊不知钱只是手段而非目标，有了钱之后，事情远远没有结束。把钱当成目标，就是把叶子当成了根。目标是终极的代名词，它悬挂在人生的沙海之中，你向着它航行，却永远不会抵达。你的快乐就在这跋涉的过程中流淌，而并非把目标攫为己有。从这个意义上说，钱不具备终极目标的资格。过一阵子流行美丽，你就把制造美丽、保存美丽当成了目标。殊不知美丽的标准有所不同，美丽是可以变化的，目标却是相当恒定的。美丽之后你还要做什么？美丽会褪色，目标却永远鲜艳。

有人把快乐和幸福当成了终极目标，我觉得这也值得推敲。快乐并不只是单纯的快感，类乎饮食和繁殖的本能。科学家们通过研究，发现最长远最持久的快乐，来自于你的自我价值的体现。而毫无疑问，自我价值是从属于你的目标，一个连目标都没有的人，何谈价值呢！

一棵树的目标也许是雕成大厦的栋梁，也许是撑一把绿伞送人阴凉，也许是化做无数张白纸传递知识，也许是制成一次性筷子让人大快朵颐……还有数不清的可能，我们不是树，我们不可能穷尽也不可能明白树的心思。我们是人，我们可以为自己确立一个目标，这是做人的本分之一。

有一位女子曾说过，出名要趁早。我看，确立目标要趁早。

（毕淑敏）

大道理

生活没有目标，就会像没有航标的船行驶在暗礁汹涌的大海中，随时有触礁的危险。所以，一定要尽快并且趁早地确立目标，以免生命之船偏离人生的航道。

争 夺

中午下了课，接到通知，下午 4 点整还要参加一个会议。

3 点 59 分，我准时到了会场。

在整整两个钟头的时间里，我和其他的人一样聆听、发问和讨论，只是觉得特别的心平气和，并且常常控制不住那唇边一抹笑意。

因为，在我快乐的心里藏着一个秘密，没有人知道我刚才去了哪里。

我去了一趟海边，那个来回有一个钟头车程的海边，那个在初夏季节里特别清爽特别细致的海边。

有太阳，但是也有厚厚的云层，所以阳光刚刚能使我觉得暖和，刚刚能使海水在岩礁之间闪着碎亮的光；有风，但是也有好多高高的木麻黄，所以风吹过来时就添了一分温柔，吹过去的时候又多了一分转折。

细细的沙丘上丛生着藤蔓植物，低矮的绿叶间开着粉紫色的小花，我把鞋子脱了，赤足从温热的沙上走过。不是假日，海边空无一人，海浪的声音因而显得特别有节奏，沙丘也特别洁净特别细柔。我稍微计算了一下，大概有 50 分钟的时间可以由我自己支配，于是，选了沙丘上背风的一面斜坡，懒懒地躺了下来，用一种散漫的心情，我在初夏的海边听风、听浪、听那远远的唱着歌的木麻黄。

然后，在 50 分钟过去了以后，我就站了起来，拍拍裙子上的细沙，穿上鞋子，很快地走回车上，很快地重新回到尘世，重新和周遭的一切有了接触。

但是，在会议桌前，在聆听和询问之间，总会有几次恍惚的刹那，在那个时候，好像那海浪的声音、海水的颜色、海风的触摩仍然环绕着我，仍然温柔地跟随着我，使我不自禁地微笑了起来。

我的快乐不过只是因为在这天下午，向生命做了一次小小的争夺，夺回了一些我原该享有却一直不能享有的生活。

（席慕容）

大道理

在心灵深处保留一份属于自己的快乐，然后再向生命做一次对这快乐的争夺，哪怕收获小小的，也会让我们繁杂的人生充满惬意。

如果我是你

三毛女士：

我今年 29 岁，未婚，是一家报关行最底层的办事员，常常在我下班以后，回到租来的斗室里，面对物质和精神都相当贫乏的人生，觉得活着的价值，十分……对不起，我黯淡的心情，无法用文字来表达。我很自卑，请你告诉我，生命最终的目的何在？

以我如此卑微的人（我的容貌太平凡了），工作能力也有限，说不出有什么特别的兴趣，也从来没有异性对我感兴趣。

我真羡慕你，恨不得能够活得像你，可惜我不能，请你多写书给我看，丰富我的生命，不然，真不知活着还有什么快乐。

敬祝

春安

一个不快乐的女孩上

不快乐的女孩：

从你短短的自我介绍中，看来十分惊心，29 岁正当年轻，居然一连串的用了——最低层、贫乏、黯淡、自卑、平凡、卑微、能力有限这许多不正确的定义来形容自己。

以我个人的经验来说，我也反复思索过许多次，生命的意义和最终目的到底是什么，目前我的答案却只有一个，很简单的一个，那便是“寻求真正的自由”，然后享受生命。

不快乐的女孩，你的心灵并不自由，对不对？当然，我也没有做到绝对的超越，可是如你信中所写的那些字句，我已不再用在自己身上了，虽然我们比较起来是差不多的。

如果我是你，第一步要做的事是加重对自我的期许与看重，将信中那一串又一串自卑的字句从生命中一把扫除，再也不轻看自己。

你有一个正当的职业，租得起一间房间，容貌不差，懂得在上下班之余更进一步探索生命的意义，这都是很优美的事情，为何觉得自己卑微呢？你觉得卑微是因为没有用自己的主观眼在观看自己，而用了社会一般的功利主义的眼光，这是十分遗憾的。

一个不欣赏自己的人，是难以快乐的。当然，由你的来信中，很容易想见你部分的心情，你表达的能力并不弱，由你的文字中，明明白白可以看见一个都市单身女子对于生命的无可奈何与悲哀，这种无可奈何，并不浮浅，是值得看重的。

很实际的来说，不谈空幻的方法，如果我住在你所谓的“斗室”里，如果是我，第一件会做的事情，就是布置我的房间。我会将房间粉刷成明朗的白色，给自己在窗上做上一幅美丽的窗帘，我在床头放一个普通的小收音机，在墙角做一个书架，给灯泡换一个温暖而温馨的灯罩，然后，我要去花市，仔细的挑几盆看了悦目的盆景，放在我的窗口。如果仍有余钱，我会去买几张名画的复制品——海报似的那种，将它挂在墙上……。这么弄一下，以我的估价，是不会超过 4000 台币的，当然除了那架收音机之外，一切自己动手做，就省去了工匠费用，而且生活会有趣得多。

房间布置得美丽，是享受生命改变心情的第一步，在我来说，它不再是斗室了。然后，当我发薪水的时候——如果我是你，我要给自己用极少的钱，去买一件美丽又实用的衣服。如果我觉得心情不够开朗，我很可能去一家美发店，花 100 台币修剪一下终年不变的发型，换一个样子，给自己耳目一新的快乐。我会在又发薪水的下一个月，为自己挑几样淡色的化妆品，或者再买一双新鞋。

你看，如果我是你，我慢慢地在变了。

我去上上课，也许可能交到一些朋友，我的小房间既然那么美丽，那么也许偶尔可以请朋友来坐坐，谈谈各自的生活和梦想。

慢慢地，我不再那么自卑了，我勇于接触善良而有品德的人群（这种人在社会上仍有许多许多），我会发觉，原来大家都很平凡——可是优美，正如自己一样。我更会发觉，原来一个美丽的生活，并不需要太多的金钱便可以达到。我也不再计较异性对我感不感兴趣，因为我自己的生活一点一点地丰富起来，自得其乐都来不及，还想那么多吗？

如果我是你，我会不再等三毛出新书，我自己写札记，写给自己欣赏，我慢慢地会发觉，我自己写的东西也有风格和趣味，我真是一个可爱的女人。

不快乐的女孩子，请你要行动呀！不要依赖他人给你快乐。你先去将房间布置起来，勉强自己去做，会发觉事情没有你想象的那么难，而且，兴趣是可以寻求的，东试试西试试，只要心中认定喜欢的，便去培养它，成为下班之后的消遣。

可是，我仍觉得，在这个世界上，最深的快乐，是帮助他人，而不只是在自我的世界里享受——当然，享受自我的生命也是很重要的。你先将自己假想为他人，帮助自己建立起信心，下决心改变一下目前的生活方式，把自己弄得活泼起来，不要任凭生命再做赔本的流逝和伤感，起码你得试一下，尽力地去试一下，好不好？

享受生命的方法很多很多，问题是你一定要有行动，空想是不行的。下次给我写信的时候，署名快乐的女孩，将那个“不”字删掉好吗？

你的朋友三毛上

（三毛）

大道理

不要依赖他人给你快乐。只要你有足够的勇气，只要你足够乐观，你的生活一定是快乐的。

家有升学女

做父亲真正是一门“做到老学到老”的学问。

最惨的是像我这样，年近“知天命”了，女儿才刚要考高中，对如何做父亲忽然没有把握了。

当她到夜里 12 点多还不休息的时候，我一方面感到欣慰：她自己知道用功，我就可以省点心了。同时，又感到心疼，小小年纪没黑没白，没有周末也没有节假日，一熬多半年，怎么受得了！

……

她经常洗头，有时放学回来就洗。有时做一会儿功课再洗，一周要洗两三次。头发不长，每次都要耗费半小时左右。开始我以为她用洗头驱赶睡意，清醒头脑。后来发现每天晚上例行公事的洗脸漱口，她有时要磨蹭 40 分钟。……

她是得了什么病？

……

我很着急，却又不能为此批评她。……

渐渐我似乎猜到了女儿为什么要借助于玩水而消磨时间。她自己也未必意识到，与水的接触使她放松了，暂时可以忘记课本，忘记那日益迫近的升学考试，排解各种压力和紧张。……

让她保留一点能够让她轻松惬意的生活习惯吧。她活得太沉重、太劳累、太单调了。……他们一出生，最晚从上小学一年级起，竞争就开始了。社会的压力、家庭的压力，都转嫁到他们身上。

有时候我真希望自己是孩子们的朋友，而不是他们的父亲。做父亲就要这也担心，那也负责，而这种担心和负责却未必是孩子们所需要的。

……

现在跟女儿的关系又有点紧张，除去跟她谈学习，似乎没有让我更感兴趣的话题。而谈学习正是她最厌恶的话题，常常一言不发，问三句最多答一句。

我把“父亲”这两个字理解得太神圣了，太沉重了，因而潇洒不起来。好在我还有自知之明，在不断观察，不断思考，不断修正自己。

（蒋子龙）

大道理

家长应该首先是孩子的朋友，然后才能更好地成为家长，履行家长的责任。否则，两代人中间的鸿沟任你怎么努力，也难以逾越，因为中间缺少了理解这座桥梁。

为他人默默许愿

小时候，邻居潘姥姥的嘴很瘪，妈妈让我把刚刚蒸好的蜂糕送去给她吃，她高兴得不得了。可是吃那糕以前，她把糕上的红枣都抠下来，让我很吃惊。后来听妈妈说，如果潘姥姥有钱安上假牙，她就可以像我一样享受红枣的美味了。那时我就默默许愿：等我长大赚了钱，一定给潘姥姥装上满口假牙。但是不久我们就搬走了，几年以后传来潘姥姥去世的消息。妈妈叹息时，我在一旁呆想：她怎么也不等等我，就死了呢?

上小学的时候，教唱歌的老师是个很爱笑的少女，她的笑声像鸟叫一样，我一听她笑就想到翠绿的竹林。可是有一天她来上课时完全没有了笑容，眼睛里泪汪汪的，后来她好久没来上课，换了一个很厉害的男老师。偶然里听说，她是因为失恋，自杀未遂，不再当老师了。我心里非常难过，便默默许愿，等我长大了，一定爱她、娶她。可是我还没上完小学，有一天，就在大街上看见她，挽着一个很强壮的男子，满脸放光，还发出我熟悉的小鸟般的笑声……

中学毕业时，联欢会上，有人建议每人说说自己的职业理想。有一个同学说他要当舞蹈家，立即引起哄堂大笑。他也笑，确实很好笑，因为他是个罗圈腿。但是我知道他心里真有那个想法，便在心里默默为他许愿。将来他就能当个舞蹈家！很久以后，在一场精彩的晚会结束时，我到后台去看他，我告诉他当年曾默默为他许愿，他感动地握住我的手说："怪不得我终于和舞蹈结下了不解之缘！你的祝愿，也是冥冥中托举我向上的力量之一！"他现在是一位重要的舞蹈服装设计师。

少年时代，我常常为他人默默许愿，成年以后，也还没丢失这颗童心。我很少得以还愿，而且我许的愿未必是他人所渴求的，有时甚至与他人内心所思相左，但是我珍惜自己的这一份心意。在为他人默默许愿的一瞬间，我的心灵必是美好的、纯净的、向善的，至少在那一瞬间，我无愧在世为人，并相信我置身其中的人类，因有这种最原始、最朦胧、最浅显的情愫，才得以绵延至今。

我不知道除却父母妻儿以外，可曾有他人为我默默地许愿，我在生活中是否过多地揣想他人对我的恶意，而丧失了对这世界存在良善的想象力？也许他人曾有过的对我的默愿，大大地超过了我所默愿的次数和力度，我只有珍惜自己那一份尚未泯灭的为他人默默许愿的情愫，才能使自己的生命更有意义。

为他人默默许愿时，心中便有一根爱芽，这芽不能抽叶、开花、结果，却能化为一种基因，传递到新的生命中。

唯愿自己还能自然而然地，在一个瞬间，为他人默默许愿……

（刘心武）

大道理

珍惜自己那一份尚未泯灭的为他人默默许愿的情愫吧，这样的生命才有意义。因为自然而然地为他人许愿，就能把爱传递到另外的生命中。

如何安度晚年

作为一个哲学家兼文学家，伯特兰·罗素的文章以透辟、缜密著称。这篇文章节选自他的散文集《来自回忆的画像》。

从心理学上来讲，在老年时期要防止这样两种危险。第一是过分沉湎于过去。生活于过去之中，为已过的好时光而抱憾，或因朋友作古而痛苦，这些都是没有什么用处的。人的思想应该朝着未来，朝着还可以有所作为的方面。这并不是容易做到的，因为一个人的过去是一份不断加重的负担。人们容易承认，自己的感情，过去比现在丰富，自己的思想，过去比现在深刻。如果这是事实，就把它忘掉。如果忘掉它，那它可能将不成其为事实。

另外一件要避免的事情是跟着年轻人，渴望从他们的生机中吸取力量。当你的孩子们已经长大，他们就要过属于他们自己的生活，如果你还是像小时候那样对他们关心备至，你就可能成为他们的负担，除非他们特别冷漠。我不是说对他们应该不闻不问，但是你所给予的关心应是理性的，解囊相助的（如果可能的话），而非过于感情冲动。动物在自己的后代一旦能够生活自理时，就不再给予照顾，可是人类，因为幼年时期太长，很难做到这一点。

我觉得一个人能做到对合适的活动兴趣盎然、不理会自己的个人得失，那么，他就很容易享有成功的晚年，因为经过长期积累的经验在此可以结出累累的硕果，而经过经验产生的智慧在这个时候既有用武之地，而又不至咄咄逼人。叫已经长大成人的孩子不要犯错误是没有好处的，因为他们不会信任你，同时也由于犯错误是接受教育的不可缺少的一环。但如果你做不到不计个人得失，那么，不将你的心放在儿孙后辈身上，你便会觉得生活空虚无聊。

如果是这样，你必须知道：尽管你还能给他们物质上的帮助，诸如给点补贴或织几件毛衣，可是你千方不要指望他们会喜欢跟你在一起。

有些老人为死的恐惧所困扰。假如年轻人有这种恐惧，那也没有什么可说的。年轻人有理由害怕战死在战场上；但当他们想到被骗走了生命所能赋予的美好生活时，他们有理由表示不满。但假如对于一个尝尽人间疾苦，已经完成该做的一切的老年人来讲，怕死就有点不大好了。

克服这种恐惧的最好办法是——至少在我看来是这样的——使你的爱好逐渐扩大，越来越超出个人的范围，最后你的自我之墙将一点一点地退却，你的生命将越来越和人类的生命融合在一起。一个人的一生应该像一条河——开始很小，被两岸紧紧约束，激烈地冲过岩石和瀑布。渐渐地它变宽了，两岸退却了，河水静静地流着。到最后，不经过任何可见的停留，就和大海汇合在一起，毫无痛苦地失去它自身的存在。一个在老年能这样对待生活的人，将不会感到死亡的恐惧，因为他所关心的事物将继续下去。假如由于生命力的减退，倦意日增，安息的想法也许就是可喜之处。我希望我能死于工作之时，并且在我快死的时候能知道别人将继续做我不能再做的工作，同时能为自己已完成力所能及的一切而心满意足。

（罗素）

大道理

从心理学上讲，在老年期要防止这样两种危险：过分沉湎于过去；跟着年轻人，渴望从他们的生机中吸取力量。

人　性

温柔敦厚，诗人之旨。我国的国民性向来就是这样，所以克己复礼，每以忠恕之道待人。结果，就成了爱好和平，宁人负我，毋我负人的习俗。但是被迫得厉害，当然也会和耻近乎勇地愤激起来。文王一怒，非要把凶猛、残酷、贪得无厌、奸杀残暴诸种恶德铲尽不可。

可是人性里带有兽性，同兽性里带有人性一样。敌人的残暴恶毒，虽是一般的现象，但兽尚且有时会表露人性，人终也有时会表现本性的无疑。鸟之将死，其鸣也哀，丁祭之前，黄牛被宰，衣冠士夫，丁宁致祭的时候，就是牛眼里也会流泪。子鹿被掳，母鹿与悲，骨肉之爱，本来是人兽相同的。

淮尔特说，从丑恶中发现出美来，是艺术家的职分。所以，我也说，从兽性中去发掘人性，也是温柔敦厚的诗人之旨。

（郁达夫）

大道理

人性具有两面性，有善，有恶，所以要善于从丑恶中发现美，善于剔除兽性，保留人性。

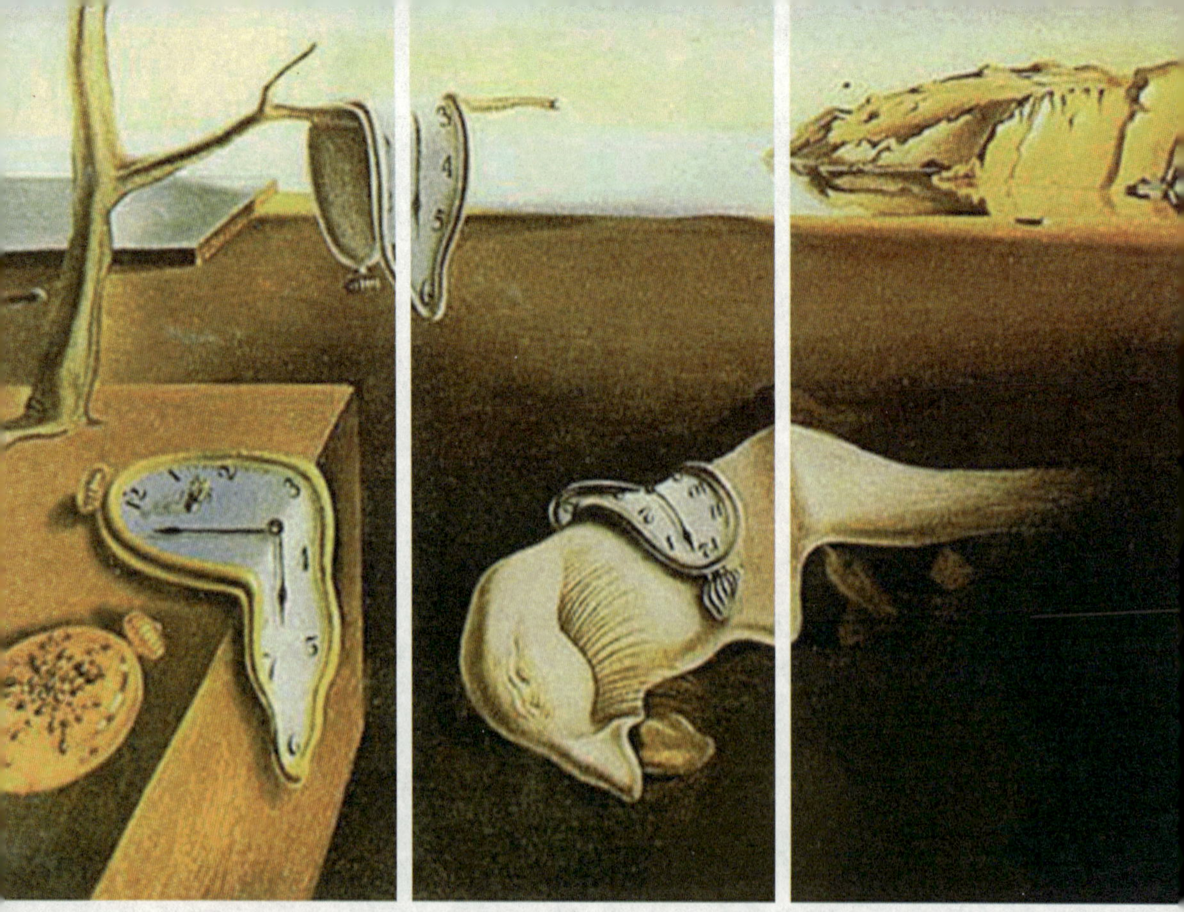

渐

使人生圆滑进行的微妙的要素，莫如“渐”；造物主骗人的手段，也莫如“渐”。在不知不觉之中，天真烂漫的孩子“渐渐”变成野心勃勃的青年；慷慨豪侠的青年“渐渐”变成冷酷的成人；血一年一年地、一月一月地、一日一日地、一时一时地、一分一分地、一秒一秒地渐进，犹如从斜度极缓的长远的山坡上走下来，使人不察其递降的痕迹，不见其各阶段的境界，而似乎觉得常在同样的地位，恒久不变，又无时不有生的意趣与价值，于是人生就被确实肯定，而圆滑进行了。假使人生的进行不像山坡而像风琴的键板，或 do 忽然移到 re，即如昨夜的孩子今朝忽然变成青年；或者像旋律的“接离进行”地由 do 忽然跳到 mi，即由朝为青年而夕暮忽成老人，人一定要惊讶、感慨、悲伤，或痛感人生的无常，而不乐为人了。故可知人生是由“渐”维持的。这在女人恐怕尤为必要：歌剧中，舞台上的如花的少女，就是将来火炉旁边的老婆子，这句话，骤听使人不能相信，少女也不肯承认，实则现在的老婆子都是由如花的少女“渐渐”变成的。

人之能堪受境遇的变衰，也全靠这“渐”的助力。巨富的纨绔子弟因屡次破产而“渐渐”荡尽其家产，变为贫者；贫者只得做佣工，佣工往往变为奴隶，奴隶容易变为无赖，无赖与乞丐相去甚近，乞丐不妨做偷儿……这样的例，在小说中，在实际上，均多得很。因为其变衰是延长为十年二十年而一步一步地"渐渐"地达到的，在本人不感到什么强烈的刺激。故虽到了饥寒病苦刑笞交迫的地步，仍是熙熙然贪恋着目前的生的欢喜。假如一位千金之子忽然变了乞丐或偷儿，这人一定愤不欲生了。

这真是大自然的神秘的原则，造物主的微妙的工夫！阴阳潜移，春秋代序，以及物类的衰荣生杀，无不暗合于这法则。由萌芽的春"渐渐"变成绿荫的夏，由凋零的秋"渐渐"变成枯寂的冬。我们虽已经历数十寒暑，但在围炉拥衾的冬夜仍是难于想象饮冰挥扇的夏日的心情；反之亦然。然而由冬一天一天地、一时一时地、一分一分地、一秒一秒地移向冬，其间实在没有显著的痕迹可寻。昼夜也是如此：傍晚坐在窗下看书，书页上"渐渐"地黑起来，倘不断地看下去（目力能因了光的渐弱而渐渐加强），几乎永远可以认识书页上的字迹，即不觉昼之已变为夜。黎明凭窗，不瞬目地注视东天，也不辨自夜向昼的推移的痕迹。儿女渐渐长大起来，在朝夕相见的父母全不觉得，难得见面的远亲就相见不相识了。往年除夕，我们曾在红蜡烛底下守候水仙花的开放，真是痴态！倘水仙花果真当面开放给我们看，便是大自然的原则的破坏，宇宙的根本的摇动，世界人类的末日临到了！

"渐"的作用，就是用每步相差极微极缓的方法来隐蔽时间的过去与事物的变迁的痕迹，使人误认其为恒久不变。这真是造物主骗人的一大诡计！这是一件比喻的故事：某农夫每天朝晨抱了犊而跳过一沟，到田里去工作，夕暮又抱了它跳过沟回家。每日如此，未尝间断。过了一年，犊已渐大，渐重，差不多变成大牛，但农夫全不觉得，仍是抱了它跳沟。有一天他因事停止工作，次日再就不能抱了这牛而跳沟了。造物的骗人，使人留连于某每日每时的生的欢喜而不觉其变迁与辛苦，就是用这个方法的。人们每日在抱了日重一日的牛而跳沟，不准停止。自己误以为是不变的，其实每日在增加其苦劳！

我觉得时辰钟是人生的最好像征了。时辰钟的针，平常一看总觉得是"不动"的；其实人造物中最常动的无过于时辰钟的针了。日常生活中的人生也如此，刻刻觉得我是我，似乎这"我"永远不。变，实则与时辰钟的针一样的无常！一息尚存，总觉得我仍是我，我没有变，还是留连着我的生，可怜受尽"渐"的欺骗！

"渐"的本质是"时间"。时间我觉得比空间更为不可思议，犹之时间艺术的音乐比空间艺术的绘画更为神秘。因为空间姑且不追究它如何广大或无限，我们总可以把握其一端，认定某一点。时间则全然无从把握，不可挽留，只有过去与未来在渺茫中不绝地相追逐而已。性质上既已渺茫不可思议，分量上在人生也似乎太多。因为一般人对于时间的悟性，似乎只够支配搭船乘车的短时间；对于百年的长期间的寿命，他们不能胜任，往往迷于局部而不能顾及全体。试着乘火车的旅客中，常有明达的人，有的宁牺牲暂时的安乐而让其座位于老弱者，以求心的太平（或博暂时的美誉）；有的见众人争先下车，而退在后面，或高呼“勿要轧，总有得下去的！”“大家都要下去的！”然而在乘“社会”或“世界”的大火车的“人生”的长期的旅客中，就少有这样的明达之人。所以我觉得百年的寿命，定得太长。像现在的世界上的人，倘定他们搭船乘车的期间的寿命，也许在人类社会上可减少许多凶险残惨的争斗，而与火车中一样的谦让，和平，也未可知。

然人类中也有几个能胜任百年的或千古的寿命的人，那是“大人格”，“大人生”。他们能不为“渐”所迷，不为造物所欺，而收缩无限的时间并空间于方寸的心中。故佛家能纳须弥于芥子。中国古诗人（白居易）说：“蜗牛角上争何事？石火光中寄此身。”英国诗人（Blake）也说：“一粒沙里见世界，一朵花里见天国；手掌里盛住无限，一刹那便是永劫。”

（丰子恺）

大道理

“渐”虽是造物主骗人的大诡计，但无形中也减去了人们面对差异和变化的痛苦，所以就不得不承认其仁慈了。可就是这看似仁慈的“渐”却让人在不知不觉中断送了一切。

走出昨天

“我们会永远在一起吗？”“当然，只要我们不吵架。”当年的话语犹在耳边，可儿时的好友已人各天涯，杳无音讯。离别的原因却并非“吵架”。

“姐姐，来陪我过家家。”邻家小女孩的娇唤使我怦然心动，虽然对这种儿时钟爱过的游戏已没有多大的兴趣，但我却拒绝不了那双天真无邪的大眼睛、那稚气的话语。因为，那眼神和话语，我也曾经有过。

脚尖前一个硬币银光闪亮，刚想去捡又犹豫了。“老师，我捡到五分钱。”红领巾在胸前欢快地飘着，这是以前的我。“算了，一个小分币捡它干吗？”现在的自己却悄然离它而去。

难道我的童心真的在成长中慢慢失落了？恐怕所有的人都会在岁月的长河中有意无意地改变了自己。儿时的我，会为一条金鱼的死去难过半天再认认真真为它安个坟冢；会对着蓝蓝的天空无忌地吹肥皂泡泡；会静静蹲在地上看蚂蚁搬家……但若现在还那样，会被别人笑你痴说你傻。所以现在的我们只会安分守己，来证明自己也不傻。

成长中的我们，已学会了静静地思考。在一阵热情与冲动过后，常常想着平平淡淡过日子，可我们仍喜欢去拼去搏去闯，以为那样才不负于自己的青春年华。

因为长大了，我们不再轻易许诺，害怕那兑现不了的诺言会伤害自己又伤害别人；因为长大了，我们不再盲目去崇拜别人，我们已懂得世上有“完美”这个词却未必会有这种人。

我们没有失落童心，只是因为成长，我们已把它悄悄藏起。我们怀恋童年，但更珍惜现在。或许，我们已没有稚儿的单纯，可我们的心灵仍然纯净。我们根本不必去挽留童心，因为将来我们会有更美的梦。只要我们努力去争取，所有的梦都会实现。

（刘 畅）

大道理

我们走出昨天，并不是为了忘记和抛弃曾经的童真和心灵的纯净，相反，我们走出昨天是为了今天能走得更好。

馋

也许我们中国人特别馋一些。“馋”字从食，毚声。毚音谗，本义是狡兔，善于奔走，人为了口乃之欲，不惜多方奔走以膏馋吻，所谓“为了一张嘴，跑断两条腿”。真正的馋人，为了吃，绝不懒。我有一位亲戚，属汉军旗，又穷又馋。一日傍晚，大风雪，老头子缩头缩脑偎着小煤炉子取暖。他的儿子下班回家，顺路市得四只鸭梨，以一只奉其。父得梨，大喜，当即啃了半只，随后就披衣戴帽，拿着一只小碗，冲出门外，在风雪交加中不见了人影。他的儿子只听得大门哐啷一声响，追已无及。约一小时，老头子托着小碗回来了，原来他是要吃温桲拌梨丝！从前酒席，一上来就是四干、四鲜、四蜜饯，温桲、鸭梨是现成的，饭后一盘温桲拌梨丝别有风味（没有鸭梨的时候白菜心也能代替）。这老头子吃剩半个梨，突然想起此味，乃不惜于风雪之中奔走一小时。这就是馋。

人之最馋的时候是在想吃一样东西而又不可得的那一段期间。希腊神话中之谭塔勒斯，水深及颚而不得饮，果实当前而不得食，饿火中烧，痛苦万状，他的感觉不是馋，是求生不成求死不得。馋没有这样的严重。人之犯馋，是在饱暖之余，眼看着、回想起或是谈论到某一美味，喉头像是有馋虫搔抓作痒，只好干咽唾沫。一旦得遂所愿，恣情享受，浑身通泰。抗战七八年，我在后方，真想吃故都的食物，人就是这个样子，对于家乡风味总是念念不忘，其实“千里莼羹，末下盐豉”也不见得像传说的那样迷人。我曾痴想北平羊头肉的风味，想了七八年：胜利还乡之后，一个冬夜，听得深巷卖羊头肉小贩的吆喝声，立即从被窝里爬起来，把小贩唤进门洞，我坐在懒凳上看着他于暗淡的油灯照明之下抽出一把雪亮的薄刀，横着刀刃片羊脸，片得飞薄，然后取出一只蒙着纱布的头角，洒上一些焦盐。我托着一盘羊头肉，重复钻进被窝，在枕上一片一片的羊头肉放进嘴里，不知不觉地进入了睡乡，十分满足地解了馋瘾。但是，老实讲，滋味虽好，总不及在痴想时所想象的香。我小时候，早晨跟我哥哥步行到大鹁鸽市陶氏学堂上学，校门口有个小吃摊贩，切下一片片的东西放在碟子上，洒上红糖汁、玫瑰木樨，淡紫色，样子实在令人馋涎欲滴。走近看，知道是糯米藕。一问价钱，要四个铜板，而我们早点费每天只有两个铜板。我们当下决定，饿一天，明天就可以一尝异味。所付代价太大，所以也不能常吃。糯米藕一直在我心中留下不可磨灭的印象。后来成家立业，想吃糯米藕不费吹灰之力，餐馆里有时也有供应，不过浅尝辄止，不复有当年之馋。

馋与阶级无关，豪富人家，日食万钱，犹云无下箸处，是因为他这种所谓饮食之人放纵过度，连馋的本能和机会都被剥夺了，他不是不馋，也不是太馋，他麻木了，所以他就要千方百计的在食物方面寻求新的材料、新的刺激。我有一位朋友，湖南桂东县人，他那偏僻小县却因乳猪而著名，他告我说每年某巨公派人前去采购乳猪，搭飞机运走，充实他的郇厨。烤乳猪，何地无之？何必远求？我还记得有人治寿筵，客人专诚献“烤方”者，选尺余见方的细皮嫩肉的猪臀一整块，用铁钩挂在架上，以炭肉燔炙，时而武火，时而文火，烤数小时而皮焦肉熟。上桌时，先是一盘脆皮，随后是大薄片的白肉，其味绝美，与广东的烤猪或北平的炉肉风味不同，使得一桌珍馐相形见绌。可见天下之口有同嗜，普通的一块上好的猪肉，苟处理得法，即快朵颐。像世说所谓，王武子家的烝㹠，乃是以人乳喂养的，实在觉得多此一举，怪不得魏武未终席而去。人是肉食动物，不必等到“七十者可以食肉矣”，平夙有一些肉类佐餐，也就可以满足了。

北平人馋，可是也没听说有谁真个馋死，或是为了馋而倾家荡产。大抵好吃的东西都有个季节，逢时按节的享受一番，会因自然调节而不逾矩。开春吃春饼，随后黄花鱼上市，紧接着大头鱼也来了，恰巧这时候后院花椒树发芽，正好掐下来烹鱼。鱼季过后，青蛤当令。紫藤花开，吃藤罗饼，玫瑰花开，吃玫瑰饼；还有枣泥大花糕。到了夏季，“老鸡头才上河哟”，紧接着是菱角、莲蓬、藕、豌豆糕、驴打滚、艾窝窝，一起出现。席上常见水晶肘，坊间唱卖烧羊肉，这时候嫩黄瓜、新蒜头应时而至。秋风一起，先闻到糖炒栗子的气味，然后就是炮烤涮羊肉，还有七尖八团的大螃蟹。“老婆老婆你别馋，过了腊八就是年。”过年前后，食物的丰盛就更不必细说。一年四季的馋，周而复始的吃。

馋非罪，反而是胃口好、健康的现象，比食而不知其味要好得多。

（梁实秋）

大道理

因为有所追求，才会去刻意地寻求新的材料、新的刺激，所以，馋是一种进步。相反，只有麻木的人，才会连馋的本能都丧失了，进而也就失去了追求新事物的机会。

学海无涯

做任何一件事情，只要不怕困难，全心全力，不间断，持之以恒，最后一定能够功德圆满。俗话说：“只要功夫深，铁杵磨成针。”如遇到困难就灰心、气馁，退却不前，这样事情注定要失败。

所有的专家学者，都是经过数十年孜孜不倦的努力学习，才能在事业上有一番成就。俗话说：“十年寒窗无人问，一举成名天下知。”一个学生读到中学便觉得学得太多，那么他能够获得高深的学问吗？“学如逆水行舟，不进则退。”每天必须在学问上下功夫，仔细研究，不断研究，求取进步。“学海无涯”，学问是没有止境的，愈研究愈觉得不足，必须深入探讨和研究。

天体的运行，春去秋来，寒来暑往，多么有秩序、有规律。《易经》说：“天行健，君子以自强不息。”道理即在此。

总之，我们要创造一番事业，贡献人类，便要自强不息，努力奋斗，不能有一刻松懈、怠慢。

（佚名）

大道理

尽管学海无涯需要苦作舟，但也要讲求方法，一方面要继承祖辈们积累下来的宝贵财富；另一方面还要遵从社会规则，不做徒劳无功之事，只有这样才能达到成功的彼岸。

距　离

距离对人构成的诱惑有时是无法抵御的。而到了可望难可即的时候，重要的在于你的意志或者叫作心劲如何。往大的说，追求人生的目标如此；往小的说，追求一个美女什么的也无不如此。

距离使人怯懦，使人自卑。距离也同样会造就人的勇气和自信。

去年夏天我站在大连傅家庄海滨浴场被海面上那三个绿色的小岛诱惑得无法安稳。我强烈地渴望游过去，可当地人渲染的种种危险使我望而却步。

最难熬的不是别人如何评价我，而是我自己的犹豫不决。一次次地目测着岸与小岛的距离，忽而很近，忽而又觉得渺远。我站在阳台上瞅，左瞅右瞅都觉得我必须要游过去，否则，我就坐立不安。我希望在海岸边那么多的人中能够有一位勇敢者率先游上去，可是一整天过去了，竟无一人往岛上游的。

第二天我终于抵御不住小岛的诱惑，试探着往那里游去。我游出去不远，就有些灰心丧气了。起风了，排浪像一堵堵平推的软墙企图将我拦截住，这使我心虚了，动摇了。甚至我敏感到，这是某种暗示，如果不回转，大概此番壮举将一去不回。我开始后悔了，要是昨天游就好了，昨天风和日丽，可我错过了。我正打算回返时，我突然发现前边有个人头在波峰浪谷中起伏，这使我立时打消了回返的念头，我朝那人游去。我想游到他身边再说，他能游得比我远，我也能撵过他。我当时只想撵过他，并未敢奢游上小岛。

我游了好一会儿，渐渐接近了那个头颅。可是，奇怪得很，越是接近，就越是撵不上。那个头颅忽而埋入浪谷踪迹全无，忽而又一闪在前方出现，等到我好不容易看清了他的时候，我倒吸一口冷气。那是个海带筏子，是个圆圆的人头状的黑色硬塑。它在海水中尽情地嘲弄了我。而我心猛地一沉，我意识到了，完了！这是某种天意，是可怕的暗示，我肯定要死在这里了。回头一望，浊浪滔天，平稳的海岸线遥远而零乱，往回返显然是愚蠢的，距离早已过半，只能义无反顾地游上小岛。可是，小岛面对我的是一面陡峭的崖壁，黑漆漆令我不禁想到漆面棺木。浪的起伏撞击更令我毛骨悚然，像无数淹死鬼在水下号陶。一种发自心底的恐怖使我四肢发麻，头昏脑涨。我不甘心就这么玩完，我拼尽全力朝小岛游去。

人一旦陷入绝望时，求生的强烈意念便压倒了所有的恐慌。我巧妙地躲闪着排浪，每一次越上波峰和每一次跃入浪谷我都变得冷静无比。反正陷入绝境，求助是没有任何希望，后悔更没有用，只能靠自己。我不断目测着与小岛那面崖壁的距离，总是挺近，可总也挨不到。索性，我不再去张望，一下一下沉稳地扒，沉稳地蹬，当我脚下触到礁石时，我居然不相信我已经游上了小岛。

我先是庆幸我没有半途沉落海底，接着我为自己的壮举而欢呼。我冲岸上那么多海螺壳般堆积的人群呼喊，幻想自己成了世界上最了不起的人！我很遗憾，随行的同伴们没有人目睹我的壮举，我只有回去告诉他们。他们不会相信，或许以为我是吹牛。正当我陶醉之时，我忽然发现不远处水面上游过来一条飞鱼状的“怪物”。亮闪闪的脑壳，飞快掠过水面，到了近处，这“怪物”人立而起，才看清是位外国人。他把脚蹼拎在手中上了岸。我激动地迎上前冲他竖起大姆指赞扬他，可他不以为然地没有任何表情。他和我一样从危险中从死亡中闯过来，为何一点都不兴奋？我好生纳闷。

“老外”上了小岛踱了踱，又返身下海套上脚蹼悠闲自在地往回返了。他的脚蹼拍打出一片戏谑的浪花。我恍然明白了，对于我来说好像出生入死，对于他大概就像在自家的游池里绕两圈而已，我不禁悻悻然起来。

海面上的浪变小了，又有三个人游过来。上岛时我看清了竟是三个姑娘。我有种被亵渎被嘲弄之感。想想我在海水中的紧张感恐怖感挣扎状，真是无地自容。我本来想好的一番回去向同伴们炫耀的情绪，荡然无存了。

我湿漉漉地回到住地，碰见了同伴们。他们见我一副无精打采的样子，准以为我没敢游上小岛，便故意问我，我如实禀告，只是口气极淡。他们不肯信，他们不信的理由有二：其一，如果游上去绝不会这副样子，早该咋呼了！其二，这种风浪天气，那么远的距离是不可能游过去的。

以后几天，我再看那小岛，不再觉得远了，也不再觉得它有什么诱惑力了。游上去和游不上去都无所谓，再唤不起我任何兴致。可是，同伴们呢？饭后茶余仍津津指点着小岛言称无人敢渡。在他们看来，那小岛的距离仍是那么可望而不可即。

距离，对于每个人的意义不会一样的，这是因为人的心理上的距离是不可能相等的。最难跨越的是自己给自己设置的距离。

（刘元举）

大道理

距离可以产生美，也可以使美消失。究其原因是距离成了追求目标的障碍，使目标变得可望而不可即。另外，还是人心理上的原因造成的。所以，制造距离要适可而止，不要给自己设置心灵上难以逾越的障碍。

学会拒绝

行走于世间，接纳或拒绝，爱或不爱，放弃或执著……

每个人都应有接纳与宽容之心，但也要学会拒绝。

我拒绝麻木。虽然生活的磨砺让太多的热情化作云，但不能让感情磨出老茧，如果没有云让眼神放飞追逐，那么生还有什么乐趣。

我拒绝永远明媚的日子。因为那是虚幻的梦境，痛苦可以让我成长，让我坚强。生活中的阴雨与风雪使我能清醒地在春梦中看清脚下的路。

我拒绝折下那朵盛开的小花，那是在毁灭美的生命。一枝脆弱的纤细花茎，经过多少挣扎与痛苦才盛开出美丽，怎忍心为个人的私欲而去毁灭别人的幸福。我只求远远地望着，默默祈祷那自然的奇迹开遍人生的每个角落。

我拒绝用青春去赌明天。那弥足珍贵的季节，怎能经得起一掷千金，千金可以收回，但无论是一小时、一分钟……失去了便无处可寻了。青春属于自己，把握它，运用它，珍惜它，才能收获金秋的硕果。

我拒绝成为那窗台上惧怕风雨的温柔花，只能隔着玻璃窗，感叹多变的天气。有朝一日，有风从虚掩的窗户掠过，那娇弱的苦心便瓣瓣凋零了，落一地遗憾和伤心。我欣赏那些与男人并肩的女性，凭自己的聪慧和魅力，得到世界的尊重和生活的地位。我欣

赏那有几分豪气的女人，靠自己的双肩担起生活重担，出得厅堂，下得厨房，卷起袖子能杀鸡宰羊，却也有万缕柔肠能营造一片温馨。

我拒绝生活中的痛苦，虽然我无力去阻挡要降临的事情。曾听过一个故事：有人去找禅师求得解脱痛苦的方法，禅师让他自己悟出。第一天，禅师问他悟到什么？他不知，便举起戒尺打他一下。第二天，禅师又问，他仍不知，禅师举戒尺又打了他一下。第三天他仍然没有收获，当禅师举手要打时，他却挡住了。于是禅师笑道："你终于悟出了这道理——拒绝痛苦。"

我拒绝为满足虚荣、得到金钱与地位而不惜以青春、美丽甚至感情为祭品。人生中充满诱惑，也同样遍布着歧途与陷阱，女人的美丽是自然的恩赐，是真、善、美的化身，宛如一块无瑕的美玉，绝不能被世俗污染，女人要靠自己的能力与才智取得应有的地位和尊重。

我拒绝倾听罗密欧与朱丽叶式的故事。虽然他们爱得壮烈，但终究是悲剧的结局。我只求现实中的爱有一点浪漫，有几许微风，有暂短的雷雨也无妨，始终是平淡而幸福的喜剧。

我拒绝向岁月祈求，流着泪埋怨时光的无情。虽然，青春已无声地在日历中一页页翻飞不见了，生活已把经历写在我的眼角，染白长长的青丝，但我相信女人的青春在于她的心境。美丽易逝，魅力永存。

我拒绝目的明确的爱情。爱是无法用语言说明的，一个让人辗转难眠、牵肠挂肚、见面时又相对无言的情感遭遇，经过多少欢笑与泪水、缠绵与零落，只为表达一个难以启齿的字——爱。我喜欢平静地望着爱人眼中的自己，微笑着面对幸福，不言不语，携手同行，为拒绝被爱炙伤，拒绝让激情疯狂燃烧后，苍白的灰烬被失望的冬季耗尽青春的余温。

拒绝肤浅，接纳深沉。拒绝憎恶，接纳宽容、关怀和容忍。拒绝虚伪，接纳真诚。拒绝假、恶、丑，而接纳真、善、美……生活中，一条充满诱惑的大路在脚下延伸着，只有学会拒绝才不会步入歧途。

（陈敬能）

大道理

宽容，富有包容心，是人的美德，但拒绝也是人生的一种必不可少的智慧。要拒绝成功路上的一切不利的因素、不好的习惯，以免步入歧途。

暗示的力量

中世纪杰出的学者阿维森纳曾经说过，在一切医疗手段中最有效的是刀、草药和说话。外科医生的手术刀和草药确实使许多病人恢复了健康。但是，说话为什么也算作最有效的治病手段呢?

许多医学院学生都知道这样一个笑话。有几个人讲好要捉弄一下某个伙伴。每个人在碰到他时都发问：为什么你的脸色这样难看，这样苍白，一副生病的样子？小伙子起先毫不介意地答道：我很健康，什么事也没有。但是，当第十个人这样问他时，他便受不住了。他脸色发白，心里怕得要命。人家再一问，他便说自己确实感到不舒服，赶快要回家去。这样开玩笑已经是恶作剧了，不过它直观而令人信服地显示出了人们说话的作用。

这种作用叫作暗示力。有的人神经很脆弱，容易受到刺激，他对暗示便特别敏感。比如，可以轻而易举地使这种人对什么东西害怕，或者相反，使他的情绪好转，变得高兴起来。

几句话（仅仅几句话！）便可以当着大家的面把病人治好。在20世纪，法国有个退伍士兵当起神医,还出了名。有个一条腿瘫痪的人向他求医时,他威风凛凛地看着病人，突然大声发出口令“起立！”病人把拐杖一丢，真的起来了，并且行走了。当然，并非所有病人都能给这位士兵治好，但事实上确有人在离开他时真的痊愈了。这些人的腿部瘫痪是同神经系统的疾病有联系的。

科学家早已对这类“奇迹”做出了解释。谁都知道，各种外界的作用可以对内部器官的机能产生很大的影响。比如，使人恐惧、痛苦或者高兴的事情可以引起心脏跳动的加速和减缓，引起皮肤发红，造成黑发迅速变白等等。而有时候，说话对神经系统的作用则还要强烈，它可以明显地影响心理状态，从而影响整个机体的工作。

还有一种叫自我暗示，它也能对机体产生同样的、有时甚至是强烈的作用。在它的作用下，人可以把病治好，也可以无病而生起病来。一个人感冒以后声音有点沙哑，便怀疑自己完全失声。这个敏感的人老是想啊，想啊，似乎是在要自己相信快要失声了。于是，便真的发不出声来。需要指出，情绪在自我暗示时起很大作用。

暗示和自我暗示常常是相互伴随的。有个老太婆对长在皮肤上的瘊子念“咒语”，瘊子果然消失了。这里起治疗作用的既有巫医的暗示，也有求医者的自我暗示——深信老奶奶的“咒语”会把瘊子除掉。至于她在瘊子上打结用的是线还是头发，对瘊子到底轻声念了些什么，那都无关紧要。

医生曾经多次检验这种疗法。比如，在瘊子上点普通的水、果汁、酒精，对病人却说这是特效新药，能把瘊子一下子除掉。结果，在许多人身上见了效。人们相信药，相信它有效。相信医生，于是瘊子便消失了。

自我暗示有时真会创造奇迹。战前，苏联有一位天才的演员 N.H. 毕甫佐夫。他在平时老是口吃，但是当他演出时克服了这个缺陷。用什么办法呢？这位演员暗示自己：在舞台上讲话和做动作的不是他，而完全是另一个人——剧中的角色，这个人是不口吃的。这种办法一直挺灵！

在自我暗示的作用下，一个人可以突然变得耳聋眼瞎。但这个人丧失视力不是因为视神经受损，而仅仅是由于大脑管理视觉的那个区域的机能受到扰乱，形成了一个病态性的抑制中心，使神经细胞长期丧失功能，它们不再接受传来的信号，也不再对它做出反应。这样的病人可以用催眠和暗示方法来治疗，并且可以一下子治好，使不明真相的人大吃一惊。

（冯玉律）

大道理

暗示的力量很强大，可以明显地影响心理状态，从而影响整个集体的工作。所以要不失时机地发挥自我暗示的正面效应，让它创造生命中的奇迹。

学会鼓励别人

勇者也有绝望的时候。

当你疲软的双腿横跨在天堂与地狱的门槛，当你平淡的履痕远泊于无人问津的驿站，当你痛心的爱情被判作良宵的风景，当你流血的心灵再度陷入迷惘的深渊——

一双友爱的大手伸过来，一朵温馨的微笑露出来，一句暖心的问候递过来，一份春天的祝福涌进来……

一次四面楚歌的磨难，教给你许多值得珍惜的东西，而学会鼓励别人，最是不可多得的品格。

我就曾经有过那样的经历。迷失在青春的雨林里，自卑、沮丧得一塌糊涂……那些日子，连窗口也充满了死亡的气息，而我却无力自拔。还是一个并不漂亮的女孩对我大喊一声：“嗨，抬起头！”那一瞬间，我才发觉她好美丽，真的好美丽。我开始振作自己，要打起精神来！

我知道，是她不经意的鼓励给了我一次生活的勇气；是这陌生、善良的女孩，让我重又站立起来，敢于面对失败的创伤，敢于承领阳光炫目的光辉。

多年以后，这种自信的感觉，在我一段被西部诱惑的独行生涯中找到了。我只能说很难忘，的确很令人难忘——敦煌鸣沙山的茫茫荒漠上，披着一绺儿不知名的小草。偌大的沙丘，就长了这么一株活物呀！它长长的蔓条在风沙的威虐下，依然葱茏茂盛，宛若壁画中的飞天一样摇曳多姿，它碧薄的叶片儿充满生命的汁液，是那般新鲜动人，活像几只绿鸟拍翅欲飞……

这一簇无言的孤独，给了我莫大的安慰；这一把生命的绿意，抹干了我浪子的泪滴。它让我终于明白了：自信也是一种境界。哪怕在被人遗忘的季节，在怎样荒僻的角落，也要活出自己的风采！

摊开我们手掌的天空，幸福与快乐的纹理多么细腻，而痛苦和失意的老茧总会脱去人生的浮萍。

就像佩带一只护身符，拥有自信的人鼓励别人，同时也是在勉励自己。在这个充满爱与恨的世界，我们选择前者。

学会播种，学会珍惜，学会在毁灭的边缘求生，从绝壁的罅隙凿路，学会在悲惨的厄运之后，想到该如何去鼓励别人。

请相信，没有谁会拒绝你热忱的鼓励，如同没有谁能拒绝阳光、鲜花以及许多无比美好的事物一样。这种默默地关注，这份难舍的留恋，倾注着朋友对你的深情厚谊……

伸出你温热的手臂吧，像当年丘吉尔那潇洒的一举，让“V”字祝你好运，伴你终生。

（白 麟）

大道理

批评谩骂能使天才变白痴，赞美和鼓励能使白痴变天才。学会鼓励别人不但会有助于别人的成长，自己也会收到意想不到的好处。

快乐的共鸣

我们的每一天都要靠自己去涂上彩色，否则，它就可能是一片空白。

这彩色就是生活的内容。当我度过了充实、活跃而有成绩的一天，到了晚上，才觉得日子没有白过，而人生也就因此有了乐趣。

友情即是乐趣。又何必一定享受高官厚禄，或得奖出名才觉快乐呢？

成功与荣誉得来非易。它们是大快乐，要靠多少年的辛苦耕耘。而它的目标无止境，成功之外另有更大的成功在等待你去追求；荣誉之外另有更大的荣誉在吸引你去获至，如果你只能在成功与荣誉得到的那一刻才感到快乐，那么你日常的人生必然只剩下紧张、焦灼与苦闷了。

何况成功与荣誉贵在有人愿意与你分享。日常只顾奔忙，而忽略了友情，则即使成功与荣誉集于一身，又有什么真正的乐趣呢？

尤其当年老退休之后，一生繁华似乎俱已过去。如果没有适当的方法来使生活充实，就只有凄惶待毙了。那又岂是当初努力辛勤工作的本意？

人生的意义在于尽量把握有生之年，发挥自己的所长，并享有宽朗和平的乐趣。

发挥自己所长是向自己内心去发掘，去充实，去磨炼。享有宽朗和平的人生乐趣，是向周围环境的付出，把自己所知、所有、所得，与别人分享。你会觉得生活的空间广大开朗，生活的内容丰富多彩，日子就不会枯燥乏味了。

（罗 兰）

大道理

如果你成功了，但是却没有人分享你的快乐，你会是什么心情？为了避免这种境况出现，还是多结交能和你产生快乐共鸣的朋友吧。

慈悲与智慧

日本的白隐禅师，是位生活纯净的修行者，因此受到乡里居民的称颂，都认为他是个可敬的圣者。

有一对夫妇，在他住处附近开了一家食品店，家里有一个漂亮的女儿。不意间，夫妇俩发现女儿的肚子无缘无故地大起来。

这种见不得人的事，使得她的父母震怒异常！好端端的黄花闺女，竟做出不可告人的事。在父母的逼问下，她起初不肯招认那个人是谁，但经过一再苦逼之后，她终于吞吞吐吐说出“白隐”两字。

她的父母怒不可遏地去找白隐理论，但这位大师不置可否，只若无其事地答道：

“就是这样吗？”

孩子生下来后，就被送给白隐。此时，他的名誉虽已扫地，但他并不以为然，只是非常细心地照顾孩子——他向邻居乞求婴儿所需的奶水和其他用品，虽不免横遭白眼，或是冷嘲热讽，他总是处之泰然，仿佛他是受托抚养别人的孩子一般。

事隔一年后，这位没有结婚的妈妈，终于不忍心再欺瞒下去了。她老老实实地向父母吐露真情：孩子的生父是在鱼市工作的一名青年。

她的父母立即将她带到白隐那里，向他道歉，请他原谅，并将孩子带回。

白隐仍然是淡然如水，他没有表示，也没有乘机教训他们；他只是在交回孩子的时候，轻声说道："就是这样吗？"仿佛不曾发生过什么事；即使有，也只像微风吹过耳畔，霎时即逝。

白隐超乎"忍辱"的德行，赢得了更多、更久的称颂。

想想我们所遇到的挫折或耻辱，比之白隐，又算得了什么？白隐泰然自若，淡然处世的情怀，真不愧为一代禅师！

"就是这样吗？"那么慈悲，那么轻柔。那是恒久的忍耐化为无形的坚毅，那是凡事包容化成无上悲悯。

"就是这样吗？"无数的干戈，都化成了片片的玉帛。

"就是这样吗？"短短的一句话里，蕴含了无限的慈悲与智慧。

（林新居）

大道理

当我们面对挫折和耻辱的时候，唯有泰然自若，淡然处之，才不会乱了方寸，失去理智，挫折和耻辱也会像风吹过耳畔一样，霎时即逝。这不仅是慈悲，也是智慧。

幸福的柴门

假如通往幸福的门是一扇金碧辉煌的大门，我们没有理由停下脚步；但假如通往幸福的门是一扇朴素的简陋的甚至是寒酸的柴门，该当如何？

我们千里迢迢而来，带着对幸福的憧憬、热望和孜孜不倦的追求，带着汗水、伤痕和一路的风尘，沧桑还没有洗却，眼泪还没有揩干，沾满泥泞的双足拾级而上，凝望着绝非梦想中的幸福的柴门，滚烫的心会陡然间冷却吗？失望会笼罩全身吗？

我决不会收回叩门的手。

岁月更迭，悲欢交织，命运的跌打，令我早已深深懂得什么是生命中最最值得珍惜的宝贝。

只要幸福住在里面，简陋的柴门又如何，朴素的茅屋又如何！幸福的笑容从没因身份的尊卑贵贱失去它明媚的光芒。我跨越山川大漠，摸爬滚打寻求的是幸福本身，而不是幸福座前的金樽、手中的宝杖。

幸福比金子还珍贵，这是生活教会我的真理。

（栖 云）

大道理

经过奋斗我们得到了幸福，但是却因为一些无关紧要的东西，影响了自己获得幸福后的快乐心情，这不是徒增烦恼吗？说不定还会把到手的幸福毁掉了。

人 缘

我跟某公司董事长做了多年邻居。当他的公司财源茂盛的时候，他的汽车轧扁了别家小鸡。他的狼犬自由散步，对着邻家小孩露出可怕的白牙。他修房子把建材堆在邻家门口。坦白说，他在邻居中没有什么人缘。

后来，他的公司因资金周转不灵而歇业，我们经常在巷道中相遇，我步行，他也步行。他的脸上有笑容了，他的下巴收起来了，他的狼犬挂上链子，他也经常摸一摸邻家孩子的头顶。可是，坦白说，他仍然没有什么人缘。

一天，偶然跟他闲谈，谈到人间恩怨，我随口说：“人在失意时候得罪了人，可以在得意的时候弥补；在得意的时候得罪了人，却不能在失意的时候弥补。”言者无心，听者有意，他若有所悟。

他暂时停止改善公共关系，专心改善公司的业务。终于，公司又“生意兴隆通四海”，他又有汽车可坐，不过他的座车从此不再喇叭叫门，并且在雨天减速慢行，小心防止车轮把积水溅到行人身上。他的下巴仍然收起来，仍然有时伸手摸一摸邻家孩子的头顶。后来，他搬家了，邻居们依依不舍送到公路边上，用非常真诚的声音对他喊：“再见！”

（王鼎钧）

大道理

人在失意时得罪了人，可以在得意时弥补；而在得意时得罪了人，却不能在失意时弥补。

聆听，也是一种关爱

那一日，与一位朋友喝酒，或许是彼此本来就是互不设防的知心朋友，半斤黄汤下肚，微醺的他，便一股脑儿把他的一肚子苦水哗哗倒了出来。

他在一家企业里当个小官，就是人们常说的中层干部。平日里，他身体力行，谨小慎微，忙碌得很累很苦，图的是向上有个好交代，向下讨个好口碑。再有，妻子承担了全部家务，天长日久，怨尤日甚，不是常常弄个红脸给他看，就是时不时施发冷嘲热讽的“利箭”。厂里家内，他受两面夹击……我默默地聆听着，并择机疏导安慰。那一晚，他很感动，我亦悟而有得。当我们走出饭店，夜空已繁星点点，街市已灯火煌煌。他的步履变得轻捷，口中哼起《潇洒走一回》。

我们蛰居在这个钢筋混凝土构筑的都市里，难免会有疲惫，难免会有苦恼，或事业受挫，或身虚体弱，或恋爱告吹，或遭流言中伤……生活就是这样，你无法拒绝这不期而至的苦恼。有的人，由此神情沮丧、士气低落、脾气暴躁、心绪不宁。陷入此境的人，很需要宣泄的通道，需要有人聆听他或她的倾诉，我们如果给予理解和真诚的疏导，明天他或她仍会是搏击长空的鹰，创造更大的辉煌。反之，没有人愿意聆听苦恼人的倾诉，或是随意和委婉打发人家，那么无疑是将他或她推向更不愉快的境地，甚而成为落羽的凤凰。

很久以前，我并不善于聆听别人的倾诉，但一次经历改变了我的想法。

那时，我是一个极其普通的操作工，普通得不能再普通，随便走到哪里也得不到百分之一二的回头率。可能是当时的处境，也可能是当时的我还不成熟。我的苦恼也就特别多。

与日俱增的苦恼令我沮丧，回家常发无名之火，闹得家人不得安宁。后来，我很幸运结识了一位敦厚年长、十分善解人意的师傅。过后，他又与头儿们沟通。苦水既出，心平气顺，磕磕碰碰少了，使我专心努力，登上一个又一个台阶，获得一次又一次成功。快过去10年了，树叶黄了又青，那位师傅当年专注聆听的神情和安慰的言语至今仍使我记忆犹新。也是从那时起，我便学会了聆听，聆听时专注、投入，耐心、关心。因此，许多人都愿意把他的隐秘事情和苦恼心绪告诉我。

有人说，具有同情心的朋友多；还有人说，态度和蔼的人朋友多；更有人说，善于聆听他人说话的人朋友多。不管怎么说，朋友多，无非

就是别人乐意和你接近，容易从你身上获得同情、理解和谅解。朋友多，是建立在先作奉献的基础上的。如果你懒得把温暖给予别人，你也就别奢望他人的光亮会反射到你的身上。

其实，默默地聆听别人的倾诉，不只是一种同情和理解，不只是一种单向的付出。每一个人的生活履历，都是一部蕴藏丰富内容的教科书，都可供你阅读和吸取有益的养分，从而警醒自己，避开前进中的沼泽。所以，我们要善于去接近和喜欢别人，要学会聆听别人的话，对你的同窗和同道同伴同事同仁，对你的父母、兄弟姐妹、丈夫妻子、孩子、恋人友人都要这样。

（范国忠）

大道理

聆听，不只是对别人的一种关爱，对自己也是大有裨益：能使我们跟上时代的步伐；能使我们保持清醒的头脑；能使我们增长知识与才干；能使我们在他人的得失中有所借鉴。

凿 井

常有人叹息生活忙乱，负担沉重。

当然，人生有许多推不开的负担，但是，在这些负担之中，有许多是不必要的。由于太贪多、太求全或太急切反而使自己顾此失彼。

许多人在除了自己分内该忙的事情之外，更要忙些不该忙的。如忙应酬；忙为了增加物质享用或虚荣而去赚钱；忙着奔走钻营去求地位。对自己已经着手的工作易于失去兴趣，因而时常见异思迁。

西哲说：“与其花许多时间和精力去凿许多浅井，不如花同样的时间和精力去凿一口深井。”

乱忙的人是在凿浅井。

“能者多劳”，是对一个有才干的人的赞誉，却也是对他的一种悲悯。

不要因为自己常被别人拉去做这做那，就以为这是表现自己才干或拓展事业的大好机会。因为他是在被人拖着凿浅井。东做一点，西做一点，每一口井都没有凿到水源。这不是能干，而是生命和财力的浪费。一个人的精力有限，时间有限，在有生之年，把握住自己真正的志趣与才能所在，专一地做下去，才可能有所成就。

对事情专一，并非不求上进，也非懒惰。它是一种锲而不舍、全神贯注的追求。不但要有魄力，而且要有定力，摆脱其他外物的诱惑。不为一切名利权位等等虚荣而中途改道。这番定力才是促成一个人凿井及泉的最重要的条件。

一个人，能认清自己的才能，找到自己的方向，已经不容易；更不容易的是，能抗拒潮流的冲击。许多人仅仅为了某件事情时髦或流行，就跟着别人随波逐流而去。他忘了衡量自己的才干与兴趣，因此把原有的才干也付诸东流。所得只是一时的热闹，而失去了真正成功的机会。

《湖滨散记》的作者梭罗，为了要写一本书，而去森林中度过两年隐士生活。自己种豆和玉蜀黍为食，摆脱了一切剥夺他时间的琐事俗务，专心致志，去体验林间湖上的景色和他心灵所产生的共鸣。从中发现许多道理，而完成了这本名著。这是“专一”的最佳实例。

日本作家川端康成自获诺贝尔奖之后，受盛名之累，常被官方、民间，包括电视广告商人等等，拉着去做这做那。文人难免天真，不擅应酬，心慈面软，不会推托；做事又过于认真，不懂敷衍。于是陷入忙乱的俗事重围，不知如何解脱，终于自杀，了此一生。报载，川端临终前，曾为筹措笔会经费而心力交惫。心情十分低落，可能是促使他厌世自杀的原因之一。这当不是妄测之词。

固然，对一位作家来说，能获得诺贝尔奖，这口井已经算是凿得够深了。但如果他不被卷入使他烦倦不堪的琐事，而能依然宁静度岁，以他东方式的丰富晶莹的智慧，或可有更具哲理的创作留传于世。这口井，当可凿得更深湛些。

（罗兰）

大道理

与其花很多时间和精力去做那些毫无意义的事，还不如花同样的时间和精力去做有利于自己成功的重要的事情。

搭桥与拆桥

李四为人挺好，能力也佳，却总是官途不顺。他自己也纳闷儿：“有人跟领导搞不好关系所以才不被提拔，我跟领导关系倒是不错，怎么也不起作用呢？”

星期天，他正烦着，见儿子和同学下跳棋，就凑过去解闷儿。儿子总是输，于是他帮儿子出主意：“你不会给自己多搭几座桥吗？”

搭桥——下跳棋的一种捷径，每搭一座桥，就可以连跳好几步，事半功倍。

棋局大有起色，李四得意扬扬，就势教导儿子：“生活就跟下棋一个道理，学会给自己多搭几座桥，多寻求一些帮助和捷径，路才好走。”儿子连连点头。

儿子的同学的棋给路堵死了。于是，棋局又一次急转直下，儿子又输了。

儿子的同学得意地说：“看到了吧！这就叫拆桥！桥搭得再好，碰上一个拆桥的，你就输定了。所以，要赢棋不但要搭桥，还要防着别人拆桥，关键时刻还要学会拆别人的桥，这才能走得比别人快呀！”

李四大怔，接着大悟，然后仰头长啸。半年后，李四官途畅通，势如破竹，无人能阻。

（孙君红）

大道理

生活如下跳棋，要多给自己搭桥。但在搭桥的同时，还要防备别人拆桥。

同情的眼神

很多年以前的一个寒夜，在弗吉尼亚州北部，一个老人等在渡口准备乘船过河，寒冷的冬季的霜雪已使他的胡子像上了一层禾釉。看来他的等待似乎是徒劳的。寒冷的北风使他的身体冻得麻木和僵硬了。

突然，他听到沿着冰冻的羊肠小道上传来了有节奏的由远而近的马蹄声，怀着焦急的心情，他打量着几个骑马的人依次从他身边过去了。待最后一个骑手经过他时，他人站在雪中僵直得像一尊雕像，就在将要擦身而过的一瞬间，老人突然看着那人的眼睛说：“先生，您能否让一个老人和您乘一匹马共行？您知道，单凭用脚走，人是很难通过这一段路的。”

骑者勒住了自己的马，回答：“确实是这样，上来吧！”看见老人根本无法移动他那冻得半僵的身体，骑手跳下马来帮助老人上了马，骑手不仅把老人驮过河，而且送他到他要去的地方，那里有数英里远。

当他们走近一座小而舒适的村舍时，骑手的好奇心促使他问道：“先生，我注意到你让其他几个人过去而没有请求帮助，而当我经过时你却留住我借用我的马，我很奇怪这是为什么，在如此一个寒冷的冬夜，您却等待在这里并截住最后一个骑手，如果我拒绝您的要求并把您留在那里，结果会是什么？”

老人慢慢下了马，以一种惊奇的目光看着骑手，回答说：“我已经在这里等了一些时间，但我以为我知道谁更有美好的品德，”老人继续道，“我仔细观察了那几位骑手，立即便看出他们没有关心我的处境，这时候就是我求他们帮忙也无济于事。但是当我仔细一看您的眼睛，仁慈和同情之状是相当明显的。我知道，当时当地，您的友好态度使我得到了这样一个机会，使我在最需要的时候能够得到帮助。”

那些暖人肺腑的评价深深地触动了骑手，“您的评价把我形容得太伟大了，”他告诉老人，“可能我以前在从事自己的事情上过于忙碌，所以我对别人需要安慰和怜悯的帮助太少了。”

说完这些，那名骑手——托马斯·杰斐逊总统调转马头，踏上了通往白宫的路。

（李小刀）

大道理

一个人只有具有了同情心，才可能是一个充满爱心的人，才可能是一个热爱别人也热爱自己的人。这样的人更会得到别人的爱戴。

诺　言

一个男人说：“不是我的诺言不兑现，而是时间和环境改变得太快，出乎我的意料。”

他到底知不知道什么是诺言？能够因为时间、环境改变而做出相应的改变，还算是诺言吗？

诺言是我答应过你的事，即使时间、环境、所有客观的因素改变，我依然会付诸实施。

正是我们知道许多事情都会改变，有那么一天，环境、际遇、你和我，都会改变，所以我们才需要诺言。

随时可以改变的那些，不是诺言，是对策。

连什么是诺言都不知道的男人，当然不可能遵守诺言，也不配许下诺言。

为什么一对夫妻要在教堂里许下诺言：“无论环境顺逆，无论疾病健康，我都会爱你！”最深沉的情意，最伟大的奉献，是与世上一切变迁抗衡的。

今天我答应你，无论将来世界变成怎样，你变成怎样，我仍然会像今天这样爱你。所有的盟誓都应该是这样，而不是此一时，彼一时。

诺言是很贵的，如果你尊重自己的人格的话。

（张小娴）

大道理

诺言是答应别人的事，不管时间、环境等客观因素发生多大变化，都要付诸实施，否则就会失去诚信。所以，要想得到别人的尊重和信任，就要坚守自己的诺言。

取　舍

我们常说取舍，取是得到，舍是放弃。可知道有时候要舍才可以取？肯舍，才能取得更多，不懂得舍，也就不懂得取。舍，也就是取。

聪明的女人，在舍的时候，就得到她想要的东西。

女人对男人说：“你不要理我，你忘了我吧。”男人偏偏不会忘记她，偏偏要理她。

女人对男人说：“你不要跟她分手，我退出好了。”男人却会留在她身边。

女人说：“你不要为我做任何事。”男人才会为她赴汤蹈火。

女人给男人自由，男人才肯受束缚。

女人不肯结婚，男人才会向她求婚。

女人不要男人的钱，男人才会把钱送上门。

女人不要名分，男人就给她最多爱。

女人口里说：“我不恨你。”男人才觉得欠了她。

女人说不要，她将会得到最多。

女人首先了断一段不应有的关系，她将得到最大的尊严。

贪婪地取，到头来只会失去。

愿意舍弃，反而取得更多。

情场上的胜利者，通常不是那些什么都要的女人，而是那些肯舍弃某些东西的女人。

（张小娴）

大道理

真正的胜利者，不是什么都要的人，而是那些肯舍弃某些东西的人，因为有舍才有得。

独　处

大四的时光，最是空闲无聊，女友们纷纷拍拖以消磨日子。我不愿意随大流，也就只有独处了。当然，说大四拍拖纯粹是消磨时光或许并不正确，毕竟大家也都付出了一份感情，我只是在祝福朋友们找到意中人之余，嗟叹自己罢了。

于是，每逢周末，当女友们倾巢而出时，我就只有蜗居宿舍的份了。偶尔，我也出去走走，一个人找个清静可心之处转上两圈。此时便会招来一些怪怪的目光，直刺得我逃回宿舍去，在自己的小红桌前面坐下来，燃上短短的一小段蜡烛——这才感觉到一份真正属于自己的温暖与烂漫。我曾为此写下一首小诗：《小红桌、烛光和流浪的我》。两年前，我的他曾为此把他的吻轻轻印在我微翕的双眸上，说他好喜欢。如今，他走了，远远的，带走了所有的梦想，真的只留下了烛火、小红桌和流浪的我了。

然我之独处，却并非仅仅为了他，过季的红叶虽美丽，亦已被夹进了记忆的扉页。我之独处，乃是为了我心中的一份真情。

朋友们总是戏言，追我的男孩子有一个加强连，谁也不会相信，四年大学生活，我从未在情人节收到属于自己的玫瑰。大一是不懂；大二的恋情只有短短两个月，他送了我两支红玫瑰，不是情人节，却酿成了我一生难解的情结；大三的情人节恰好是大年三十；大四了，有人说送我一束最大最美丽的玫瑰，我不要，扭头跑了，后来又后悔，为什么不接受呢？这是大学生活的最后一个情人节啊——独处的时候我黯然神伤。其实我心里挺羡慕人家卿卿我我，其实我身边亦不乏好男孩，可真情未到时，我宁可独处。

独处自有独处的妙处。

独处使我得以静静地回味大学四年时光该说的或者不该说的，该做的或者不该做的，一一清晰如画。许多不可多得的人生品味溢然其间，风风雨雨四年，我终于没有愧对光阴，这是我聊以自慰的地方。

独处亦使我冥想，编织一份流浪的情怀，千里迢迢去寻找我的他，不管成功与否，可贵的是真情，可贵的是经历，可贵的是一份执著的追求。

女孩天生有一种依赖感，喜欢从家庭、恋人以及朋友处寻得一份安慰和支持，古人谓之“女萝”“菟丝”，即取其缠绕大树依大树扶持之意也，而独处却逼得你去独自直面人生，独自解决一切难题，于不知不觉中培养了一份自立自强的能力。当然，某些时候，朋友、恋人、家庭的安慰和支持确也是必不可少的，可我们为什么就不能独立做一株大树呢？枝叶婆娑，花朵满树，是真正属于自己的一份自豪。

独处同时还使我超脱。独居一室，杳无人语，户外则车马喧哗。这正是一个隔与不隔的世界。记得有一次在湖边漫步，湖的对面是小食店，人声鼎沸，觥筹交错。湖的这边却只有形影相吊，一湖之隔，缥缈恍惚两个世界。此时的内心体验实不可言说。又记得少年时曾在小镇大街上和着车声人语走路，画面清晰而生动，此时便有超脱尘世之感。自然，所谓的超尘脱世，乃禅家之言，我不是出世之人，量能于尘世中求得一时的解脱，身心俱宁，也不失为人生一大乐趣了。

（胡蓉）

大道理

独处是一种超脱，它可以让人静思，让人有所回味，有足够的时间和空间去筹划未来。让人身心俱宁的独处，当然可以算作是人生的一大乐趣。

感　激

17 岁那年，我告别了美丽的校园。这意味着我将从此踏入社会，从此开始一种真正意义上的生活。

同众多的农家孩子一样，第二年一过年，我便跟着我们那儿的一个包工头，外出干起了活。对于大多数生长在农村的孩子来说，劳动，永远是他们走出校园后的第一堂公共课。一茬又一茬的农民就是这样成长起来，又一步一步走向成熟的。

5 月间，我们在河南焦作接下了一座高十层的楼房活儿。

工程进行得还算顺利，7 月的最后一天，楼房建成了。可是当我们拆下那高耸的脚手架时，才发现第十层所有的侧杆都被牢牢地筑死在楼房的墙壁上。那些胳膊一般粗的钢质家伙，在第十层楼的外墙壁上围了整整一圈，足足有一百根！

包工头戴着墨镜朝我走来，我看不见他的眼睛，但我马上明白我该做些什么了。包工头掏出香烟的时候，我轻声说："不用了，我上！"事实上我十分清楚，即使他什么也不掏，我也得上。我神色庄严而肃穆，我甚至能感觉到自己很有一种"风萧萧兮易水寒，壮士一去兮不复还"的悲壮情怀。

的确，即使是脚踏实地去割下那一百来根钢管子，也不是件容易的事，更何况现在是悬空作业，艰苦自不必说，而且十分危险，稍有疏漏，就可能丢掉生命。

可是为了生活，我不得不硬着头皮拼一拼了。在这个世界上，我们每一个活着的普通人，都会遇到类似的情况。为了生活，我们随时都在准备着流血：面对危险，有时候我们甚至想都不想就会冲上去，而丝毫顾不得可能出现的后果。从这一点看，一个人能够活在世上，是多么不容易啊！

没有多久，我就被一根绳子吊在空中。可是那是怎样一根绳子啊！拇指粗细，一个结一个结的，也不知是几段绳子接在一起的。而且是一根麻绳！当我举起焊枪——唉，这就是我们最先进的切割工具，这些我都能忍受。可是当包工头在楼顶上喊道"一根焊条，三根侧杆"的时候，我难受地闭上了眼睛。重物不重人，还有什么比这更让人痛苦的呢？停了一会儿，我睁开眼睛，用力瞪着，把泪水逼了回去。

唉，这就是我们的包工头，作为一个有血有肉有精神的人，我们为之感到痛心；可是作为一个普通人，我们又无法过多地指责他，因为他的所作所为，正好符合了他的身份和地位。在这个世界上，这样的人还很多，他们同我们大多数人一样，都是芸芸众生中的普通一员。他们的所作所为，并没有超出一个普通人应有的规范。看来，生活中并不是每个人、每件事都能让我们感动的。

我终于又举起焊枪，电火花强烈地刺激着我的眼睛：我没有戴焊帽，工地上没有这玩意儿。事实上即使有，我也无法用上！我右手拿焊枪，左手拿着托板，托板上还端有抹子和水泥（水泥是用来堵切下钢管后留在墙壁上的孔洞的）。

7 月的太阳烤着我的身体，我根本无法计算自己究竟流了多少汗水。直到后来，我的汗都流干了。

可敬的人们，当你们在某座楼上安家享受生活美好的时候，你可曾想到，有多少人曾为您住的这座楼房洒下过他们辛勤的汗水啊！是的，任何一种生活的幸福，都是无数汗水浇灌的结果。劳动，永远是我们生活的主题，永远是幸福的源泉。

4 个多小时过去了，工作终于接近尾声。当我割下最后一根钢管，把最后一刀水泥用尽全身的力气堵住那个孔洞后，我的胳膊再也抬不动了。我目光茫然，也不知望着哪一个方向。恍惚中我突然发现，在我的脚下，说准确点，是在这座楼房旁边的那条大马路上，不知什么时候，已经停下了黑压压一大片人。他们全都仰着头，那么专心地望着我。泪水一下子涌出我的眼眶。我百感交集，但却说不出一句话，也做不出一个表情，只能任泪水爬满脸颊。

可亲可敬的人们啊！我应当感谢你们。感谢你们为一个陌生的人驻足停留，感谢你们为一个劳动者抬头观望。你们增添了一个普通人生活的信心，你们维护了一个劳动者应有的尊严。

斗转星移，3 年的时间一晃过去了。3 年来，我不知道自己流了多少汗水，受了多少委屈，吃了多少苦。可是不管生活怎样艰难，不管命运怎样把我一次又一次推向苦难之门，我却从来没有屈服，没有被困难吓倒。我始终满怀感激地生活着，不论是对父母、亲友，还是对那些陌生的人群，我都怀有一种说不出的感激之情。

对于一个心中充满感激之情的人，又有什么能够使他向生活低头呢？

（杨冬青）

大道理

心存感激，是一种积极的生活态度，无论生活给予你什么，都应该保留一份感激之情。

说点谎话

马克·吐温曾说过："我们都说过谎，也都必须说谎。因此聪明的话，我们就应勤快地训练自己能体贴地说谎。"

"支票已经寄出去了！"

"你没有变胖。"

"我可不是骗子。"

上面这类谎言我们不知听过几回，可能自己都说过好几次。其实根据美国弗吉尼亚大学一名心理学家的研究，说谎是生活的一部分，没什么大不了的。

心理学教授狄宝洛分析指出，生活中居心叵测的谎言不多，绝大多数人说谎都是为了保持自尊、赢得他人喜爱或尊重，要不就是不想伤害别人的感情。

狄宝洛和美国德州 A&M 大学心理系副教授凯希，分析了弗吉尼亚大学 77 名学生和夏洛兹维尔 70 名居民的日记。这些人记录了一周 7 天每天社交活动交谈的详情。

研究人员分析了 1500 多则谎话后发现，大学生平均每 3 次交谈就有一次说假话；夏洛兹维尔居民则是每 5 次交谈中就有一次说谎。谎言大致可分两类：一是自我中心型，目的在于维持说谎者形象或个人利益，或避免尴尬;另一种是利他主义型，说谎的目的是让别人好过。

一般来说，自我中心的谎言居多数，像"我没骗你"等等。利他主义型的谎言女人说得较多，常见于跟另一个女人说"你看起来好漂亮"及"我跟你想的一样"。

狄宝洛和凯希的研究显示，个性外向的人比较可能说谎，通常想操控现况，而且非常在乎别人对他们的看法。整体而言，对同性之间相处关系满意的人比较少撒谎，就算撒谎，讲的也多半是利他型谎言。

由于每天都会说谎，所以一般人对撒点小谎并不在意，他们既不事先策划谎言，也不担心谎言被拆穿。

耶鲁大学神学院基督教义教授费里说，有些谎言只是寻常交谈模式的一部分，只是想对我们仍存疑虑的交谈对象表现出同意的样子。所以比较起来，谎言只有程度轻重之别。

狄宝洛指出，永远说实话其实并不一定就好，因为真相有时反而会伤人。她说："我甚至可以说，如果人人都永远讲真话，那么一定会天下大乱。

（胡亦瑜）

大道理

永远说真话其实并不一定就好，因为真相有时反而会伤人。可见，善意的谎言还是必要的。

风　度

《世说新语》中有个故事：魏王曹操欲接待匈奴使者，嫌自己矮小不够威武，便令手下人假扮“魏王”。自己则操刀站于一侧。事后，曹操曾派人打听北国使者的印象，结果对方回答：“魏王雅量无比，但魏王背后那个操刀人才是真正的英雄！”

悬了！曹操之风度居然如此引人关注，他即便披上个麻袋片，也绝掩盖不住他那光彩照人的英雄气！

那还是延安时期，美国记者斯诺来到了延安，在瓦窑堡见到了周恩来，尽管当时的周恩来挺“土”，穿着一身土里土气的粗布衣衫，长着满腮杂芜的大胡子，骑了一匹极羸弱的瘦马，毫无想象中那种风流倜傥的帅气，但斯诺却坚定地认定：没错！这就是周恩来！一个伟人！一个标准的绅士！为什么？因为周恩来那渊博的学识、儒雅的气质、潇洒的英姿、幽默的谈吐、谦逊的微笑、宽广的胸襟完全倾倒了这位长着高鼻子的洋朋友。（斯诺《西行漫记》）神了！周恩来之风度，居然有如此神奇的说服力与吸引力！

那么，究竟什么是风度？

应该说，风度绝非花枝招展的外观，而首先是一种十分深刻的极内在的气质，这气质，绝不是贴标签似的贴上去的，而是来自人的心灵！它，千金难买，有形而无价！

不是吗？东施羡慕西施的风度，曾那么悠然神往地模仿，可不仅没有成功，反而弄得不伦不类，成了一个千古的笑柄——这东施的动机肯定不错，比某些自以为是的人强多了，可惜，动机好绝不意味着效果好，她错就错在不懂这样一个道理——风度不能学，它只能属于拥有该风度的那个“特定的人”！

风度是什么？是一种“个性”，是一种“精神财富”，它绝不是可以随意花钱采购的华丽“包装”！

而且，风度总有其特定的内涵——它自然而然地显示着一个人的内心世界，它无须雕琢，也无须刻意追求，它代表着的乃是一个个各有特色的“人”。也许，腰缠万贯的“款爷”可以拥有购买最高档小轿车的“阔气”，但他却绝对买不来那小轿车设计者所拥有的“才气”。这才真是：世界真精彩，世界更无奈！

风度是什么？是首只属于心灵的诗！因此一切意欲“风度翩翩”的人都必须从充实自己

大道理

风度气质要内外双修。专家指出，形象是素质的窗口，没有良好的素质，难有好的形象，但有了一定的素质，如果不能把它很好地展示出来，也很难为人所接受。

的心灵做起！

但愿人人都能拥有这样的诗。

（佚 名）

品味春风

有个词适合于这个飘雨的冬日，这个词就是“阴沉的”。它描绘了铅灰色的天空正向我们压来，它描绘了炉膛里焖烧的火苗，似乎它在神秘地吮吸这惨淡阴湿的房间中的每一丝温暖。

但总的说来它表达了我的心情，我渴望地盯着窗外那挂满白霜的公主树，还有那光秃秃的棕色的花坛。不久前我还站在户外的阳光里，呼吸着迷迭香和薰衣草的芳香，采摘着一束束银莲花。我的大脑记得这件事，可我的心却早已忘了。

现在风吹着雨滴敲打着窗户，我冻得发抖。我根本不想出去，但一件事很明白：那就是我必须得去倒掉垃圾。

我穿上一件雨衣和沉重的黑雨鞋，抓起牛奶箱走出房间。

雨点拍着我的面颊就像鱼尾在抽打我，它压迫了我的呼吸。风吹得我只好弯腰俯身地前进。那边，离我只有两步之遥的地方有朵黄色的藏红花，在它后边是朵紫色的，每个花茎上端都有个即将开放的花蕾。我抬眼看到一个闪着绿光的蜂鸟在一棵冷杉枝上寻觅，躲在了这棵大树的树干下。它看见我好像并不像我看见它那么惊讶。

我把垃圾扔在垃圾堆上。在返回小山上时，我尝到了那生机勃勃的、湿润的春风的甜蜜味道。纤细的绿色黄水仙的叶子透过草地冒了出来，有些甚至冒出了黄芽。只有一朵矮小的蔚蓝色的蝴蝶花在我的印象里呈现出夏季天空的颜色。一个栗色和橘黄色相间的蝾螈悄悄穿过了我前行的小路——极像一只小恐龙。

快乐从那高高的杉树枝条间传遍了全身。“你在看什么？”它似乎在问，“你看到了什么？”

这就是我看到的，我无声地告诉它。我从月亮的盈亏中看到了冬的影子，它慢慢地去迎接春天。我想有一天我会再次跪在我的花坛边，阳光照耀在我肩膀上的披肩上，玫瑰花的香味太强了，我闻到了。

我看到了嫩芽儿，爬行动物。但我看见最多的还是：即使在一个寒冷的冬天，我也看到了春的壮丽。

（特里·米勒）

大道理

冬天来了，春天还会远吗？这是一种积极的生活态度，抱着这样的心态，即便是在寒冷的冬天，也能看到春天的壮丽。

不一定……

当了博导的，不一定就是众望所归；没当博导的，不一定不学无术。

开会坐在中间的，不一定是真正的权威；偏居一隅的，不一定无所作为。

声色俱厉的，不一定真理在手；沉默寡言的，不一定心中无数。

名气最大的，不一定实力最强；默默无闻的，不一定乏善可陈。

排在第一位的，不一定真是作者；叨陪末座的，很可能是唯一的作者。

大谈服务的，不一定真卖力；啥也不说的，很可能做实事。

从不计较的，不一定软弱可欺；斤斤计较的人，不见得真强悍。

标榜自己"永远正确"的人，不一定真有底气；常思己过的人，往往不可战胜。

成绩面前往上冲的人，不一定真是贡献者；失败面前承担责任的人，人们不会抹杀他。

整天上电视的人，不一定活在现实中；自觉远离媒体的人，常常活在记忆里。

动辄跟你"说句心里话"的人，不一定是真朋友；常常话不中听的人，反而值得你珍视。

天天围在你身边的人，不一定真心实意拥戴你；有意对你敬而远之的，恰恰是你应该主动接近的人。

有钱的不一定真富有；没钱的不一定真贫穷。

总说"爱你"的人不一定真爱你；从不刻意表白的人，很可能是你铭心刻骨的真朋友。

西装革履的人不一定具有现代意识；一介布衣者未必不懂当代文明。

出身贫苦不一定质朴；豪门之内不一定没有贤才。

多磨不一定是好事；好事不一定非多磨。

不言利者不一定就是仁义之士；满口仁义道德的就一定是道德家吗？

拿了文凭的不一定都有学问；没有文凭的不一定啥都不懂。

在其位者不一定都谋其政；不在其位者未必不心忧天下。

“实至”不一定“名归”；欺世往往可以盗名。

“无边落木萧萧下”不一定是秋的消息；“唯见长江天际流”就是夏的回响吗？

说你行其实你不一定真行；说你不行你也不见得真不行。

众声沸腾不一定就是民主；鸦雀无声肯定是专制。

客居异乡者不一定不爱国；厮守故土的也不全是爱国者。

和你同笑的不一定就是同甘者；和你同哭的也不一定是共苦者。

山盟海誓不一定铭心刻骨；默默相对很可能地老天荒。

自封的强者往往是不一定的；自认的弱者同样是不一定的。

一分耕耘不一定就有一分收获；袖手旁观不一定颗粒无收。

爱人者不一定人恒爱之；恶人者不一定人恒恶之。

世界上的事，只有“不一定”是一定的；而“一定的”往往是不一定的。

（朱铁志）

大道理

暂时幸福的人不要沾沾自喜，暂时不幸的也不要破罐子破摔。因为，世间的事是毫无定数的，它无时无刻不在变化着。

我喜欢出发

目标实现了，便是光荣；目标实现不了，人生也会因这一路风雨跋涉变得丰富而充实。

凡是到达了的地方，都属于昨天。哪怕那山再青，那水再秀，那风再温柔。太深的流连便成了一种羁绊，绊住的不仅有双脚，还有未来。

怎么能不喜欢出发呢？没见过大山的巍峨，真是遗憾；见了大山的巍峨没见过大海的浩瀚，仍然遗憾；见了大海的浩瀚没见过大漠的广袤，依旧遗憾；见了大漠的广袤没见过森林的神秘，还是遗憾。世界上有不绝的风景，我有不老的心情。

我自然知道，大山有坎坷，大海有浪涛，大漠有风沙，森林有猛兽。即便这样，我依然喜欢。

打破生活的平静便是另一番景致，一种属于年轻的景致。真庆幸，我还没有老。却便真老了又怎么样，不是有句话叫老当益壮吗？

于是，我还想从大山那里学习深刻，我还想从大海那里学习勇敢，我还想从大漠那里学习沉着，我还想从森林那里学习机敏。我想学着品味一种缤纷的人生。

人能走多远？这话不是要问两脚而是要问志向；人能攀多高？这事不是要问双手而是要问意志。于是，我想用青春的热血给自己树起一个高远的目标。不仅是为了争取一种光荣，更是为了追求一种境界。目标实现了，便是光荣；目标实现不了，人生也会因这一路风雨跋涉变得丰富而充实；在我看来，这就是不虚此生。

是的，我喜欢出发，愿你也喜欢。

（汪国真）

大道理

目标实现了，便是光荣；目标实现不了，人生也会因这一路风雨跋涉变得丰富而充实。